大学文科基本用书·哲学
DAXUE WENKE JIBEN YONGSHU

美学原理新编

(第二版)

杨辛 甘霖 著

北京大学出版社
PEKING UNIVERSITY PRESS

图书在版编目（CIP）数据

美学原理新编/杨辛，甘霖著.—2版.—北京：北京大学出版社，2022.9
（大学文科基本用书·哲学）
ISBN 978-7-301-33332-7

Ⅰ.①美… Ⅱ.①杨…②甘… Ⅲ.①美学理论 Ⅳ.①B83-0

中国版本图书馆CIP数据核字（2022）第166975号

书　　　名	美学原理新编（第二版）
	MEIXUE YUANLI XINBIAN（DI-ER BAN）
著作责任者	杨 辛 甘 霖 著
责任编辑	赵 阳
标准书号	ISBN 978-7-301-33332-7
出版发行	北京大学出版社
地　　址	北京市海淀区成府路205号 100871
网　　址	http://www.pup.cn　新浪微博：@北京大学出版社
电子信箱	pkuwsz@126.com
电　　话	邮购部 010-62752015　发行部 010-62750672　编辑部 010-62707742
印刷者	三河市北燕印装有限公司
经销者	新华书店
	720毫米×1020毫米　16开本　24.5印张　400千字
	1996年6月第1版
	2022年9月第2版　2022年9月第1次印刷
定　　价	78.00元

未经许可，不得以任何方式复制或抄袭本书之部分或全部内容。
版权所有，侵权必究
举报电话：010-62752024　电子信箱：fd@pup.pku.edu.cn
图书如有印装质量问题，请与出版部联系，电话：010-62756370

内容简介

本书在《美学原理》的基础上重新编写而成,充实了作者近十年来在教学科研中的成果。全书以马克思主义的实践观点为指导,从真、善、美出发,穿插大量生动的资料,深入分析美的本质特征及其在各个领域中的特殊表现(社会美、自然美、艺术美、形式美),并对美感的本质特征、美感的心理因素、美感的个性与共性、美育等问题,以及现代西方审美心理学主要流派作了细致的阐述和介绍。

本次修订作者加入一些新的图片,并对最近几年的学科热点进行了评述。

目 录

第一章　绪论　1
　　第一节　什么是美学　1
　　第二节　为什么学习美学　8
　　第三节　怎样学习美学　12
　　第四节　基本内容　14

第二章　美的本质及特征　15
　　第一节　美的本质　15
　　　一、美的本质和人的本质、生活的本质的关系　16
　　　二、美和自由创造　18
　　第二节　美和真、善　25
　　第三节　美和丑　29
　　　一、什么是丑　30
　　　二、美与丑的关系　35
　　第四节　美的主要特征　37

第三章　美的产生　42
　　第一节　从石器的造型看美的产生　43
　　第二节　从古代"美"字的含义看美的产生　46
　　第三节　从彩陶造型和纹饰看美的产生　47

第四章　社会美　57
第一节　什么是社会美　57
第二节　人的美　58
　一、人的美和理想有紧密的联系　58
　二、人的美重在内容　62
第三节　劳动产品的美和环境美　71

第五章　自然美　78
第一节　美学中的一个难点　78
第二节　自然美是一定社会实践的产物　79
第三节　自然美的各种现象及其根源　86
第四节　自然美重在形式、自然特征的审美意义　91

第六章　艺术美　99
第一节　美是艺术的一种重要特性　99
第二节　生活是艺术创造的基础　104
第三节　艺术美是艺术家创造性劳动的产物　109

第七章　意境与传神　126
第一节　意境　126
第二节　传神　136

第八章　艺术的分类及各类艺术的审美特征　149
第一节　艺术分类的原则　149
第二节　各类艺术的审美特征　152

第九章　形式美　171
第一节　形式美的特征　171

第二节　形式美的主要法则　　174

第十章　优美与崇高　　191
　　第一节　优美与崇高的对比　　191
　　第二节　美学史上对崇高的探讨　　194
　　第三节　崇高的表现　　201

第十一章　悲剧　　213
　　第一节　悲剧的本质　　213
　　第二节　悲剧的几种类型　　220
　　第三节　社会主义社会中的悲剧　　225

第十二章　喜剧　　228
　　第一节　喜剧的本质　　228
　　第二节　喜剧的特征是"寓庄于谐"　　234
　　第三节　喜剧形式的多样性　　239

第十三章　美感的本质特征　　246
　　第一节　美感的形象直接性　　247
　　第二节　美感的精神愉悦性　　252
　　第三节　美感的潜伏功利性　　256
　　第四节　美感的想象创造性　　261

第十四章　美感的心理因素　　267
　　第一节　感觉、知觉和表象　　267
　　第二节　联想和想象　　275
　　第三节　情感　　287
　　第四节　理解　　295

第十五章	美感的个性与共性	303
	第一节 美感的差异性	304
	第二节 美感的普遍性	313

第十六章	现代西方审美心理学主要流派	323
	第一节 "移情说"	323
	第二节 "心理距离说"	328
	第三节 "直觉说"	335
	第四节 "格式塔心理学"派	340
	第五节 心理分析学派	347

第十七章	美育	356
	第一节 美学史上对美育的探讨	356
	一、中国古代关于美育的论述	356
	二、西方古代关于美育的论述	360
	第二节 美育的本质特征	364
	一、以情感人，理在情中	366
	二、美育以生动鲜明的形象为手段	367
	三、美育是在个人爱好兴趣的形式中、在娱乐中接受教育	369
	第三节 美育的任务和意义	370
	一、培养全面发展的新人是时代的要求	371
	二、美育的基本任务	373
	第四节 美育的实施	380

后　记　　　　　　　　　　　　　　　　　　384

第一章
绪论

美学作为一门社会科学，是在社会的物质生活与精神文化生活的基础上产生和发展起来的。这门科学的渊源可以追溯到古代奴隶社会，古代的思想家对美与艺术问题所做的哲学探讨，对艺术实践经验的总结与研究，就是美学思想的起源与萌芽。

第一节 什么是美学

人类社会生活中出现了美，并相应地产生了人对美的主观反映，即美感。随着美和美感的发展，出现了作为审美意识集中表现的艺术，在长期艺术实践的基础上形成了艺术理论。首先是各个部门艺术的理论，如音乐有乐论、绘画有画论、诗歌有诗论、舞蹈有舞论、书法有书论等等。在这些部门艺术的理论中已经涉及艺术美的本质特征和根源等问题，中国古代乐论中就提出了美在和谐的思想。例如《左传》（昭公十二年）中提出"和"的范畴。"和"与"同"不一样，"同"是单一，"和"是各种对立因素的统一。如音乐中的清浊、大小、短长、疾徐、刚柔等的相反相成，带有朴素的辩证法思想。

中国古代的《乐记》，对音乐的根源、特征、作用都有较系统的论述。《乐记》中写道："凡音之起，由人心生也。人心之动，物使之然也。"[1] 音是由人的感情产生的，而感情是外界影响的结果。这里所提的"心"与"物"的关系就带有哲学意味，实际上就是讲主观与客观的关系。《乐记》中的这些思想并不是凭空想出来的，而是对长期的音乐实践经验的总结。《乐记》的著者和成书时间尚有争议，据有的学者考证不会迟于纪元前3世纪的战国末期。从我国出土的文物看，在战国初期音乐已发展到相当高的水平。1978年湖北随县（今随州）出土的战国初期的曾侯乙墓文物，其中有一套编钟，由八组六十五钟组成，分上中下三层，音色优美，音域很广，可以演奏一些现代的乐曲。中层的三组甬钟音色嘹亮，可充当演奏主旋律用，下层的甬钟形大体重，音色深沉浑厚，可以起烘托气氛的作用（上层的纽钟因音列不成音阶结构，作用尚在探讨）。同时出土的还有编磬，三十二件石磬，分两层悬挂，按大小次第排列。随县曾侯乙墓编钟、编磬等的发现，不仅说明一种音乐理论是在长期实践的基础上形成的，而且具体体现了古代音乐中以和谐为美的思想。

在绘画方面，东晋顾恺之就提出了"以形写神"的理论，以后南齐谢赫又提出以"气韵生动"为核心的"六法"，这是我国古代绘画艺术经验的系统总结。从我们现在可以看到的实物来判断，在战国时期人物画就已经发展到相当高的水平，如《人物龙凤帛画》，表现了人物祈祷的神态。在马王堆出土的帛画，表现了墓主生前雍容华贵、清静怡愉的神情。汉代画像砖《弋猎割禾图》，表现了大雁闻声惊惶起飞，人物引弓待发，或仰射或平射，两臂平直刚健有力，人物和大雁的形象神态都很生动。画中所表现的情节是高潮前的一瞬间，能唤起人的联想。传为顾恺之的绘画，如《洛神赋图》体现了他所提出的"以形写神"的理论。

---

[1] 吉联抗译注，阴法鲁校订：《乐记译注》，音乐出版社，1958年，第1页。

这幅画是依据曹子建《洛神赋》中的诗意所作，表现的是：在一个傍晚，曹子建在洛水河边和美丽的女神宓妃相遇，洛神在水面上飘忽不定，似去还来，体态婀娜，所谓"翩若惊鸿，婉若游龙""若轻云之蔽月""若流风之回雪"，而曹子建站在岸边，在恍惚中看见江面上的洛神，可望而不可即，流露出迷惘和困倦的神情。这些作品说明"以形写神"的绘画理论是在丰富的绘画实践的基础上提出来的。

西方古代美学思想的形成和发展同样和文艺实践有密切的联系。在古希腊的美学思想中，如柏拉图的《文艺对话录》、亚里士多德的《诗学》和《修辞学》都是建立在总结以往文艺实践经验的基础之上的。没有古希腊神话、雕刻、史诗和悲剧的发展与繁荣，就不可能产生柏拉图、亚里士多德的美学思想。这些都说明古代美学思想早已存在，虽然当时美学尚未成为独立科学。

中国古代对"美"的问题也有不少论述，如孔子、孟子、荀子等都曾谈过美，但总的来看，当时对美的认识和真、善尚未明确分开。值得注意的是在先秦美学思想中，还包含了一种朴素的辩证法思想，如老子曾说："天下皆知美之为美，斯恶已；皆知善之为善，斯不善已。"[2]用今天的话说，就是天下人都知道什么是美，这就有丑恶了；天下人都知道什么是善的，这就有不善的了。美丑、善恶都是相比较而存在的。

美学思想的产生和形成虽然很早，但是美学作为一门独立的科学却是近代的事，是近代科学发展的产物。最早使用"美学"这个术语作为一门学科名称的，是被称为"美学之父"的德国理性主义者鲍姆嘉通。他是普鲁士哈列大学的哲学教授，继承了莱布尼兹和沃尔夫等人的理性主义哲学思想，并进一步加以系统化。他发现人类知识体系有一个很大的缺陷：在人类的知识体系中理性认识有逻辑学在研究，意志有伦理学

---

[2] 北京大学哲学系美学教研室编：《中国美学史资料选编》（上），中华书局，1981年，第29页。

在研究，而感性认识却没有一门科学去研究，他认为感性认识也应该成为科学研究的对象。因此他建议成立一门新的科学，专门研究感性认识。这门新的科学叫作"伊斯特惕克"（Ästhetik），即美学，这个字照希腊文原意来看是"感觉学"的意思。由此可见，这门新科学是作为一门认识论提出来的，是与逻辑学相对立的。1735年在他的《关于诗的哲学沉思录》中，已经首次使用"美学"这个概念，1750年，他就正式以"伊斯特惕克"这个术语出版他的《美学》第一卷，来表明感性认识的理论，规定了这门科学的研究对象和任务。但鲍姆嘉通在其美学著作中，一开始便不是简单地谈感性认识，而是谈对美的认识，即美感的认识。

其后，康德、黑格尔在他们的美学著作中沿用了这一术语，黑格尔曾说："'伊斯特惕克'（Asthetik）这个名称实在是不完全恰当的，因为'伊斯特惕克'的比较精确的意义是研究感觉和情感的科学……因为名称本身对我们并无关宏旨，而且这个名称既已为一般语言所采用，就无妨保留。"[3] 在德国古典哲学中美学是作为它的一个组成部分，一个特殊的部门。由于他们把美学的基本概念联系起来，加以系统化，赋予美学进一步的理论形态和完整的体系，从而使美学成为一门独立的科学。

我国最早接受西方美学的要算王国维。他在《古雅之在美学上之位置》《红楼梦评论》等文章中，运用康德、叔本华的美学思想作为研究《红楼梦》的指导，以及阐明"古雅"作为美学范畴的位置等。其后在蔡元培的大力倡导下，美学作为一门独立学科的地位被确定下来。

关于美学研究的对象问题，自鲍姆嘉通建立美学以来，就有不同的意见和争论。主要有四种意见：

第一，鲍姆嘉通认为，美学就是研究美，就是研究感性认识的完善。他说："美学的对象就是感性认识的完善（单就它本身来看），这就

---

[3]［德］黑格尔：《美学》（第1卷），朱光潜译，商务印书馆，1979年，第3页。

是美；与此相反的就是感性认识的不完善，这就是丑……美，指教导怎样以美的方式去思维，是作为研究低级认识方式的科学，即作为低级认识论的美学的任务。"[4]作为低级认识论的美学，它的任务就是研究感性认识的完善，也就是美。什么是感性认识的完善呢？这有两方面的意思：一方面是指寓杂多于整一，整体与部分协调一致的意思；另一方面，是指意象的明晰生动。他非常重视审美对象的个别性和具体形象性。他认为一个意象所包含的内容愈丰富，愈具体，也就愈明晰，因而也就愈完善、愈美。

虽然，鲍姆嘉通认为美学是研究美的，但并不排斥艺术，而且以艺术为研究的主要内容，他说："美学是以美的方式去思维的艺术，是美的艺术的理论。"[5]美学所研究的规律可以应用到一切艺术，"对于各种艺术有如北斗星"[6]。由此可见，美学所研究的艺术是研究艺术当中的美的问题。

第二，黑格尔认为，美学是研究美的艺术。他说：美学的"对象就是广大的美的领域，说得更精确一点，它的范围就是艺术，或则毋宁说，就是美的艺术"[7]。他所说的美并非一般的现实美，而只是艺术美。他认为美学的正当名称是"艺术哲学"，或更确切一点说是"美的艺术的哲学"[8]。根据美学是"美的艺术的哲学"这种名称，就把自然美排除在美学研究的领域之外。但黑格尔美学中还是研究了自然美，这是怎么回事呢？这是因他认为"心灵和它的艺术美'高于'自然，这里的'高于'却不仅是一种相对的或量的分别。只有心灵才是真实的，只有心灵才涵盖一切，所以一切美只有在涉及这较高境界而且由这较高境界产生

---

[4] 转引自朱光潜：《西方美学史》（上卷），金城出版社，2010年，第223页。
[5] 同上书，第223页。
[6] 同上书，第225页。
[7] [德] 黑格尔：《美学》（第1卷），第3页。
[8] 同上书，第4页。

出来时，才真正是美的。就这个意义来说，自然美只是属于心灵的那种美的反映，它所反映的只是一种不完全不完善的形态"[9]。由此可见，他之所以研究自然美，是因为自然美是心灵美即艺术美的反映形态。黑格尔认为美学研究的对象只是艺术美。

第三，车尔尼雪夫斯基在批判黑格尔派美学的同时，非常强调对现实美的研究，强调艺术与现实的美学关系。但是他认为美学研究对象不应是美，而是艺术。他在《论亚里士多德的"诗学"》中写道："美学到底是什么呢，可不就是一般艺术、特别是诗底原则的体系吗？"[10] 在对艺术的研究时，应包括美学意义的美，但不局限于美。因为美学应该研究艺术反映生活中一切使人感兴趣的事物。他认为美学如果只研究美，那么像崇高、伟大、滑稽等，都包括不进去。他说："假如美学是关于美的科学，那末论崇高或伟大的论文就不能列入美学之内，但是假如把美学看作关于艺术的科学，那末美学也应该讨论伟大，因为艺术有时也描写伟大，正如艺术也描写滑稽、描写善行、描写生活中可能是对我们很有意思的一切那样。"[11]艺术描写生活中使人感兴趣的一切事物，或对我们有意义的一切。他认为美学即是艺术观或艺术的一般规律。美学研究的对象大于美，应该包括整个艺术理论。

第四，认为美学是研究审美心理学的。属于这一派的有"移情说""心理距离说"等。这派美学所侧重研究的问题是：在美感经验中我们的心理活动是什么样。至于"什么样的事物才算是美"，也就是美的本质问题，在他们看来还是其次。美学所侧重研究的问题，是美感经验中我们的心理活动是什么样的。那么什么是美感经验呢？美感经验就是我们在欣赏自然美和艺术美时的心理活动。例如在研究诗句"感时花

---

[9][德]黑格尔:《美学》(第1卷)，第5页。
[10][俄]车尔尼雪夫斯基:《美学论文选》，缪灵珠译，人民文学出版社，1957年，第125页。
[11] 同上书，第97页。

溅泪，恨别鸟惊心"时，重要的不是研究花、鸟和生活本身的特点，而是研究花、鸟引起人的心理活动（惊心、溅泪）的特点。花、鸟之所以成为审美对象，是美感经验中心理活动的结果。因此，这派认为美学最重要的任务就在于分析这种美感经验。这是近代心理学的美学最主要的研究对象。

目前国内正在讨论美学研究的对象，还没有一致的意见，要下一个精确的定义还有困难。所以我们在这里只能粗略地介绍下目前美学对象研究中所涉及的一些主要内容：

1. 美的问题。包括研究美的普遍本质，即决定各种美的事物成为美的原因是什么，从哲学基础上研究美究竟是主观的、客观的还是主客观的统一，美和真、善的联系和区别是什么，美有无客观规律可循，美的根源、特征、形态以及美的相对性和美的客观标准如何统一理解，等等。

2. 审美经验或审美意识问题。如研究美感不同于科学认识、伦理道德认识的特点。美感与快感的联系和区别，美感中各种心理因素如知觉、想象、情感和理性的关系，这些都是属于审美心理学。例如从地质学上去考察昆明的石林，和从美学上去欣赏石林有什么不同？从实用角度衡量一棵松树，和从美学上欣赏一棵松树有什么差异？为什么看吴作人画的金鱼，画面上没有水，却使人感到满纸是水？鱼在水中，很有美感；而另一些画，纸上画了许多水纹，鱼却悬在水外，看后引不起美感。

3. 艺术问题。这里面有两种情况：一种是对艺术的本质、创作、欣赏批评做全面的研究，也就是从哲学上研究艺术的一般规律；另一种情况是侧重于研究艺术美的问题。这两种情况都是结合艺术与现实的关系这个美学中的基本问题进行研究的。

在对艺术的研究中还包括对各个部门艺术美学的研究，如音乐美学、舞蹈美学、电影美学等等。主要是从艺术与现实的关系上研究各门艺术的美学特征，以及在艺术创造、欣赏中的特点和相互联系等。部门艺术美学的研究，从范围上看虽然是局限在某一特殊的艺术部门，但由于具体而深入，从特殊性中揭示出普遍性，这是研究美学中的一个重要环节。

4.美育问题。这里面包括美育的本质特征、任务以及美育的实施。美育是为了提高审美主体，培养全面发展的社会主义新人，以便更好地去创造美。

我们认为美学是一门古老而又年轻的科学，从鲍姆嘉通创立美学以来，美学作为一门独立的科学才不过二百多年的历史。美学研究的对象存在着争论，是必然的，毫不奇怪的，这正说明美学是一门年轻的科学。美学研究的对象争论的焦点，在于美学和艺术理论的关系问题，这是一个一时还比较难解决的问题。为了保持美学的特点和与艺术理论的区别，我们认为：美学研究的对象是审美活动中的客体、主体以及主客体的辩证关系。美学的基本内容包括美、美感、美的创造和美育。在研究艺术时，也是从审美的角度，把艺术作为审美意识和审美对象的集中表现，以区别于艺术概论。

第二节　为什么学习美学

首先是时代的需要。任何一门科学的发展都离不开社会的需要。在新中国成立前我国从事美学研究的人很少，当时除了鲁迅、瞿秋白等曾热情地研究和传播马克思主义美学思想外，一般都是侧重于介绍一些西方的美学思想。新中国成立以后随着经济基础的巨大变化，要求在上层建筑领域（包括各种意识形态）也要相应地变化。新中国成立初期，我国的知识界热情地学习马列主义，努力运用无产阶级的世界观来观察各种问题。正是在这种历史条件下出现了20世纪50年代中期的美学讨论。这次美学讨论实质上是一次学习马克思主义的思想运动,通过学术讨论的形式,促进了知识分子的思想改造,在讨论中不仅对旧的美学观点提出批评,并且围绕美的本质、美感及艺术等问题提出了各种不同的观点,引起社会上较广泛的关注,对于在新的历史条件下发展美学的重要意义也在不断加深认识。在十年动乱时期,由于"四人帮"的倒行逆施,给美学也带来一场浩劫,当时把美学等同于"修正主义",使人们不禁"谈美色变",不仅不能谈美,像喜剧、讽刺、幽默都被取消了,相声、漫画等艺术形式都销声匿迹了。当时在社会生活中出现了许多美丑不分,甚至美丑颠倒的现象。尽管"四人帮"对美学如此摧残,但是人们追求美好生活的愿望,不仅没有被泯灭,反而更加强烈了。粉碎"四人帮"后,党中央为了拨乱反正,做出了加强建设社会主义物质文明和精神文明的指示,号召开展"五讲四美"的活动,美学在社会上重新受到重视,美学领域出现一片欣欣向荣的景象。随着人民物质生活和精神生活的发展,广大人民群众在各个生活领域中都提出美的要求,而且创造了许多具有我们时代特点的美好事物。这就要求我们美学研究者从理论上对生活和艺术中美的发展加以概括,以便更自觉地按照美的规律去改造客观世界和主观世界。在伟大的共产主义理想的鼓舞下,努力把自己培养成为具有高尚道德的人,用科学知识武装起来的人,和能够懂得按照美的规律去创造美和欣赏美的人。

其次,是发展社会主义文艺的需要。在建设社会主义精神文明中文学艺术有着重要的作用。文学艺术是审美意识的集中表现,能把娱乐与教育相结合,因此对群众的精神生活能发生广泛而深刻的影响。但是如何创造出更多更好的作品以满足群众的审美需要,如何使作品引人入胜,把深刻的思想内容与完美的艺术形式统一起来,这就需要从审美上去探索艺术的规律。在社会主义文艺的实践中提出了许多美学问题,例如艺术家怎样按照美的规律来创造艺术形象，艺术美中主观与客观、个性与共性、内容与形式以及美和真、善的关系等问题，都需要从美学上很好地加以研究。美学的研究可以推动和促进艺术理论和艺术实践的发展，艺术理论和艺术实践的发展反过来又丰富了美学的研究。一件艺术品如果对群众的思想感情产生了深刻的影响，其中便包含着一定的美学道理。例如，电视剧《农民的儿子》塑造了光彩照人的当代农民典型——史来贺。他在入党时的誓言是："为了农民有饭吃、有衣穿、有房子住，我志愿加入中国共产党，不怕吃亏，一辈子跟党走。"这种坚定的信念和行为准则，使他带领刘庄农民，把一个盐碱地蛤蟆窝的长工村变成了一个一年能为国家提供10亿元财富的农工商建设基地，谱出一曲改革开放的新乐章。

史来贺这个人物是放在新中国农村建设历史进程中来塑造的。随着时代变革和社会矛盾、人物冲突的发展，从不同角度、不同侧面多方位地塑造了这个血肉丰满的人物形象。在关键时刻，他能不唯书、不唯上、只求实，做出正确的抉择，走出一条符合刘庄实际的社会主义发展道路。在农村经济体制变革时，农村普遍实行分田到户，家庭联产承包，史来贺根据本村农田已经大面积实现了机械化，又建了畜牧场、造纸厂、面粉厂等情况，认定只能采取专业联产承包的形式，才会更有利于生产的发展，走共同富裕的道路。在党的富民政策指引下，他以改革者的胆识和气魄，不断开拓经济领域，在中州大地开创史无前例的刘庄工农商建设基地，成为"中原首富"。

中共中央组织部把史来贺与雷锋、焦裕禄、王进喜、钱学森并列为新中国成立四十年来，在群众中享有崇高威望的共产党员的优秀代表，他是当之无愧的。[12] 他那种坚强意志和无私奉献的光辉形象，又是多么

---

[12] 参见《中国电视报》，1995年3月20日第12版。

的美！在文艺批评中就是需要大力宣传这种主旋律的作品，大力宣传、肯定其美学价值，这对我们的文艺创作和欣赏都具有指导意义。因此，学习美学就要总结艺术创作和欣赏中成功的经验，以便加以推广；对那些失败的或不太成功的作品，也要找出经验教训。

最后，是开展审美教育的需要。审美教育的主要任务是培养正确的审美观和提高审美的能力。审美观是人们对于美和丑的总的看法，它是世界观的一个组成部分，有什么样的世界观，就有什么样的审美观。无产阶级的审美观必须在辩证唯物主义和历史唯物主义的指导下，总结人类审美活动的历史经验，批判地吸取美学史上的积极成果，才能逐渐形成。在学习美学中对美的普遍本质从哲学上加以研究，就有助于我们培养正确的审美观。再如对美的各种形态——社会美、自然美和艺术美的特征的研究，也有助于我们对各种美的形态进行欣赏和创造。例如人物形象的美是社会美的集中表现，而心灵美又是人物形象美的灵魂，在对人的形象做审美评价时，我们并不排除形式美的因素（如长相），但是把人的外表作为衡量人物形象美的唯一标准或主要标准，则是不适宜的。如果进一步追问为什么这种看法是不适宜的，这就涉及美学问题，如社会美的特点，美和真、善的关系，等等。特别是对艺术美的评价和美学的关系更密切。例如有的人认为只要是新奇的就美，这种看法也是不科学的。美和新确实有密切的联系，因为人的自由创造就是一个不断推陈出新的过程，真正的新生的事物体现了社会发展的方向、进步实践的要求，在形象上确实也是美的。但是并不是任何"新奇"的东西都是美的。例如西方现代的一些艺术流派一味在形式上追求"新奇"，甚至以荒诞为美。从艺术史上看一些现代艺术流派的生命很短暂。这些现代艺术流派作为世界上的一种复杂的社会现象是需要加以研究的，不能笼统地一概加以否定，但是这些流派的作品的"新奇"形式并不都是美的标志。所以，学习美学的又一个任务，就是在各种"新奇"的形式下，鉴别哪些是正确的，哪些是错误的，以便真正树立起正确的无产阶级的审美观，达到审美的最高境界——人生的审美化。

第三节　怎样学习美学

关于怎样学习美学，我们有以下几点初步体会：

1. 刻苦学习马列主义。不仅对马克思、恩格斯提出的重要论点，如"劳动创造了美""美的规律""自然的人化"等要反复钻研，还要特别注意马克思主义哲学在方法论上的指导意义，要具体地、历史地研究美的现象，避免孤立地、静止地研究问题。在学习美学中须把掌握美学的基础知识和正确的研究方法结合起来，后者较前者更为重要。例如，如何正确理解马克思《关于费尔巴哈的提纲》中所提出的实践观点以及实践中主体与客体的辩证关系，这对于研究美的本质就有着重要的方法论上的指导意义。学习马列主义著作，不能孤立地学一本书，要结合马、恩其他著作，连贯起来思考。如学习《1844年经济学—哲学手稿》时，须和《关于费尔巴哈的提纲》和《资本论》中有关部分，以及《劳动在从猿到人转变过程中的作用》等著作结合研究。

2. 学习美学原理要和研究美学史相结合。学习美学史，比较分析各种不同观点，可以丰富我们的思想，这实际上是一种调查研究。就像登山运动员，在攀登高峰前总要先仔细了解一下过去有些什么人爬过这座山，走的什么路线，遇到过什么障碍，哪里摔过人，或者遇到困难怎样克服，等等。研究美学也是这样，例如关于美的本质问题，在历史上提出过哪些见解，哪些是对的，对在哪里；哪些是错的，错又错在哪里。特别是一些有过重大影响的美学家提出的见解，更需要进行较深入的分析。例如对车尔尼雪夫斯基和黑格尔的美学思想的批判继承，对于建立马克思主义美学有着重要的借鉴作用。

3. 学习美学要注意结合审美实践，特别要结合艺术实践。艺术部门有很多，可以就自己平时所熟悉或爱好的，有重点地进行研究，掌握这方面的一些基本知识，培养和提高这方面的欣赏能力，有条件的同学还可以搞些创作。创作并不是什么神秘的事情，唱一首歌，如果能做到声情并茂，就是一件创作。有些艺术创作的感性经验，写论文、谈意见，便不至于隔靴搔痒。在研究艺术美时，还可以看一些艺术史方面的书籍。

4. 在学习中注意提高独立思考的能力。马列主义对我们学习有着指导作用，但并不是告诉我们现成的美学问题的结论。特别是在美学这个领域，许多重大问题，都没有一致的结论，而且短时间内也很难得出一致意见。对美学讨论中提出的各种不同看法，我们要虚心听取别人合理的意见，如果认为别人的意见不对，也要说出不对的理由。

在学习中还需注意克服和突破"单向性"的思维。什么是"单向性"的思维呢？如美和美感，只强调美的决定作用，而忽视了美感的主动性、积极性、创造性的作用。在美与美感的关系问题上，否定了它们之间的相互作用、相互渗透、相互转化，不懂得美感虽是主观的，但在一定条件之下对美也能起决定性作用，把美感只是简单地看作消极的、被动的、机械的反映美而已，这就是"单向性"思维。这种"单向性"思维会阻碍和束缚我们辩证地思考问题，是学习美学的一大障碍。

在学习时还要注意积累自己的经验。不少在美学研究上取得优秀成果的人，都很注意研究中的连续性，开始时学习体会较零散，可以选一些专题，题目不一定太大，只要方向对，坚持研究下去，不断积累经验，总会取得成果。

我们讲了什么是美学，关于美学研究的对象在国内外有哪些主要的代表性意见，以及我们对美学研究对象的看法。在为什么学习美学和怎样学习美学中，我们主要提出几点意见和学习方法供同学们学习时参考。在学习过程中，同学们若有什么好的意见可以提出来以便充实我们讲课的内容。教学相长，是我们最大的希望。

第四节 基本内容

《美学原理新编》基本内容包括审美活动中的两个方面：审美客体和审美主体。审美客体方面的内容，有美的本质及形态（社会美、自然美、艺术美、形式美），美的类型（优美与崇高、悲剧、喜剧）；审美主体方面的内容，有美感的本质特征，美感的心理因素，美感的差异性、普遍性以及美育（美育属审美主体的提高，即如何培养正确的审美观与欣赏美、创造美的能力）。

思考题

1. 美学的对象是什么，在美学讨论中涉及哪些主要内容？
2. 美学在社会主义建设中的作用？
3. 应当怎样学习美学？

第二章
美的本质及特征

关于美的本质有许多意见分歧,这归根到底是哲学观点上的分歧。由于哲学观点不同,对美的研究的途径和对美的根源的说明也就不同。因此,马克思主义哲学的指导对于我们研究美学是十分重要的。新中国成立后我国不少同志努力运用马克思主义来研究美的本质问题,提出各种不同的意见,促进人们更全面地思考这个问题。我们是运用马克思主义的实践观点,即实践中主体与客体的关系来探索美的理论。下面谈谈我们对美的本质的一些初步探索。

第一节 美的本质

美的本质和人的本质、生活的本质有着密切的联系,因此,在对美的本质的探索中,必然涉及对人的本质、生活的本质的理解。

19世纪俄国的车尔尼雪夫斯基提出的"美是生活"虽有进步意义,但是由于他是从旧唯物主义人本主义出发,不能正确理解人的本质、生活的本质,因此对美的本质也不能做科学说明。随着马克思主义哲学的产生,科学地说明了人的本质、生活的本质对我们探索美的本质有重要的指导意义。

一、美的本质和人的本质、生活的本质的关系

马克思说:"自由自觉的活动恰恰就是人的类特性。"[1] 又说:"人的本质……是一切社会关系的总和。"[2]

这两句话是从不同的角度说明人的本质、特征,前一段话是就人和自然的关系,分析人与动物的本质区别在于人是自由创造的主体。动物只能适应自然,人不仅能适应自然,而且能改造自然。改造自然是一种有目的有意识的活动。人改造自然是为了满足各种实际生活的需要。后一段话是从人的本身进行分析,指出人不是"单个人所固有的抽象物",不是生物学上的人,而是"一切社会关系的总和"。批评费尔巴哈脱离开人的社会性、人的历史发展,假定出一种抽象的人类个体,他所理解的人的本质是从单个人中抽象出来的。实际上,每个人都是处在一定社会关系中、从属于一定社会形式的。我们对这两句话的内容需做统一的理解。因为人类有意识有目的的活动,从一开始就是社会的实践,是在一定社会关系下进行的。离开了人的社会关系去谈人的"自由创造",便会陷入抽象的研究。

对社会生活的本质的理解,必然联系到人的本质。因为社会生活是人类所特有的生活,它不同于动物的一般的生命活动。人类社会生活是一种能创造生活的生活,人在一定的社会关系中从事实践活动、自由创造,这既体现了人的本质,也体现了生活的基本内容。人生的意义、人生的快乐都在于创造生活。如果离开了人的实践,生活就是空的,人类社会也不可能存在,所以马克思指出社会生活在本质上是实践的。

马克思还在《关于费尔巴哈的提纲》中提出对事物、现实、感性

---

[1][德]马克思:《1844年经济学—哲学手稿》,刘丕坤译,人民出版社,1979年,第50页。
[2]《马克思恩格斯选集》(第1卷),人民出版社,1972年,第18页。

（特指客观世界）都应"当作实践去理解"，意思是要结合主体的实践去了解客体。马克思批评了两种倾向，一种倾向是对事物、现实、感性，只是从客体的或者直观的形式去理解，就是把客体的形式看作和人的实践活动没有关系的纯客观的东西。这是指的旧唯物主义（包括费尔巴哈在内）。这种哲学观点反映在美学中，就是把美看作事物的纯自然属性的感性形式，如亚里士多德提出美是"秩序、匀称与明确"，博克提出美是细小、光滑、匀称等等。这种美学观点也可以说是见物不见人的。由于脱离实践、主体，所以他们往往是静止地去研究美的形式，不是把美放在历史发展过程中去考察。另一种倾向是否认客观现实的存在，用精神来说明世界的本源，他们不知道现实的感性活动本身就是实践，抽象地发展了人的能动性。这是指的唯心主义。例如黑格尔提出美是"理念的感性显现"。他们从根本上否认美的客观存在，走向了另一极端，而马克思提出的实践观点，不仅与唯心主义划清了界限，而且和旧唯物主义也划清了界限，肯定了客观现实的存在和社会生活的本质是实践，而不是什么精神。实践是历史的发展动力，也是马克思主义哲学的理论基础。客观事物首先是人们实践的对象，实践的产物，然后才能成为认识的对象。客体的形式实际上是经过人们长期实践的产物。这是把现实中一切事物，包括人本身都放在历史过程中去理解。历史就是连续不断的劳动和创造。马克思说："打个比方说，费尔巴哈在曼彻斯特只看见一些工厂和机器，而一百年以前在那里却只能看见脚踏纺车和织布机……"[3] 又说："这种连续不断的感性劳动和创造、这种生产，是整个现存感性世界的非常深刻的基础……"[4] 再比如我们今天看到的美丽的北京城，最早不过是一个居民点。几千年前，大约在夏商时期才形成城市——蓟城。城市的面貌是经过许多世代的实践活动的结果，而且现

---

[3]《马克思恩格斯全集》（第3卷），人民出版社，1974年，第49页。
[4] 同上书，第50页。

在还在继续发生变化。至于各种具体的产品以及植物和动物,无不留下作为实践主体的人的意志烙印。正如马克思所说:"动物和植物通常被看作自然的产物,实际上它们不仅可能是上年度劳动的产品,而且它们现在的形式也是经过许多世代、在人的控制下、借助人的劳动不断发生变化的产物。"[5]这说明,动植物现在的形式都是经过许多世代的人的劳动的结果。

马克思提出要从实践、主体去理解事物、现实和感性,这是一个很深刻的思想,体现了鲜明的辩证唯物主义世界观。他后来在《德意志意识形态》中做了进一步发挥,对于探索美的根源开辟了一条广阔的道路,特别是在方法论上有着很重要的意义。

二、美和自由创造

美的最终根源在于人的自由创造。什么是自由创造呢?"自由"不是随便、任意的意思。自由是对必然性的认识和对世界的改造,正如恩格斯所说:"自由不在于幻想中摆脱自然规律而独立,而在于认识这些规律,从而能够有计划地使自然规律为一定的目的服务。"[6]毛泽东也说:"欧洲的旧哲学家,已经懂得'自由是必然的认识'这个真理。马克思的贡献,不是否认这个真理,而是在承认这个真理之后补充了它的不足,加上了根据对必然的认识而'改造世界'这个真理。'自由是必然的认识'——这是旧哲学家命题。'自由是必然的认识和世界的改造'——这是马克思主义的命题。"[7]因此自由是在认识到的客观必然性、规律性的基础上,能动地去改造世界,以实现人类的目的,满足人类的要求。因此我们所说的"自由"包含了创造,是人在创造中对自身的一种解放。

---

[5][德]马克思:《资本论》(第1卷),人民出版社,1963年,第206页。
[6]《马克思恩格斯选集》(第3卷),人民出版社,1972年,第153页。
[7]《毛泽东著作选读》(下册),人民出版社,1986年,第485页。

随着实践的发展，人对客观必然性、规律性的认识和对世界的改造，不论在广度上还是在深度上都日益发展，人的自由也随之愈来愈多。今天我们的自由比之原始时代人的自由，不知要高出多少倍了。

为什么美的事物能引起人们普遍的喜爱呢？因为美的形象中蕴含着人类一种最珍贵的特性——自由创造。

为什么自由创造是人类珍贵的特性呢？

（1）自由自觉的活动是人类区别于动物的最本质特征之一，自由的可贵在于它体现了创造。当人类从动物中分化出来，学会制作石刀时，就体现了自由自觉的特点，尽管石刀很粗糙，但从材料的选择、加工的方法到外形特征，都体现了人类有意识有目的的创造活动。随着社会实践的发展，人的这种自由自觉的特征就愈是显著，正如恩格斯所说："人离开动物愈远，他们对自然界的作用就愈带有经过思考的、有计划的、向着一定的和事先知道的目标前进的特征。"[8]人类在改造自然和改造社会的实践中，对客观世界的必然性、规律性的认识和掌握也逐步从低级到高级，从片面到全面发展。人在实践中不是自然的奴隶，人在愈来愈多的领域成为自然的主宰，取得愈来愈多的自由，而动物则是被动地适应自然，虽然动物也具有从事有意识、有计划的行动的能力，"但是一切动物的一切有计划的行动，都不能在自然界上打下它们的意志的印记。这一点只有人才能做到"[9]。

（2）自由创造是人类社会存在和发展的基础。马克思和恩格斯曾经指出："这种连续不断的感性劳动和创造、这种生产，是整个现存感性世界的非常深刻的基础……"[10]没有创造就没有人类生活的发展，动物只是适应自然，而不能创造自然，像现存的大熊猫，虽然经过多少万年，

---

[8]《马克思恩格斯选集》(第3卷)，第516页。
[9]同上书，第517页。
[10]《马克思恩格斯全集》(第3卷)，第50页。

却仍然停留在原来的生活状态,它们生活在海拔两千至四千米有竹林的高山上,以竹类作为主要食料。当自然条件发生变化,如竹类遭到严重灾害,熊猫的生存便会受到威胁。而人类却能创造"第二自然",使社会生活不断发展,社会生活一切领域中的进步都和创造有关,人类社会的发展总是在继承以往的基础上不断创新。高尔基说过,生活的意义在于创造,创造是独立自在,而且无穷无尽的。

(3)人在自由创造过程中还发展了人本身,显示了人的智慧、勇敢、灵巧、坚毅等品质。人类的每一次创造都闪耀着智慧的火花,体现了从必然到自由的飞跃,创造不仅表现了人的智慧,还让人愈来愈灵巧。人类五官感觉,包括感受音乐的耳朵,感受形式美的眼睛,都是在长期创造活动中得到发展。所以马克思说:"五官感觉的形成是以往全部世界史的产物。"[11]在自由创造中还培养了人的勇敢、坚毅的品质,真正的创造都需要勇气。创造是艰苦的劳动,在艰苦的劳动中孕育着成功的喜悦。

以上说明自由创造是人类最珍贵的特性,是人类区别于动物的最本质的特征。美是如何在实践中产生的?人的自由创造是怎样成为美的?要回答这些问题关键在于如何理解实践中主体与客体的辩证关系。在实践中人的自由创造表现为主体和客体的统一。一方面,人作为自由创造的主体,从事的是自由自觉的、有目的有意识的活动。不论是建设我们的国家,早日实现四个现代化;还是修建一座工厂、一座水库,或试制一种新产品,都必须有"设计蓝图"。虽然,它们还没有实现,但建设的规模,建成后是个什么样子,大体上是知道的。正如马克思所说:"劳动过程结束时得到的结果,在这个过程开始时就已经在劳动者的表象中存在着,即已经观念地存在着。"[12]在劳动结束时所得到的成果,在劳动开始时就已经在表象中观念地存在着,这正是自由自觉的、有目的有意

---

[11][德]马克思:《1844年经济学—哲学手稿》,第79页。
[12][德]马克思:《资本论》(第1卷),第202页。

识的劳动的主要特征。

另一方面，人的这种有目的有意识的活动，在生产劳动对象上必然表现出来，成为对人的创造力量、智慧和才能的肯定。这就是人的目的、计划与理想的实现，人在生产过程中是按照预先想好的目的、计划去积极地能动地改造自然。在改造自然时，能在自然物上引起一个预先企图的变化，并且经过这个变化，使自然物成为与人类的目的相适合，即符合人类物质生活和精神生活需要的生产物，同时，这个生产物的自然形态的变化，是人的目的和需要所引起的。在这个过程中，正如马克思所说："劳动与劳动对象结合在一起。劳动物化了，而对象被加工了。"[13]这样，在生产对象被加工的同时，也就打上人的印记，表现着人的物化劳动，表现着人的目的和需要，表现着人改造自然的创造力量、智慧和才能。如现代化城市建筑的整体布局以及那些造型美观的高楼大厦，整齐宽广的街道，优美的绿化设施都是城市美的花朵，在它们自然形态的变化上，在它们的外貌、特征的加工上，都打上了人的印记，表现着人类改造自然的力量和智慧，体现了人的理想、目的的实现。所以，人能在他创造的对象中、产品中"直观自身"。这种"直观自身"的能力，也是在实践中创造和发展起来的。正如马克思所说的：通过我的活动，"我就会实现我的真正本质，我的人的社会的本质。我们的产品就会同时是些镜子，对着我们光辉灿烂地放射出我们的本质"[14]。歌德曾说："美其实是一种本原现象(Urphänomen)，它本身固然从来不出现，但它反映在创造精神的无数不同的表现中，都是可以目睹的，它和自然一样丰富多采。"[15]当面对着这些丰富多彩的产品时，我们就可以看到人自身的力量智慧与才能、目的和理想的实现，可以感到自由创造的巨大喜悦。

---

[13] [德] 马克思：《资本论》(第1卷)，第205页。
[14] 转引自朱光潜《朱光潜美学文学论文选集》，湖南人民出版社，1980年，第378页。
[15] 马奇主编：《西方美学史资料选编》(下)，上海人民出版社，1987年，第58页。

所以美是主体和客体的统一。正因为美是主体与客体的统一,人才能在劳动的产品中直观自身。这里要说明一点,就是实践中主体与客体的关系,不仅是指人和各种劳动产品的关系,而且包括人和现实生活的关系;人作为实践的主体,他所创造的对象世界包括各种劳动产品和生活本身。一种新的美好生活方式的出现,同样是人类社会实践中自由创造的结果。从广义来说一种新的生活方式也是一种"产品",同样会像一面镜子对着我们放射出人的本质的灿烂的光辉。总之,人类不仅在生产劳动中创造了美,而且在社会实践的一切领域中都创造着美,产生着美。美是具体的、历史的,随着社会实践的发展而发展,永恒的、绝对的美是根本不存在的。

美是有内容和形式的。它的内容是自由创造活动,它的形式是感性的形象。内容和形式的辩证关系,同样也适用于美。美是内容和形式的统一,是对象的形式特征表现着人的自由创造活动内容的感性形象。在生产实践的过程中,只要劳动本身成为人的自由创造的生动的形象,同样也是美的。由于美表现着人的自由创造活动的内容——人类最珍贵的特性,才能普遍地、必然地引起人的喜悦的情感,也就是美感。

劳动与实践虽是产生美的基础,即美的产生离不开劳动实践,但并不是说任何劳动实践中的产品都是美的。这是因为,第一,并不是所有劳动实践中的产品都能体现人的自由创造,自由创造有具体的历史内容。它体现了人的智慧、才能和力量,不仅是人类历史的发展的结果,而且体现了历史发展的先进水平。因此,这一时代的某些产品,只有体现了先进生产水平的自由创造,才可以说是美的。例如原始社会制造的粗糙的石刀,在那个时代可能是美的,体现了人的自由创造。可是在今天,人类的生产发展大大前进了,有了本质的不同,人类的审美能力也向前发展了,也有了根本不同,再去生产这种粗笨的石刀,则不能体现我们时代先进的生产水平，不能体现我们时代的人的自由创造，也就不能体现新的时代美。

第二，产品要达到美，除了自由创造的内容以外，还有一个事物的形式问题。前面我们说过，在劳动生产中使自然物发生形式上的变化，和在自然中实现自己的目的，这两方面应该结合起来考察。事实上，它们也是结合起来的，事物形式上的变化与实现自己的目的和要求是一致的、统一的。在形式方面的变化还有两方面的要求：一方面，在自然物的形式变化上要符合实用的目的、要求；另一方面，由于形式美的产生以及它的相对独立性，人们在生产一件产品时不仅考虑到实用，还体现出人对形式法则的自觉运用，以便满足人进一步的审美要求。这样的形式才是生动完美的。美的内容和形式都是自由创造的结果，都使人感到舒畅和自由。这样美的内容和形式才能达到高度的有机结合。但事实上并不是在一切产品中，二者都能有机结合起来，有些产品虽较有实用价值，但形式是不美的，这样也不能成为美的对象。

美的规律体现了人自由自觉的活动。马克思在论述人的自由自觉活动的特性时，把人和动物的特性做了对比，提出："动物只是按照它所属的那个物种的尺度和需要来进行塑造，而人则懂得按照任何物种的尺度来进行生产，并且随时随地都能用内在固有的尺度来衡量对象；所以，人也按照美的规律来塑造物体。"[16] 这里所说的"尺度"是"标准"的意思，动物只能按照它所属的物种的标准去生产，如鸟类筑巢、蚂蚁造穴、蜘蛛织网等，而人类则可以按照任何物种的尺度进行生产，如根据植物的特性种植庄稼，根据动物的特性进行饲养，根据矿物的特点进行冶炼、熔铸。关于"内在固有尺度"，有两种不同的理解，一种理解是指自然本身所固有的客观规律，所谓"内在固有尺度"是相对于外部

---

[16][德]马克思：《1844年经济学—哲学手稿》，第50—51页。

条件来说的，如春夏间适宜种植蔬菜；但人类掌握了蔬菜生长的条件，即使在寒冷的冬天，外部自然条件变化了，仍然可以根据植物的内在固有规律，在温室中创造条件（如适宜的温度、水分、土壤、阳光等）培植。另一种理解认为："内在固有尺度"，指客观规律与人的目的需要相结合，这种尺度对于产品来说，不是外在的，而是内在的。例如桌子的尺度、不同椅子的尺度，这是由不同的产品和人的需要之间的内在联系决定的。所谓按照"内在固有尺度来衡量对象"，意思是按照物种的尺度和人的需要来制造产品。这两种理解虽然有区别，但也有共同点，就是都肯定人的自由自觉的活动，都强调人类能认识运用客观规律进行生产。马克思在这段话的结尾所写的"人也按照美的规律来塑造物体"，也是强调人对"规律"的认识和运用。至于什么是美的规律，我们认为马克思在这里是指劳动产品来说的，可以有狭义和广义的理解：从狭义上理解美的规律就是针对形式规律，从广义上理解就是从人的本质、特性去理解，也就是从人的自由创造去理解，其中包括对形式规律的运用，但不只是形式规律。如服装的生产是在认识物种尺度（各种材料如尼龙、丝绸、棉布等不同质地、性能）的基础上，根据人的生活需要缝制出各种类型的衣服。按照服装内在固有的尺度来衡量，要求产品既能经久耐用满足人的实用需要，又能做到样式新颖大方，满足人的审美要求。如果在操作过程中有所革新，还能做到省工省料，降低成本，这样生产出来的产品就能真正做到物美价廉，充分体现服装设计师的创造、智慧和力量，体现美的规律。所以产品形象的美不仅是形式美，还是产品形象中所包含的服装设计师的全部创造、智慧。在一般物质产品中美和实用需要很好地结合起来，才能充分体现生产者的智慧和创造。

第二节　美和真、善

美是自由创造的形象体现，而自由创造又是合目的性与合规律性的统一。合乎规律性是真，合乎目的性（即合乎功利性，人的目的性都体现一定功利要求）是善。狄德罗认为真、善、美是些十分相近的品质，在前面两种品质之上加上一些难得而出色的情状，真就显得美，善也显得美。这里所说的"一些难得而出色的情状"即生动形象。真有了生动的形象，就显得美，善有了生动的形象也显得美。所以三者是非常相近的品质。从其历史发展来看，只有当人类在实践中掌握了客观规律（真），并运用于实践，实现了功利目的（善）并成为生动的形象才可能有美，因为这样才能体现人的自由创造。但作为历史成果来看，真、善、美是同一客观对象的密不可分的三个方面。就对象体现规律看是真，就对象符合一定社会功利目的看是善，就对象体现人的自由创造的形象看是美。真、善、美三者的结合是以实践为基础，因为只有通过实践客观规律才能为一定的社会功利目的服务，也只有通过实践在实现功利目的中，才能显示人的自由创造的形象。但是在欣赏美的时候，我们注意的并不是它能不能达到人的某种功利目的，也不是从客观对象上找出它的某种规律，即不注意它的真和善，而注意的是从对象上直观自身，也就是从对象的感性特征中观照人的创造、智慧和力量。所以自由创造虽然以真、善为前提，但并不等于真、善。在美的对象中，真、善融化于形象，善的直接功利性被扬弃了，真的纯客观性也被扬弃了。善成为间接的功利性，成为美的潜在因素，而真是作为实践主体的智慧形式出现，存在于主体对规律的认识和掌握中。我们可以举一个例子说明，河北省的赵州桥，修建于 605 年，全长 50.82 米。从真、善、美的关系看，这座桥坚实而平坦，便于交通，这是"善"。这座桥的结构符合科学原理，经历了一千四百余年，而保存完好。全桥只有一个大拱，大拱的两肩各有一个小拱，这个创造性设计，不仅节约了材料，减轻桥身重量，而且河水暴涨时，可以增加桥洞的过水量，减少洪水对桥身的冲击。这些结构设计具有科学性，也就体现了"真"。从整个桥的造型看很秀美，唐代一位文学家说赵州桥"望之如初月出云，长虹饮涧"，好像穿出云层的一弯新月，又像倒映在水中的一道长虹，这就是"美"。通过人的自由创造，规律性和目的性才能融化在美的形式中。

我们再举一个例子来说明。董希文有一幅画叫《春到西藏》(图1)，现在我们不是分析其艺术性，而是以画中所反映的生活形象，来说明真、善、美的统一。

"春到西藏"是个双关语，既表现了西藏春天明媚的自然景色，又表现了西藏人民解放后生活的"春天"。田野上几个农民正在锄地，一条新修的公路穿过田野伸向远方，绚丽的桃树、绿色的田野、蔚蓝的天空、皑皑的雪山、红色的长途汽车，几个村民为了搭车正沿着公路奔跑，地头的农民有的在张望，有的在交谈，流露出喜悦的表情。这些情

图1　董希文《春到西藏》

景，作为一种生活形象来看，里面体现了真、善、美的统一。

首先，体现了真。西藏人民的这种新生活，体现了社会发展的客观规律。农奴制被废除了，打破了旧的生产关系的束缚，生产力获得解放，农民在自己的土地上劳动，群众充分发挥了积极性。

其次，体现了善。因为剥削制度的废除，给西藏人民带来新的生活和自由、幸福，为了建设新的西藏，在偏远地区修筑了路，这对人民的经济和文化生活都会产生重大影响，工业产品可以运进去，农产品可以交流，这里面潜伏的功利，就是善。

最后，这种真、善在实践中的形象体现就是美。美不是在真、善之外附加上去的东西，而是真、善在实践中所显现的生动形象，如上面所说的农民们愉快的劳动、绿色的田野、绚丽的桃花、明朗的天空、新修的公路、红色的汽车等，这些生动的形象组成一幅美的生活画面。

这里有两点值得注意：

（1）美引起人们享乐的特殊性在于直接性。即由生动鲜明的形象直接引起美感。在欣赏美的时候，往往并不想到功利、规律。在欣赏《春到西藏》的生活形象时不一定先想到这是体现生产力的解放。

（2）在美所引起的愉快的根柢里，潜伏着功利。没有想到功利，不等于形象中没有功利内容。愉快的根柢里潜伏着人民的利益。所谓"潜伏"是指和功利的联系是间接的、隐晦的。鲁迅讲："功用由理性而被认识，但美则凭直感底能力而被认识。享乐着美的时候，虽然几乎并不想到功用，但可由科学底分析而被发见，所以美底享乐的特殊性，即在那直接性，然而美底愉乐的根柢里，倘不伏着功用，那事物也就不见得美了。并非人为美而存在，乃是美为人而存在的。"[17]

下面分别说明一下美与真、善的联系和区别。

---

[17]《鲁迅全集》(第4卷)，人民文学出版社，1981年，第208页。

首先是美与善的关系。

善是和功利直接联系的。但我们这里所说的善，比伦理学中所讲的善在外延上还要更广泛一些，包括人的道德行为以外的许多事物的社会功利性质，也就是指符合人的目的性的行为。

美以善为前提。因为人类改造世界的实践活动，它的出发点和最终目的都是为了实现和满足一定社会集团或一定阶级的利益。鲁迅在评述普列汉诺夫的美学观点时，曾说："在一切人类所以为美的东西，就是于他有用——于为了生存而和自然以及别的社会人生的斗争上有着意义的东西。"[18]这是就美的内容看，美的事物是一种肯定有积极意义的生活形象。

但是美和善又有区别。主要表现在：

（1）从功利关系上看，善直接和功利相联系，衡量一件事物是否善，是以社会功利作为客观标准，如某一道德行为是否对社会有利。而美和功利是一种间接联系，功利潜伏在形象中。歌德认为美与善并无区别，美只是善很可爱地戴上面纱，而显现给我们看。

（2）从内容和形式的关系上看，善虽有形式，但主要不是讲形式。人们对善的把握主要是通过概念去揭示对象的功利性质，如评价一位同志的行为"热爱集体""为人民服务"等；而美是在内容和形式统一的基础上，注重形式，强调内容要显现为生动的形象，如人物要有情状，即"充内形外之谓美"（张载）。

（3）善是意志活动（目的、功利）的对象，而美是观赏的对象，能唤起情感的喜悦。

其次是美与真的关系。

真是指客观世界自身的变化、发展规律。真理是指对客观事物及其

---

[18]《鲁迅全集》（第4卷），第207页。

规律的正确反映。

美的产生是人在实践中,以对真的认识和掌握为前提。列宁认为外部世界、自然界的规律,是人的有目的的活动的基础。人的实践活动只有在符合客观规律的基础上,才能实现人的目的。所以,人的自由创造,必须依靠对客观的必然性的认识才能进行。自由创造是人类在改造自然中所特有的能动性。改造自然要符合自然的规律和必然性,改造社会也要符合社会发展的规律和必然性。

但是,真并不就是美,因为美并不就是客观规律本身,客观规律可以脱离人的实践、主体而独立存在,而美却不能离开人的实践,不能离开主体的功利目的和生动形象。所以美和真的区别首先在于真是客观规律本身,而美是通过实践,在认识客观规律的基础上,肯定人的自由创造的生动形象。其次,真是求知的对象,引起人们去追求真理,了解客观世界本身的内在联系,而美却是欣赏的对象,它具有生动的形象,是对人自身本质力量的肯定。美是一种情感观照的对象。托尔斯泰认为艺术把真理从知识的领域转移到感情的领域。

总之,美不能离开真和善,但又有不同。只有当人掌握了客观世界的规律,也就是真的时候,并把它运用到实践中去,达到了改造客观世界的目的,实现了善,并且表现为生动的形象才可能有美存在。真、善、美的相互联系和区别,只有在社会实践中才能具体地、历史地得到说明。

第三节　美和丑

前面分析了美的本质、美和真、善的联系,这是研究美本身的性质,说明美具有一种肯定的生活意义。现在我们还要研究美的反面——

丑。列宁说:"要真正地认识事物,就必须把握、研究它的一切方面,一切联系和'中介'。我们决不可能完全地做到这一点,但是,全面性的要求可以使我们防止错误和防止僵化。"[19]任何事物都是矛盾两方面的对立统一,善恶、美丑也是相互依存、相互转化的。下面谈谈我们对丑的本质的一些看法。

一、什么是丑

在美学史上对丑的论述远不如对美的研究充分,往往是在论述美的本质时为了进行比较才附带地谈到丑。如荷迦兹认为丑是自然的一种属性,适宜可以产生美,不适宜则会变成丑,他用赛马和战马的不同性质、体形来说明:"赛马的马的周身上下的尺寸,都最适宜于跑得快,因此也获得了一种美的一贯的特点。为了证明这一点,让我们设想把战马的美丽的头和秀美的弯曲的颈放在赛马的马的肩上……不但不能增加美,反而变得更丑了。因为大家的论断一定会说这是不适宜的。"[20]他还认为变化可以产生美,而"没有组织的变化,没有设计的变化,就是混乱、就是丑陋"[21]。鲍姆嘉通认为:"完善的外形……就是美,相应不完善就是丑。因此,美本身就使观者喜爱,丑本身就使观者嫌厌……美学的目的是(单就它本身来说的)感性知识的完善(这就是美),应该避免的感性知识的不完善就是丑。"[22]他对什么是感性认识的完善解释比较清楚,对什么是感性知识的不完善,则没有或很少解释。谷鲁斯则是从主观的感受来规定丑的本质,他认为:"丑这个范畴是在审美的外观上肯定会使高级感官感到不快的东西。"[23]这里有两个问题:一是否认丑

---

[19]《列宁选集》(第4卷),人民出版社,1960年,第153页。
[20] 北京大学哲学系美学教研室编:《西方美学家论美和美感》,商务印书馆,1980年,第102页。
[21] 同上书,第103页。
[22] 同上书,第142页。
[23] 转引自[英]李斯托威尔《近代美学史评述》,蒋孔阳译,上海译文出版社,1980年,第232页。

是事物本身的一种客观性质，由于这种性质才引起特定的感受；二是丑可以引起不快，但引起不快的并不一定都是丑，如室内的温度过热或过冷都能使人感到不快，但并不是丑。克罗齐认为美是成功的表现，丑是一种不成功的表现。他所谓的"表现"是指主体心中所产生的物象。他说："丑和它所附带的不快感，就是没有能征服障碍的那种审美活动；美就是得到胜利的表现活动……丑就是不成功的表现。就失败的艺术作品而言，有一句看来似离奇的话实在不错，就是：美现为整一，丑现为杂多。"[24] 他也是否认丑是客观事物的一种性质，"表现"即心中的物象，实际上都是指精神活动，在艺术中仅仅把丑归结为形式上的杂多也是片面的。

马克思、恩格斯在谈到现实中丑的事物时，把"丑"看作客观事物的一种社会属性，并从历史的发展中说明丑的根源，指出生活中的丑和卑鄙、虚伪、腐朽的事物之间的联系。例如马克思在《黑格尔法哲学批判·导言》中指出19世纪40年代德国旧制度不过是历史喜剧中的丑角，当时德国在各个社会领域中都充满了卑鄙、虚伪的事物，它激起人民的憎恨和厌恶。恩格斯在《英国工人阶级状况》中，从两方面对资本主义社会的丑恶做了深刻剖析。首先是资产阶级本身的丑恶。在资本主义社会中金钱关系统治一切，在资产阶级看来，"他们活着就是为了赚钱……"[25]，所以资产阶级的丑恶首先表现在他的灵魂是丑恶的。恩格斯指出资产阶级"在这种贪得无厌和利欲熏心的情况下，人的心灵的任何活动都不可能是清白的"[26]。这些分析都是从伦理学的角度出发的，它使我们通过概念的形式，对资产阶级的"恶"有一个明确的认识。如果从美学上研究丑，则必须结合形象。一切美和丑都不是抽象的。我们从

---

[24] 北京大学哲学系美学教研室编：《西方美学家论美和美感》，第290页。
[25]《马克思恩格斯全集》（第2卷），人民出版社，1957年，第564页。
[26] 同上。

理论上指出资产阶级的剥削、贪婪、伪善时，还只是分析了丑的内在因素——恶，只有当这种内在因素显现为形象，这才是美学上所研究的丑。这里可以举一个例子来说明。恩格斯在评论德国画家许布纳尔的一幅画《西里西亚的纺织工》时，指出："画面异常有力地把冷酷的富有和绝望的穷困作了鲜明的对比。厂主胖得像一只猪，红铜色的脸上露出一副冷酷相，他轻蔑地把一个妇人的一块麻布抛在一边……老板的儿子，一个年轻的花花公子斜倚着柜台，手里拿着马鞭，嘴里叼着雪茄，冷眉冷眼地瞧着这些不幸的织工。"[27]资产者从性格到外貌都是使人生厌的丑的形象，这个例子说明从理论上分析资产阶级的剥削和从美学上揭露资产阶级的丑，二者有着内在的联系，但又有区别，主要的区别就是恶显现为形象才能成为丑。在巴黎公社时期革命群众画了许多讽刺漫画，有一幅漫画叫《奸笑的梯也尔》，刻画出梯也尔一副满脸笑容，却内藏奸诈、凶残的丑相。这些漫画的美学价值就在于通过艺术形象揭露了现实中丑的本质。

其次，资本主义社会的丑恶还表现在：由于资产者的残酷压迫所造成的无产阶级的牛马不如的生活现实，恩格斯在《英国工人阶级状况》中对此有深刻的揭露。在《西里西亚的纺织工》中除了表现资产者的冷酷，同时还表现了纺织工的绝望和贫穷。画中资产者对产品无理挑剔，拒绝收购，有的纺织工由于出售无望而昏倒。这些生活现象作为资本主义社会的现实来看也是丑的。

以上说明丑是一种客观存在的社会现象，下面谈一谈我们对丑的特征的一些理解。

第一，丑是在感性形式中包含着的一种对生活、对人的本质具有否定意义的东西。在剥削阶级社会中，丑的内容与假、恶有着深刻的联系，

---

[27]《马克思恩格斯全集》(第2卷)，第589—590页。

人们在日常生活用语中，常用"丑恶"或"美好"，这反映了现实生活中"丑"与"恶"、"美"与"好"的客观联系。丑与恶之间的联系主要是以人物的性格为纽带。当性格显现在人物的表情、动作、语言等外部特征中，便构成形象。资产阶级的剥削（恶），决定了资产者性格上的贪婪、冷酷、伪善，当这些性格从表情、动作、语言中显现出来，这就是美学上所说的丑。

第二，丑和恶虽然有密切联系，但是丑并不等于恶。这里要说明两点：

（1）丑是恶的表现的一个侧面。例如在剥削阶级社会中恶的表现形式有很多（如政治事件、经济事件等），丑主要是指人物形象上的表现。恶与功利的关系是直接的，而丑的形象和功利的关系是间接的，丑虽然涉及功利却不等于功利。例如民歌中写道："头发梳得光，脸上搽着香，只因不生产，人人说她脏。"这里所说的"脏"，实际上就是指丑。这首民歌中虽然包含着功利，但并不是直接表述一种道德观念，而是对形象美丑的评价。对丑必须从形象上才能把握，对恶则可以通过概念去把握。

（2）长相的丑是属于人的生理特征，并不一定和恶有必然联系。一个人长相的丑并不影响他内在品质是美好的。中国古代有位丑妇叫嫫姆，《列女传》上说嫫姆是黄帝的第四妃，"貌甚丑而最贤"。《路史》上说："嫫姆貌恶而德充。"貌丑而心灵却是美的。

第三，形式丑——畸形、毁损、芜杂等等。这些丑的特征和形式美中的均衡、对称、完整、和谐等相对应。形式丑的形成原因较复杂，就人物形象看，一种情况是由于先天的条件或疾病所形成的生理缺陷。按照人的正常发育，头部和全身的比例大体为 1∶7，但是古代所谓的"侏儒"，身体特别短小，看上去像是一个成年人的头长在小孩的身体上，这种畸形的体态，使人感到不协调。或者是由于疾病的摧残而形成种种躯体的毁损，如驼背、跛脚等，这些都属于形式丑。另一种情况是由于某种社会条件造成的畸形、毁损，如在资本主义社会中的工人由于恶劣的劳动条件，形成身体的畸形发展。恩格斯在《英国工人阶级状况》一书中曾指出，工人们由于"过度劳动所产生的第一个结果，就是肌肉的发展不平衡，也就是说，在拉东西和推东西时特别用力的胳膊、腿、背、肩和胸部的肌肉过分发达，而身体的其他部分却因缺乏营养而发育不良。这首先是阻碍了身体的成长和发育。几乎所有矿工的个子都很矮小……"[28]。恩格斯又说："许多人（包括医生在内）都一致认为，单从体格上就可以在100个普通工人中认出哪一个是矿工来。"[29]这种畸形的丑，虽然体现了人的生理特征，却带着深刻的社会、阶级的烙印。这种丑是通过外在力量强加在工人身上的，丑作为一种社会现象体现了劳动异化条件下对人的本质的否定。车尔尼雪夫斯基在分析"丑"的时候曾说："长得丑的人在某种程度上都是畸形的人；他的外形所表现的不是生活，不是良好的发育，而是发育不良，境遇不顺。"[30]这段话指出了人体的畸形是丑的特征，并从人本主义的观点出发指出丑具有一种对生活的否定的性质。罗丹也说过类似的话："所谓'丑'，是毁形的，不健康的，令人想起疾病、衰弱和痛苦的，是与正常、健康和力量的象征与条件相反的——驼背是'丑'的，跛脚是'丑'的，褴褛的贫困是'丑'的。"[31]这里还需要特别地说明一种情况，就是有的人由于种种原因，毁损了外形，甚至躯体残废，但是，身残志不残，躯体的残废反而激励了革命的意志，经过种种的艰苦的训练，克服了生理上的缺陷，在工作中做出了令人惊异的成绩。这时候外形的残废、毁损，可以成为在特定条件下心灵美的形象体现，这种美不是一般的优美，而是崇高，是在毁损的外形中显示了人的巨大的精神力量。

---

[28]《马克思恩格斯全集》（第2卷），第534页。
[29] 同上书，第535页。
[30][俄] 车尔尼雪夫斯基：《生活与美学》，周扬译，人民文学出版社，1957年，第9页。
[31][法] 罗丹口述、葛赛尔记：《罗丹艺术论》，沈琪译，人民美术出版社，1978年，第23页。

二、美与丑的关系

美和丑的同一性表现在两个方面：

1. 美和丑相互依存

毛泽东曾说："真的、善的、美的东西总是在同假的、恶的、丑的东西相比较而存在，相斗争而发展的。"[32]中国晋代的葛洪曾经说："不睹琼琨之熠烁，则不觉瓦砾之可贱；不觌虎豹之或蔚、则不知犬羊之质漫。"[33]看不见美玉的光泽闪烁，则不知道瓦砾之低贱，看不见虎豹的文采，则不知犬羊之"质漫"。"质漫"是不好、丑的意思，这也说明美与丑是相比较而存在的。法国文学家雨果曾讲："丑就在美的旁边，畸形靠近着优美。"[34]"滑稽丑怪作为崇高优美的配角和对照，要算是大自然所给予艺术最丰富的源泉。毫无疑问，鲁本斯是了解这点的，因为他得意地在皇家仪典的进行中，在加冕典礼里，在荣耀的仪式里也搀杂进去几个宫廷小丑的丑陋形象。"[35]在艺术创作中经常运用美丑的对比，一种是在美丑对比中着重揭露丑，一种是在美丑对比中着重显示美。在艺术作品中通过美丑对比能加深欣赏者对美的感受。雨果说："滑稽丑怪却似乎是一段稍息的时间，一种比较的对象，一个出发点，从这里我们带着一种更新鲜更敏锐的感觉朝着美而上升。"[36]左拉曾写过一篇短篇小说，叫《陪衬人》，讽刺资本主义社会把"丑"当作商品。他说在法国巴黎，"这个商业国度，美，是一种商品，可以拿来做骇人听闻的交易。大眼睛和小嘴儿可以买卖；鼻子和脸蛋儿都标有再精确不过的市价。某种酒窝，某种痣点，代表着一定的收入"[37]。但老杜郎多，小说中的一个"工业家"，却"起了一个奇妙而惊人的念头，要拿丑来做买卖"。"把'丑'

---

[32]《毛泽东著作选读》(下册)，第785页。
[33] 北京大学哲学系美学教研室编：《中国美学史资料选编》(上)，第167页。
[34] 北京大学哲学系美学教研室编：《西方美学家论美和美感》，第236页。
[35] 同上。
[36] 同上。
[37] 成立、屈毓秀编：《外国短篇小说选》，山西人民出版社，1979年，第231页。

的这种迄今一直是死的物质纳入商品流通",这就是以丑女作为"陪衬人"。杜郎多登了一则广告,声称他所新创一所商号,"旨在永葆夫人之美貌……无需一条丝带,无需一点脂粉,只消为夫人觅得一种手段,引人注目,而又不露蛛丝马迹",这就是"租一陪衬人,与之携手同行,足使夫人陡增姿色……价格:每小时五法朗,全天五十法朗"。[38] 在这里左拉无情地讽刺了资本主义社会,并指出形式上的美丑是相比较而存在的,形式丑对形式美可以起衬托作用。

2. 美丑的转化

美和丑是可以相互转化的,而转化要有条件,在社会生活中是很明显的。旧中国变成新中国这里面就包含了丑向美的转化。两种不同性质的社会,决定了两种不同的生活形象。在旧中国民生凋敝,穷困不堪,帝国主义分子在中国横行霸道,国民党成了刮民党,到处抓丁抓夫民不聊生,满目疮痍;新中国成立后,在共产党领导下一扫过去的污泥浊水,人民安居乐业,气象为之一新,这里面就包含着丑向美的转化。如北京的龙须沟,在新中国成立前又脏又臭,残破杂乱,人民生活极端困苦,正是旧中国的缩影;新中国成立后,在 20 世纪 50 年代初,经过人民政府的修整,填平了污水沟,设置了下水道,出现了整洁的街道新貌,人民的物质文化生活逐步有了改善;90 年代的今天再到龙须沟旧址参观,眼前已是一条宽平的柏油大马路,马路两侧绿树成荫,色泽鲜明的公共汽车在马路上行驶,前后对比更可见出新中国在社会主义建设中的巨大变化,这里面包含着由丑到美的转化。在现实生活中人物形象也存在美和丑的转化。例如在党的有力的改造政策的感召下,有些小偷、流氓、阿飞经过教育可以弃恶从善,有的转变很显著,被评为新长征突击手,跨入了先进青年的行列。这些青年由于内在品质的变化,在性格

---

[38] 成立、屈毓秀编:《外国短篇小说选》,第 235—236 页。

上、形象上也会相应地发生变化。当他们厌弃了阿飞的生活方式，也就会逐渐改变阿飞的那种放荡的性格、轻佻的动作、粗野的语言以及那些怪里怪气的服饰。在日本电视剧《姿三四郎》中有一个叫桧垣的，当他的内在品质由邪恶转变为善良时，在形象上（如表情、动作、语言、头发样式等）也相应地发生变化。

在改造自然上也是如此，如荒山秃岭经过综合治理，变为风景优美的花果山、游览区等。人们在改造自然、治理自然、绿化自然中，同样也存在着丑向美的转化。

与上述情况相反，美在一定条件下也可以向丑转化。如原来纯洁的青年，由于经受不住资产阶级思想的侵蚀和坏人的引诱，有的堕落为小偷、杀人犯，相应地在形象上也会出现由美向丑的转化。由于在现实生活中客观地存在着美丑之间的转化，这就给审美教育提出了一个现实而又重要的任务。

第四节　美的主要特征

总结以上所谈的，我们认为美的主要特征可以概括如下：

1. 美是一种在情感上具有感染力的形象。美的事物都是具体可感的个别形象。形象有如美的躯体，离开形象，美的生命也就无所寄托了。形象离不开色彩、线条、形体、声音等感性形式，它作用于人的感官，影响人的思想感情，给人以审美感受。车尔尼雪夫斯基和黑格尔在美的问题上存在着根本分歧，但是在美离不开形象这一点上却是一致的。黑格尔认为美的生命在于显现，所谓"显现"就是离不开感性形式；车尔尼雪夫斯基也认为形象在美的领域中占着统治地位，因此他提出个体性是美的最根本的特征。"个体性"就是指事物的可感的具体形象。美的个体性决定了美的丰富性、多样性，美是一个五光十色的、丰富多彩的感性世界。由于现实中美具有这样的特点，因此，在艺术创造中特别重视把握个性特征。歌德认为艺术的真正的难关是对个别事物的掌握，艺术的真正生命在于对个别特殊事物的掌握和描述。我们在审美活动中的大量事实都说明美的这个特征，例如自然美中不仅有峨眉天下秀、青城天下幽、夔门天下雄、华山天下险、黄山天下奇，就是在同一风景区在不同的气候、时间，也会显出不同的特点。范仲淹的《岳阳楼记》，生动地描述了洞庭湖景色的变化，淫雨时节是"阴风怒号，浊浪排空"，春和景明时节是"一碧万顷，沙鸥翔集，锦鳞游泳"，入夜则是"长烟一空，皓月千里，浮光跃金，静影沉璧"。这些都说明自然美是丰富多彩的。在社会生活中更是如此，例如人物形象都有自己的特征，正像清代沈宗骞所说："天下之人，形同者有之，貌类者有之，至于神则有不能相同者矣。"就是说人在性格上都有不同的特点。所以在美的领域中最忌雷同，在艺术中这点表现得很明显。像雕塑中的五百罗汉，小说《水浒》中的一百单八将，绘画中的百鸟图、百马图等都是重视对象个性特征的刻画。

美虽然离不开形象，但并不是任何形象都是美的，丑也是有形象的。科学中的挂图也有形象，但这种形象主要是为了图解知识，而美是一种具有情感上感染力的肯定形象。在美学史上一些美学家指出美的事物具有可爱的性质。车尔尼雪夫斯基认为美包含着一种可爱的、为我们心所宝贵的东西。别林斯基也认为没有爱伴随着美，就没有生命，没有诗。但美的事物一旦形成，它又能引起人们的喜爱。明代祝允明曾讲过："事之形有美恶，而后吾之情有爱憎。"

这里需要说明一点，一般讲美具有可爱的性质，可以使人感到愉悦，这主要是就优美来说的。但美还有一种形态就是崇高，崇高是美的一种壮丽的表现形式，它在人们情感上所产生的影响，不同于优美所直接引起的愉悦，崇高唤起人们的崇敬和惊赞，引起的感受接近于道德感。尽管崇高和优美两者所产生的效果有区别，但是在情感上的感染力则是一致的。

2. 人的自由创造赋予形象以美的生命。上面讲到美是一种在情感上具有感染力的形象。为什么具有这种感染力呢？这是问题的关键，不同的美学家对此做了不同的回答。博克认为美是物体中能引起爱或类似感情的某一性质或某些性质。车尔尼雪夫斯基认为，一切可爱的东西中最有一般性的就是生活。他认为爱生活是人的本性，这比博克单纯从物体的性质来说明美的可爱，要进步得多。但是车尔尼雪夫斯基对"生活"的理解是抽象的，实际上他把生活理解为一种生命活动。我们认为，美之所以使人感到可爱，美的形象中之所以有感染力量，就在于美的形象中蕴含着人的本质，人的最珍贵特性，这就是人的自由创造。自由创造之所以是人类的最珍贵特性，在于它体现了人类自由自觉的活动。在生活中哪里出现了自由创造，哪里就出现美，在美的事物中闪耀着人的本质光辉。车尔尼雪夫斯基虽然提出"美是生活"，但是他不理解生活在本质上是社会实践，是人的自由创造。生活之所以可爱，不在于人们"厌恶死亡"，而在于人的自由创造。正是由于人的自由创造，才能唤起人们精神上最大的喜悦，在美的形象中才具有最大的感染力量。

3. 美具有潜在的功利性。美是社会实践的产物。实践是有目的性和功利性的，美也是有功利性的。从美的形成看，最初是实用价值先于审美价值。美的事物对人首先是有用、有益的，然后才可能成为美的。美的事物和功利有密切联系，但是并不像善的事物那样具有直接的功利性。在美的事物中善的直接功利性被扬弃了，善升华为形象，善消融在形象中，因此在美的形象中功利性是潜在的，就像糖溶化在水中，虽然再看不见糖，但水之所以甜，正是由于里面溶化着糖。人们欣赏美的时候，几乎不去考虑功利，但是人们在欣赏美的形象时却潜伏着功利。所谓功利性，除了实用的功利外，还有精神上的功利。艺术作品所给予人的精神上"陶冶"、怡悦和感染作用，就是艺术品的社会功利性。否认了美的事物中的潜在的功利性就否认了美对于人生的意义和价值，那也就不成其为美了。

4.形式对于美具有特殊的意义，形式是构成美的形象的必不可少的条件。人们在创造美的事物中发展了形式感，并从大量美的事物中概括出许多美的形式的共同特征——形式美的法则，如单纯齐一、对称均衡、调和对比、多样统一等。形式美的法则是人类在创造美的过程中运用形式规律的经验总结，它是历史的产物，远在旧石器时代，人类在制作石器中已经发展了对称和圆的感觉（如山西丁村人的大三棱尖状器和石球），到了新石器时代由于磨制技术的出现，石器的造型规整而且多样，人类的形式感也愈来愈丰富，在工具造型上形式的选择主要还是从属于实用，但是在一些生活用品上（如陶器），除了实用的需要外，表现了更多的审美需要，体现为人们已经自觉运用一些形式美法则。至于后来在艺术的发展中对形式的研究就更加重视了，像书法中欧阳询的三十六法、诗词中的格律研究等，都说明人类形式感的进一步发展。形式在创造美的过程中还是一种活跃的因素，由于人类从美的事物中概括出形式美的法则，这些法则具有相对独立的意义。因此，形式美通过审美主体能在美的各种形态中相互渗透，在自然美和社会美之间、自然美和艺术美之间，以及每一种形态内部各个美的事物之间都相互渗透。例如"江作青罗带""山如碧玉簪"是在自然美中渗透进人的美，《洛神赋》中"若轻云之蔽月""若流风之回雪"是在人的美中渗透进自然美，形容怀素草书"飘风骤雨惊飒飒，落花飞雪何茫茫"是在艺术美中渗透了自然美，"日出江花红似火，春来江水绿如蓝"是在各种自然美之间的相互渗透。人们在创造美的过程中常常从美的各种形态中吸取形式的因素以加强表现力。由于形式美与情感之间的联系，形式美的运用可以加强在情感上的表现力，如直线表现刚劲，曲线表现柔和，平行线表现安稳，交错线表现动荡，等等。

上述情况说明人类在长期实践中自觉运用形式规律去创造美的事物，并在创造美的过程中积累愈来愈多的经验。研究形式美是为了推动美的创造，以便形式更适宜表现内容，达到美的内容与形式的高度统一。

思考题

1. 美的本质是什么，为什么说劳动创造了美？
2. 什么是自由创造，为什么说自由创造是人类的最珍贵特性？
3. 什么是真，什么是善，真、善、美有什么联系和区别？
4. 丑的本质是什么，怎样理解美与丑的相互转化？

第三章
美的产生

我们研究一件事物,特别是一种复杂的事物,都要进行具体的历史的分析,在考察一些复杂现象时,为了认清它的本质,还要看某种现象在历史上是怎样产生的。美作为一种复杂现象,研究它的本质问题时也是如此。

作为自由创造主体的人不是抽象的人,而是生活在一定社会关系中,具有一定社会的历史内容。在原始社会中,人与人是互助合作的关系,在劳动中人类是作为自由创造的主体而存在的。首先人类用劳动创造了实用价值,而后才创造了美。事物的实用价值先于审美价值,这是马克思主义美学的一个重要观点,它反映了美产生的历史过程。为什么实用价值先于审美价值呢?因为劳动首先是人们为了解决在物质生活中的迫切需要,这是人类生存的基础。所谓"食必常饱,然后求美;衣必常暖,然后求丽"(《墨子》),"短褐不完者不待文绣"(《韩非子》)。人们总是在满足物质生活需要的基础上,然后才能提出精神生活的需要。恩格斯曾说:"人们首先必须吃、喝、住、穿,然后才能从事政治、科学、艺术、宗教等等。"[1]这是从历史唯物主义的高度指出物质生活需要

---

[1]《马克思恩格斯选集》(第3卷),第574页。

与精神生活需要（包括审美需要）的关系。人类最初进行生产并不是为了创造美，也没有专门创造出美的对象，美和实用是相结合的，有用的、有益的，往往也就是美的。因为只有在有用的对象中，才能直观到人类创造活动的内容，才可以感到自由创造的喜悦。

第一节　从石器的造型看美的产生

人类劳动是从制造工具开始的，工具的制造最明显地体现了人类有意识、有目的的活动。而人类制造工具是从制造石器开始，在石器造型的演变上充分体现了人类自由创造的特性，并具体地说明了美的产生是实用价值先于审美价值。

北京周口店中国猿人距今四五十万年，属于旧石器时代早期，当时使用的打制石器，很粗糙，没有定型，往往一器多用，在外形上和天然石块的差别虽不很明显，但是毕竟在石面上留下了人的意志的烙印。从材料的选择、加工的方法到外形的特征，都体现了人类自觉的、有意识、有目的的创造活动。所以不管这种石器如何粗糙，对人类历史的意义却极为重大，它标志着人类脱离了动物。原始人类制作这种石器的目的并不是追求美，而是为了实用。被称作"北京人的后裔"的山西许家窑人，也属于旧石器时代。从许家窑人的遗址中发掘出许多石器，其中最重要的发现是石球，数量约 1500 枚。根据贾兰坡的研究和推断这些石球是属于狩猎用的武器。石球的圆形最初并不是作为美的标志，而是标志着器物的实用性质。为什么投掷武器要用球形？这是人们在长期的实践中发现圆形的物体在投掷时，较之不规则的物体更易于准确击中目标，所以石球的造型是由实用的需要决定的。当原始人类从这些实用的形式中看到自身的创造、智慧和力量而引起喜悦时，这种圆的造型才能成为美的对象。

山西襄汾丁村人,属于旧石器时代中期。在北京中国猿人之后,经历了几十万年艰苦的实践,人类在制作石器上积累了经验,在石器的造型上由于用途不同形成了初步的类型。如砍砸器、厚尖状器、球状器等,其中大三棱尖状器虽然数量不多,但为丁村旧石器所特有。尖状器既锐利,又坚实,在造型上从实用出发注意均衡对称。丁村旧石器加工的难度较大,在外形上和自然形态的石块已有较显著的区别,体现了人类智慧的发展。

山顶洞人属于旧石器时代晚期。从美学意义看这个时期的器物有两点值得注意:一是钻孔和磨制技术的发现,最有代表性的器物是骨针,针尖和针孔的加工都是一种细致的劳动;一是装饰品的出现,装饰品中有石珠、兽牙、海蚶壳等,有红色、黄色、绿色,相映成趣。这些器物反映了原始人类在解决物质生活需要的基础上审美要求的发展。据贾兰坡分析,山顶洞人佩戴某种装饰品是为了显示他们的英雄和智慧。例如山顶洞人所佩戴的兽牙,很可能是当时被公认为英雄的那些人的猎获物,每得到这样的猎获物,即拔下一颗牙齿,穿上孔,佩戴在身上作标志。这些穿孔的兽牙全是犬齿。为什么要使用犬齿?据贾兰坡分析:"因为犬齿齿根较长,齿腔较大,从两面挖孔易透,另一方面犬齿在全部牙齿中是最少也是最尖锐有力的。最尖锐牙齿更能表现其英雄。"[2]这说明兽牙成为美的事物,开始并不是由于颜色、形状等特征,而是由于它们体现了人类在劳动中的智慧、勇敢、力量。正如普列汉诺夫所说:"野蛮人在使用虎的皮、爪和牙齿或是野牛的皮和角来装饰自己的时候,他是在暗示自己的灵巧和有力,因为谁战胜了灵巧的东西,谁就是灵巧的人,谁战胜了力大的东西,谁就是有力的人。"[3]格罗塞在《艺术

[2] 贾兰坡:《中国大陆上的远古居民》,天津人民出版社,1978年,第126页。
[3] [俄]普列汉诺夫:《没有地址的信 艺术与社会生活》,人民文学出版社,1962年,第11—12页。

的起源》一书中也指出了这一点:"原始装饰的效力,并不限于它是什么,大半还在它是代表什么,一个澳洲人的腰饰,上面有三百条白兔子的尾巴,当然它的本身就是很动人的,但更叫人欣羡的,却是它表示了佩带者为了要取得这许多兔尾必须具有的猎人的技能;原始装饰中有不少用齿牙和羽毛做成功的饰品也有着同类的意义。"[4] 这段话说明了澳洲人用兔尾做装饰的原因,这么多的兔尾代表狩猎者的技能,也就是由于装饰物品作为对人的本质力量的肯定,才叫人欣羡的。在原始的装饰中由于条件比较单纯,使我们能较清楚地看出装饰物的感性形式和内容之间的联系,因此,更便于理解美的事物中所包含的对生活的积极意义。

西安半坡村和山东大汶口的石器,均属于新石器时代。这些石器大多是磨制的。磨制石器是新石器时代有特征性的东西,最初只是刃部磨光,后来发展到通体磨光。同时还出现了锯割等先进技术,最常见的有斧、凿、锛、镞等。这些器物由于采用磨制的方法,不但提高了实用效能,而且在造型上美的特征(如光滑匀整、方圆变化等)也更加明显。从旧石器时代石器上粗糙的裂痕,我们可以看到自然对人力的抵抗,顽石好像一匹不驯服的野兽;从新石器时代石器上光滑匀整的造型,我们看到了自然被改造,顽石仿佛变成温驯的家畜。这里还要特别提到的是山东大汶口出土的玉斧(一说为玉铲),这种玉斧属于新石器时代晚期的遗物,具有明显的审美特性。玉斧在造型上方圆薄厚的处理十分规整、均称,在色彩上又是那么莹润、光泽、斑斓可爱。玉石的质地坚硬易碎,加工的难度较大,在五千年前能生产出这样的产品,可以说是一件美的创造的杰作。据考古工作者分析,这种玉斧虽然还保留了工具的形式,但主要不是为了实用,可能不是供一般人使用,而是一种权力的象征,

---

[4] [德] 格罗塞:《艺术的起源》,蔡慕晖译,商务印书馆,1984年,第78页。

在原始社会供一些"头人"所掌握使用。在大汶口出土的器物中还有许多头饰、颈饰、臂饰,这说明人们的审美需要愈来愈发展。

第二节 从古代"美"字的含义看美的产生

从"美"字的含义,也可以探索到美的产生的一些消息。对"美"字的含义曾有各种不同的解释

一种解释是大羊为美(图2)。在《说文解字》中写道:"美,甘也。从羊从大。羊在六畜主给膳也。美与善同意。""美与善同意",说明美的事物起初是和实用相结合。羊成为美的对象和社会生活中畜牧业的出现是分不开的。羊作为驯养的动物是当时人们生活资料的重要来源,对于人类来说是可亲的对象。羊不但"主给膳"可充作食物,而且羊的性格温驯,是一种惹人喜爱的动物,特别是羊身上有些形式特征,如角的对称、毛的卷曲都富有装饰趣味。在甲骨文中的"羊"字,洗练地表现了羊的外部特征,特别是头部的特征,从羊角上表现了一种对称的美,不少甲骨文中的"羊"字就是一些图案化的美丽的羊头。[5]

另一种解释,不同意大羊为美的看法,认为美和羊没有关系,"美"字是表现人的形象。"美"字的上半部所表现的是头上的装饰物,可能是戴的羊角,也可能是插的羽毛,有的同志推测:"像头上戴羽毛装饰物(如雉尾之类)的舞人之形……饰羽有美观意。"(康殷释辑

图2 "羊"字

---

[5] 参见中国科学院考古研究所编《甲骨文编》,中华书局,1965年,第181页。

《文字源流浅说》）从美字的初文来看，是表现一个人头插雉尾正手舞足蹈。持这种看法的人认为从美字上体现了美和人体、美和装饰、美和艺术的关系。

对于美字的理解，以及在历史上的演变，这是一个有待进一步研究的问题，各种不同看法都可以启发我们的思考，似不宜以一种看法完全排斥另一种看法。

古代对农作物也有称为美的。如孟子曾说："五谷者，种之美者也。"这里所说的"美"与"善""好"同意，也体现了美与实用的关系。因为五谷对于人类的物质生活有重要实用价值，所以才被视为美。

第三节　从彩陶造型和纹饰看美的产生

彩陶的造型和纹饰体现了人类进一步自觉地美化产品。在新石器时代陶器发明前，人类对自然的改造，都是改变材料的形状，并没有改变材料的性质（如制作石器只是改变石头的外形，使其出现刃口等）。而陶器是把黏土经过加工做成坯子，再烧制成另外一种新的物质——陶。从陶土的选择、成型到烧制，须经过一系列复杂的加工过程。例如陶器中的炊煮器要求陶土有较高的耐火性能，用料中须掺和细砂。所以陶器的出现标志着人类智慧的进一步发展。陶器对人类生活有重要影响，例如陶器可以用来盛水和煮熟食物，有助于人体内食物的消化，同时，可用于贮存粮食，还可以防潮。陶器作为生活用品，首先要考虑实用，陶器的各种造型都是从属于器物的实用目的。如炊器有甗、釜，饮食器有碗、盆、杯，汲水器有尖底瓶，盛储食物有瓮、罐等。这些人物的造型都是从实用要素出发的，如，鬲在《说文解字》中的解释是："鬲，三足釜也，有柄喙。"鬲的造型是带椭圆形的空心三足，这是为了扩大受热面，便于煮熟食物，置放起来也安稳，柄是为了隔热便于把握，喙是为了倾倒液体。尖底瓶的造型也同样是为了实用，上重下轻是为了陶瓶在接触水面时便于倾斜汲水。

彩陶不仅是为了实用，而且有很高的艺术价值。它是实用性和艺术性的结合。和石器相比，陶器有更明显的审美特征。由于陶器的发明体现了人类的创造和智慧，陶器的使用在满足人类物质生活的需要上有着重要的意义，因此人们非常珍爱它。石器上所体现的形式感是直接和物质生产的实用目的相联系的，而陶器是在实用的基础上更自觉地美化产品。这表现在：

1.陶器的造型和装饰具有更多的自由和想象的成分，体现了人的精神特征，从形象中流露出当时人们在美的创造中的喜悦。例如石岭下类型罐：器形浑圆，图案用柔和的圆形和曲线组成。线条流畅、明快、疏朗，流露出一种喜悦的情绪，使人感到有一种性格的特征，仿佛创作者是带着微笑在描绘这优美的图案。

又如马家窑类型的尖底瓶，有一种流动的韵律感，瓶上画的是四方连续的旋纹，使人产生一些有趣的联想：好像雨洒在水面，涡点四溅，又好像枝叶交错，果实累累。这些纹饰和汲水瓶在使用中的旋动感很协调。再如大汶口的兽形器，表现一动物张口、竖耳、仰首，作狂吠状，脖子粗大，身躯前高后低，好像正向前冲。动物的口就是倒水的瓶口，背上是手把，设计很巧妙。这里面充满了想象和创造的喜悦。

2.陶器比较自觉地、娴熟地运用形式美的法则，如图案中的对称、调和、对比、变化、多样统一等等。半山类型瓮，图案装饰是由各种不同的线条组成，有粗线、细线、齿状线、波状线、红线、黑线。许多不同的线，巧妙地组织在一起，运用重复、交错的方法，显得丰富多样，在变化中达到统一。线条的粗细随瓮的体形变化，上端体形小、线条较细，中部体形扩大，线条也随之加粗。一切变化都是那么自然，那么协调，下半部留出空白，显得有虚有实，更增加一种变化。这样美妙的图案仿佛是用线条奏出的交响乐。不少彩陶的图案已能熟练地运用二方连续和四方连续的方法（二方连续是带状图案向左右或上下连续，四方连续是一个纹样能向四方重复连续或延伸）。这些图案组织方法是在长期的审美活动中对事物的形式特征

图 3　彩陶植物纹饰

提炼、概括的结果。在许多彩陶上还体现了在整体上的和谐效果，如图案与器形的协调。

这些彩陶的制作过程和方法，也体现了人类在研究和掌握形式美上的巨大进步。雷圭元曾对庙底沟彩陶的图案做过深入细致的分析[6]，指出当时人们已能熟练地运用以点定位，用线联络成文的种种方法（图 3）。他分析了彩陶上的植物纹饰的绘制过程：

第一图先用点定位；

第二图以米字格联结；

第三图以弧作三点一组的联结；

第四图在钩线中填彩使风格明确。从这个作图的过程清楚地表明，当时在生产一件陶器时不仅有明确的实用目的，而且在美的创造方面，事先经过周密的思考、设计，完全是按计划进行的。

---

[6] 参见雷圭元编《图案基础》，人民美术出版社，1963 年。

在美化产品中还注意到图案部位的选择。根据人们在使用器物时经常保持的视角来确定图案的部位。如有的器物经常处在俯视的角度,图案的位置多画在器物的上部。如半山类型瓮,在俯视器物时瓮口的图案纹饰如池水中涟漪渐开;俯视半山类型瓮时以瓮口为中心,四周的图案看上去像一朵盛开的鲜花;平视时则环绕瓮的腹部呈现出一种二方连续的图案。

原始人类最初是从器物的粗糙的实用形式中,直接看到自己的自由创造,在彩陶的纹饰上则进一步体现了人类对形式法则的自觉运用。这时候人类对产品形式的探索虽然仍以实用为基础,但已不仅仅是为了满足实用需要,同时也是为了满足审美的需要。这里还需要谈一下彩陶的图案(也包括一些其他器物上的图案)的来源问题,目的是进一步说明美的产生和劳动的关系。普列汉诺夫和格罗塞在分析艺术起源时都涉及这个问题。彩陶的图案的来源大体上有三种情况:

第一种情况是直接反映自然的形象,如鱼纹、鸟兽纹、花果纹等等。这些图形大都和当时人们的经济生活有着密切联系,是人们在劳动中经常关心、熟悉和喜爱的对象。在图案中通过洗练的形式表现了这些自然形象的特征。

图4　鹳鱼石斧彩陶缸

在这些自然形象的图案纹饰中,有一部分形象可能是原始社会中图腾崇拜的标记。如 1978 年在河南临汝县纸坊公社阎庄大队(今汝州市纸坊镇纸北村阎庄自然村)出土一件仰韶文化时期的彩绘陶缸(图 4),上面绘有鹳鱼石斧,之所以把这几种形象组合在一起,可能体现了一定的原始宗教信仰。有同志分析完整的石斧形象可能是代表临汝这个地方原始社会民族所崇拜的徽号。因为"石斧无论作为生产工具或作为战斗使用的武器,对于原始人来说都是与其生存有极密切关系的东西。人的生存离不开它,所以这种东西就容易被原始人奉为神物,赋予它灵性"[7]。鹳嘴里衔着一条大鱼,面向石斧,是在向石斧奉献祭品。另一些人对图像的含义和情节提出不同的解释,但大多认为这些图形可能与图腾有关。此外如甘肃省甘谷县西坪镇出土的庙底沟尖型瓶上的人面鲵鱼纹,半坡类型、庙底沟类型到马家窑类型的鸟纹和蛙纹都可能与图腾崇拜有关。

第二种情况是几何图形的纹饰。这些图形大都是从自然和生活形象中提炼、概括出来的。普列汉诺夫在《没有地址的信 艺术与社会生活》中,曾引用了许多材料来说明这个问题:"艾伦莱赫在他给柏林人类学协会所作的关于恒格河第二次探险的报告中说,在土人的装饰图案上,所有一切具有几何图形的花样,事实上都是一切非常具体的对象的、大部分是动物的缩小的、有时候甚至是模仿的图形。例如,一根波状的线条,两边画着许多点,就表示是一条蛇,附有黑角的长菱形就表示是一条鱼,一个等角三角形可以说是巴西印第安妇女的民族服装的图形,我们知道这种服装不过是著名的'遮羞布'的某个变种而已。"[8] 格罗塞在《艺术的起源》中写道:"荷姆斯(W.H.Holmes)曾用许多图形作比较,证明印第安人陶器上许多好像纯几何形的图形都是短吻鳄鱼的简单

---

[7] 牛济普:《原始社会的绘画珍品》,《美术》1981 年第 9 期。
[8] [俄]普列汉诺夫:《没有地址的信 艺术与社会生活》,第 160—161 页。

形象，而另外有些却是各种动物外皮上的斑纹。"[9]格罗塞还引用一些材料说明卡拉耶人装潢品上的图形（菱形、曲折线等）是由各种蛇皮斑皮演化而来的。有考古同志推测，半坡类型碗上有些几何图形也可能是从鱼形图案中演化而来的。当时人们对自然现象的观察首先是注意从整体上掌握对象的主要特征和对象的主要组成部分，这一点只有依靠在长期劳动中的观察才能做到。例如画鱼的图形首先要从整体上使人一看就能分辨出是一条鱼，而不是别的什么。要表现鱼的特征就需要画出它的几个组成部分，如鱼头、鱼身、鱼尾、鱼鳍、鱼眼等。在图案中对这些组成部分都是用简略的几何形体（如三角形）来表现的。当两条鱼的图形组合在一起时，在空白处又形成种新的菱形的图案，同时使画面上的黑白对比更加丰富。人们在长期的审美活动中反复接触这些图形，逐渐使这些几何图形具有了审美的意义，人们在欣赏时，无须想它的来源。例如我们在欣赏半坡类型碗的几何图案时，不用考虑它表现的是什么自然形象，也能引起人们的美感。这说明几何纹饰和劳动之间的联系已经不是那么直接了，但是探索它的根源时，仍然离不开人类在劳动中所经常接触和熟悉的对象。这里还需要补充一点，许多几何图形的来源虽然和客观事物的外形有直接联系，但并不局限于某一具体事物，在几何图形中各种形式美的产生，往往是对现实中许多事物的共同形式特征的概括，实际上是在长期实践中通过各种生活渠道形成的，虽然现在有些环节已很难具体考察了。

第三种情况是有些几何纹饰是和生产技术过程相联系的。如南方地区的印纹陶上的几何纹饰，最初可能是受到编织物的影响。在陶器出现之前人类已学会了编织，陶器的制作最初还借助于编织物，恩格斯曾说："可以证明，在许多地方，也许是在一切地方，陶器的制造都是由

---

[9][德]格罗塞:《艺术的起源》，第93页。

于在编制的或木制的容器上涂上黏土使之能够耐火而产生的。在这样做时，人们不久便发现，成型的黏土不要内部的容器，也可以用于这个目的。"[10]在陶器制作过程中不仅借助于编织物，而且连续的经纬交织决定了在外观上总是某种形式的反复和延续，人们运用二次连续、四方连续的图案组织方法，可能最早是从编织中受到启发的。一部分陶器的几何纹饰便是由编织物的纹样移植过去的。例如在南方地区出土的新石器时代陶器的早期几何印陶纹纹样（如席纹、编织纹），就和南方地区盛产竹、苇之类的编织物有关。这种印陶纹的制作过程往往是用一种木制或陶制的拍子，拍打陶坯的外壁，以便加固，由于拍子上用绳子缠绕，或刻有纹饰因此在陶器上留下印痕。江西省万年县仙人洞出土的新石器时代的陶器，上面的兰纹、席纹都可能来源于编织，这些印纹开始比较粗糙，后来才逐渐规整化、图案化。

从以上对美的产生的分析，说明了以下几点：

1. 美产生于劳动。美的事物都是内容与形式的统一，它直接呈现于对象的感性形式（色彩、线条、形体等），在这些感性形式中凝聚着人们的劳动和创造。这些形式成为人的智慧、灵巧和力量的标志，因此能唤起人们的喜悦而成为美的事物。随着生产实践的发展，美也在不断发展。人在长期的生产实践中逐渐了解了自然现象、自然的性质、自然的规律，同时在改造自然的活动中双手和头脑也愈来愈发展。石器、陶器的发展过程说明在所创造的对象世界中日益丰富地显示出人的本质——自由创造的力量。

2. 在美的产生过程中实用价值先于审美价值。正如普列汉诺夫所说："从历史上说，以有意识的实用观点来看待事物，往往是先于以审美的观点来看待事物的。"[11]人类制造工具首先是为了满足物质生活中的实用

---

[10]《马克思恩格斯选集》(第4卷)，人民出版社，1972年，第19页。
[11][俄]普列汉诺夫：《没有地址的信　艺术与社会生活》，第125页。

需要，石器造型的发展由简单到复杂，由粗糙到精细，从凹凸不平到光滑匀整，从不规则到逐渐类型化，这一切演变说明是人们的实用要求推动了工具造型的发展。从打制石器发展到磨制石器，首先不是为了美，而是为了实用。因为它们实用，而且又体现人的创造，人们才喜爱这些事物，这些事物才具有美的性质。在工具造型上的每一个新的进展，不但体现了实用效能的提高，同时也标志着人类创造和智慧的发展。在实用的基础上，才逐渐出现产品的装饰，并分化出主要为满足审美需要的装饰品。

3. 从实用价值到审美价值的过渡中，人类的观念形态起了中间环节的作用。例如丁卡族的妇女戴二十磅的铁环，开始也可能不是为了美，而是为了富的观念才戴，其后富与美的观念逐渐结合，才形成富的也就是美的观念，所以普列汉诺夫说："把二十磅的铁环戴在身上的丁卡族妇女，在自己和别人看来，较之仅仅戴着两磅重的铁环的时候，即较为贫穷的时候，显得更美。很明显，这里问题不在于环子的美，而在于同它联系在一起的富的观念。"[12]苗族的银饰在服饰中占重要地位，据传曾是避邪、保平安的象征，后来却成为富与美的体现，银饰越多便越富越美，银饰的种类纷繁，图案精美，有的重达八千克。"勇敢"的观念也是如此。在原始民族中动物的皮、爪、牙成为装饰，正是因为这些东西在"暗示自己的灵巧和有力"。原始的图腾崇拜本来也没有美的意思，只是由于宗教迷信，其后随着图腾的发展和本民族的强大，图腾除了作为原始宗教崇拜外，还有装饰作用，并逐渐发展到具有独立的审美意义，成为美的形象。中国的龙和凤就是如此。这里需要说明一点，就是观念形态虽然在实用到审美价值的过渡中起中间环节的作用，但观念形态并不是美的根源。观念形态本身也是决定于一定的社会生产力状况和经济。

---

[12][俄]普列汉诺夫：《没有地址的信　艺术与社会生活》，第13页。

丁卡族之所以把铁环看作美,虽然和富的观念相联系,但最终的根源还是在于生活实践已经发展到"铁的世纪"。

4. 在生产实践中主体与客体的辩证关系。在原始社会中各种工具造型的发展,单从客体本身是无法说明的。在历史发展中人类不断改造自然,物在变,人也在变,人与物相互影响、相互作用。正确理解实践中主体与客体的辩证关系是探索美的产生之根源的一把钥匙。

我们所谓的"客体"是指人所创造的对象世界。这个对象世界是人类社会实践的产物,也就是人化的自然;反过来又影响主体,凭着对象的丰富性才发展了人的感觉的丰富性。马克思说:"人的感觉、感觉的人类性——都只是由于相应的对象的存在,由于存在着人化了的自然界,才产生出来的。五官感觉的形成是以往全部世界史的产物。"[13]例如人类在制作石球、纺轮、石珠和钻孔中发展了对圆的感觉;磨制石器不仅发展了人对光滑、匀整的感觉,而且发展了对面与线的感觉。在磨制石器上我们可以看到各种几何图形的面(如圆形、方形、梯形等)以及面与面相交形成的各种清晰的线(曲线、直线等)。在旧石器时代早期与粗糙石器相适应,人的感觉也是粗糙的。在编织劳动中启示人们掌握一些图案的组织方法,从彩陶以及后来玉器的制作发展了人们对色彩的美感。离开了对象就无从说明主体思维、感觉的发展,同样离开主体也无法说明产品的变化。在劳动中人类创造了美,在创造美的过程中又提高了自己的审美能力和审美需要。人类提高了自己的审美能力,又创造出更新更美的事物。从创造美的对象到提高主体审美能力,再去创造新的美,这是一个循环的过程,使美从低级向高级发展。前面所说的石器、陶器的发展过程,既是物的发展过程,也是人的发展过程,人和物在实践过程中相互影响。在这个过程中,人的实践、自由创造起着决定作用。

---

[13][德]马克思:《1844年经济学—哲学手稿》,第79页。

思考题

1. 美是如何产生的,为什么说实用价值先于审美价值?
2. 从实用到审美的过渡中间环节是什么?
3. 怎样理解在美的产生中主体与客体的辩证关系?

第四章
社会美

社会美是指社会生活中的美,它在美的各种形态中具有重要意义。因为生活不仅是创造艺术美的客观基础,而且自然美的最终根源也在于与生活的客观联系。从人的社会实践的目的看,一切社会变革都是为了创造美好的生活。

第一节 什么是社会美

社会美经常表现为各种积极肯定的生活形象,它不仅根源于实践,而且本身就是实践的最直接的表现。社会美与善有密切联系,但不同于善:善直接与功利相联系,集中表现为人的利益与需要;社会美虽以善为前提,但功利的直接性已消融在感性的形式中,它成为人在社会实践中品德、智慧、性格、才能等的积极肯定。人类社会生活的内容很丰富,其中主要是生产斗争、阶级斗争、科学实验。社会美包括人的美、劳动产品的美、劳动环境和生活环境的美等等。

首先,社会美表现为人本身的美,表现在那些作为革命实践主体的先进人物身上,例如那些为了争取人类的进步和解放而英勇战斗的生活形象，在社会实践中体现人的献身精神、智慧和力量的形象等都是社会美的重要表现。社会美是美的最早存在形态之一。

其次，表现在劳动产品上，这主要是指那些已经改变自然原有的感性形式的劳动产品。当棉花生长在田野里，还保持着自然原有的感性形式时，它虽然是经过人的栽培，但仍属自然美，当棉花被纺成线，织成布，做成衣服，这时棉花原有的感性形式已改变，便属于社会美了。像长江大桥、密云水库、人民大会堂和各种工业品、手工业品的美的造型都属于社会美。

最后，还有环境美，如劳动环境、生活环境等，也是构成社会美的重要方面。

第二节 人的美

一、人的美和理想有紧密的联系

社会美直接体现了人的自由创造。人的美和真、善有着紧密的联系。因为人们的自由创造是在认识事物的客观规律的基础上进行的，这就离不开真；而创造是有一定的社会功利目的，满足实践中的进步要求，这就离不开善。但是人们在进行自由创造时并不限于某一直接的具体的目的（如生产某一产品的具体目的，建造房屋是为了居住，修筑道路是为了行走，等等），随着人类对社会和自然规律的认识越来越全面，可以更全面地确定自己活动的长远目的。人类不仅可以认识许多物种的规律，而且对人类社会本身的产生和发展的规律有了科学的理解。在社会生活中，人们越来越自觉地把长远的目的和当前的具体目的结合起来。因此，在人们的自由自觉的活动中具有理想的性质。在理想中有社会理想（对社会制度的理想）、道德理想（对人的品德的理想）和美的理想等等。

各种理想都是根源于实践，而政治理想和现实的关系更为直接。美的理想不仅根源于实践，同时受政治理想、道德理想的深刻影响。在美的理想中充满了对未来生活富有激情的想象，它是人们在头脑中创造新世界的蓝图，也是人的精神美的集中表现。例如方志敏烈士在狱中给友人的信中曾写过：

> 我相信，到那时，到处都是活跃的创造，到处都是日新月异的进步，欢歌将代替了悲哀，笑脸将代替了苦脸，富裕将代替了贫穷，健康将代替了疾苦，智慧将代替了死亡悲哀，明媚的花园将代替了凄凉的荒地……这么光荣的一天，决不在辽远的将来，而在很近的将来，我们可以这样相信的，朋友！[1]

这段话体现了无产阶级美的理想的特点，它是用诗一般激情的语言，描绘人类未来幸福生活的图景，充满了革命乐观主义的精神。方志敏在另一封信中还写道：

> 如果我能生存，那我生存一天就要为中国呼喊一天。如果我不能生存——死了，我流血的地方或在我葬骨的地方，或许会长出一朵可爱的花朵，这朵花，你们可视为我精诚寄托吧！在微风吹拂中，如果那朵花上下点头，那可视为我为中华民族解放奋斗的爱国志士致以革命的敬礼！如果那朵花左右摇摆，那就视为我在提劲儿唱着革命之歌，鼓励战士们前进啦！[2]

这段话同样体现了一个伟大的无产阶级革命战士的美的理想，也是

---

[1] 缪敏：《方志敏战斗的一生》，工人出版社，1958年，第107页。
[2] 同上书，第102页。

烈士心灵美的精华。当我们从照片上看到方志敏烈士在就义前戴着脚镣手铐,但是神情是那么威武不屈、从容自若时,我们知道在这光辉的形象中蕴藏着理想的巨大力量。理想的审美价值正是在实践中显出它的光辉。

为了在广阔的意义上说明人的自由自觉的活动的特点,我们需对人在生活中所抱的各种自觉的目的和意图做具体分析。恩格斯曾说:"在社会历史领域内进行活动的,全是具有意识的、经过思虑或凭激情行动的、追求某种目的的人;任何事情的发生都不是没有自觉的意图,没有预期的目的的。"[3]这是说在现实生活中一切人的活动都是有意识有目的的。但是每一个人都是生活在一定的社会关系之中,由于所处的社会地位不同,每个人的活动目的也就不同。有的人认为生活就在于追求私利,在这种人看来,所谓"理想"就是有"利"可"想",所谓"前途"就是有"钱"可"图";在他们心中,人生的目的就是个人享乐。抱这种想法的人实际上已经失去了人的自由创造的特性,把人降低到动物的水平,科学家爱因斯坦曾批评过这种卑下的生活"理想",他说:"我从来不把安逸和快乐看作是生活目的本身——这种伦理基础,我叫它猪栏的理想。"[4]

另一些人则相反,他们有着崇高的理想,在理想中集中地反映了真和善,体现了社会发展的客观规律和人民的利益。如前面所说的许多革命烈士的美的理想,崇高的理想给人们的实践活动指明了方向。李大钊同志曾热情地教导青年树立远大革命理想:"青年啊!你们临开始活动以前,应该定定方向。譬如航海远行的人,必先定个目的地,中途的指针,总是指着这个方向走,才能有达到那目的地的一天。若是方向不定,随风漂转,恐怕永无达到的日子。"[5]理想不仅给人们指明方向,而且对

---

[3]《马克思恩格斯选集》(第4卷),第243页。
[4] 赵中立、许良英编译:《纪念爱因斯坦译文集》,上海科学技术出版社,1979年,第48页。
[5] 李大钊:《李大钊诗文选集》,人民文学出版社,1981年,第157页。

人们的实践产生巨大的鼓舞力量。伟大的目的之所以能产生伟大的力量，是因为它包含了真理和人民的利益。我们为了真理、为了人民利益而英勇斗争，是为了实现革命理想，在这个过程中，我们才能迅速成长。随着理想逐步变成现实，促进了社会向前发展和人民生活的改善，所以高尔基曾说："我常常重复这一句话：一个人追求的目标越高，他的才力就发展得越快，对社会就越有益；我确信这也是一个真理。这个真理是由我的全部生活经验，即是我观察阅读、比较和深思熟虑过的一切确定下来的。"[6]

我们从理想的高度对人的自由自觉的活动做了分析，但是理想仅仅是构成社会生活中美的一个主观条件。理想要变成现实必须通过实践。美的理想不是一些华丽的辞藻的堆砌，理想不仅根源于实践，要接受实践的检验，还要在实践活动中表现出来，成为一种富有生命力的形象。马克思、恩格斯曾批评德国的"真正的"社会主义者所宣扬的"美的理想"，不过是"用思辨的蛛丝织成的、绣满华丽辞藻的花朵和浸透甜情蜜意的甘露的外衣"[7]。

从本质上看，社会生活的美属于人的社会实践，它是生活本身所固有的，但是人的社会实践又是有目的、有意识的，因此，我们在研究社会美的时候不能脱离开人的理想，人们是在一定理想指导下去创造历史，创造理想的生活。我们强调理想的作用，是为了说明人的自由自觉的活动，并不是指人的一些偶然意图、动机，而是说明人的自由自觉活动是和真、善相结合的。理想就是以真、善为内容，对未来生活图景充满激情的想象。理想必须经过艰苦的实践，转化为客观的生活形象，才能形成社会生活的美，人物、事件场景作为美的生活形象都是在实践中产生的。在现实生活中美好的事物和理想有着紧密的关系：一方面这些

---

[6] [俄] 高尔基：《论文学》，孟昌、曹葆华、戈宝权译，人民文学出版社，1978年，第340页。
[7]《马克思恩格斯选集》（第1卷），第279页。

美好事物是人们在一定理想的指导下长期艰苦实践的结果，因此这些美好事物的诞生，体现着理想的胜利，例如新中国的诞生体现了中国人民革命理想的初步实现；另一方面在现实生活中那些新生事物的美，体现着人对生活的创造，由于这些新生事物体现了进步的社会实践要求，体现了人类未来的理想生活的萌芽，因此具有充沛的生命力。实现未来美的理想就要从浇灌这些美好新生的事物着手。例如潘鹤所作的《艰苦岁月》表现了长征途中的红军战士的形象，人物形象代表着现实中的新生力量，充满了革命乐观主义的精神，显示出革命理想的巨大力量。

了解理想与现实的辩证关系，不仅对于我们深刻掌握社会美的特点有重要意义，而且使我们更自觉地运用革命现实主义和革命浪漫主义的艺术创作方法。

二、人的美重在内容

上面分析了人的美和理想有紧密联系，这已说明人的美有着丰富的内涵。平常所说的"心灵美""精神美""性格美""内在美"都是强调美的内容，即人的内在品质、性格等等。中国古代所谓"水性虚而沦漪结，木体实而花萼振"（《文心雕龙·情采》），"诚于中而形于外"（《礼记·大学》），都是说明事物内在的品质对外在感性形式的决定作用。人的美侧重于内容，这是因为：

1. 人的美和人的本质有密切的联系。这是人的美和自然美的一个重要区别。自然美一般是侧重形式，人的美则是在形象中体现了某种内在的、更深刻的东西，如理想、品质、聪明才智等等。民谚中有"鸟美在羽毛，人美在勤劳"，"花美在外边，人美在心里"，彝族有谚语"泥土是美的母亲，脸上贴金没有脚上溅泥巴光荣"，外国也有类似谚语，如"人美不在貌，而在于心"（朝鲜），"样儿好，比不上心眼好"（老挝），这些都说明人的美重在内容。中国古代思想家孟子提出"充实之谓美"，所谓"充实"也是指道德品质。清代焦循在《孟子正义》中将"充实之谓美"解释为"充满其所有,以茂好于外"。宋代张载发挥了孟子这一思想,提出"充内形外之谓美",意思是充实的道德品质"形之于外"就是美,这种观点就更富有美学意味了。人的美是一种可观照的生活现象,因此人的内在品质显现于外部特征才能引起美感。荀子讲:"珠玉不睹乎外,则王公不以为宝。"(《荀子·天论》)西方也有许多哲学家、艺术家论述人的美。如古希腊柏拉图认为应该学会把心灵的美看得比形体的美更为可贵。德国诗人海涅也认为在一切创造物中间没有比人的心灵更美、更好的东西了。

在新的历史时期,我们对人的美更是侧重于精神内涵。雷锋同志曾在日记中写道:"战士那褪了色的、补了补丁的黄军装是最美的,工人那一套油渍斑斑的蓝工装是最美的,农民那一双粗壮的、满是厚茧的手是最美的,劳动人民那被晒得黝黑的脸是最美的,粗犷雄壮的劳动号子是最美的声音,为社会主义建设孜孜不倦地工作的人的灵魂是最美的。这一切构成了我们时代的美,如果谁认为这并不美,那他就不懂得我们的时代。"[8] 这深刻地说明人物形象的美在于它体现了社会实践的前进要求和人的进步理想,他所列举的这许多感性特征具有审美意义,如果孤立地从这些感性特征本身去寻找原因是无法说明的。满是厚茧的手之所以是美的,因为这是勤劳的标志;那褪了色的补了补丁的黄军装之所以是美的,因为它体现了解放军俭朴的品德。当然并不是在任何条件下这些感性特征都具有审美意义,而是当这些特征成为体现在社会主义建设中孜孜不倦工作的人的灵魂时才能是美的。在另一些情况下,如果一个工人是在现代化装备的工厂中劳动,穿着洁白、干净的工作服,一心一意干四化,同样这种洁白、干净的工作服,也能成为一种美的标志。这

---

[8](原)沈阳军区政治部编:《雷锋日记诗文选编》,白山出版社,1990年,第27页。

些事实都说明社会美，特别是人的形象的美都是内容与形式的统一，并侧重于内容。

2. 人的内在美具有持久性。内在美不像生理特征那样易于消逝。古希腊的苏格拉底认为美色不常驻。罗丹作为雕塑家对人体的青春特征有着敏锐的感受，他曾说："真正的青春，贞洁的妙龄的青春，周身充满了新的血液、体态轻盈而不可侵犯的青春，这个时期只有几个月。"[9]

人的内在美之所以具有持久性是由于人的品德具有相对的稳定性。人的品德性格是在长期的社会实践中形成的，一个人的品德往往意味着他的经历。一个人很诚实，这说明他做过许多诚实的事。一个人很坚强，说明他经历过许多严峻的考验。这种美好的品德一旦形成，便具有相对的稳定性，不仅不会随着岁月的流逝而消失，到了老年仍可以保持，甚至还可以发展。所以莎士比亚认为没有德行的美貌是转瞬即逝的，因为在美貌中有一颗美好的灵魂，所以美丽是永存的。齐白石为山桃女子自画像的题诗："二十年前我似君，二十年后君亦老，色相何须太认真，明年不似今年好。"意思也是说长相的美总是在逐年消失，无须过于追求。

3. 内在美的显现更为生动丰富。所谓"精神美""心灵美"，并不是抽象的，不可感知的。任何美都有它的感性形式。人的形象有两种感性形式，一种是外在的形式美，另一种是内在品质的外部表现。后者主要是通过表情、动作、语言、风度等表现出来，成为心灵的光辉。

有时候人们在生活中只注意到长相的美，而忽略表情、动作、语言的美。长相的美实际上是一种形式美，而表情、动作、语言却和人的内在品质、精神有着密切联系。所谓"征神见貌，则情发于目"（刘劭《人物志》），就是指人的思想感情常常自然流露于外形。首先人物的感

---

[9][法]罗丹口述、葛赛尔记：《罗丹艺术论》，第60页。

情从面部显露出来。高兴时"眉开眼笑",得意时"眉飞色舞",愉快时"眉舒目展"。人的眼睛最富于表情,心灵中最细微的变化,都可以从眼睛流露出来,所以达·芬奇把眼睛比作心灵的窗户。《诗经·硕人》里面有一段描写美人:"手如柔荑,肤如凝脂,领如蝤蛴,齿如瓠犀,螓首蛾眉,巧笑倩兮,美目盼兮。"大概意思是:她的手指像茅草的嫩芽,皮肤像凝冻的脂膏,嫩白的颈子像一条蝤蛴,她的牙齿像瓠瓜的籽儿,方正的前额弯弯的眉毛,轻巧的笑流露在嘴角,那眼儿黑白分明多么美好。前面五句描写皮肤、牙齿的颜色、质感和形状,都是属于形式美,而后两句则是描写了表情、神态,因此更能引起人们的想象和美感。其次,人物的情感还从体态动作上表现出来。动作的美由于具有某种精神内涵而更有魅力。所以培根认为状貌美胜于颜色美,而适宜并优雅的动作美又胜于状貌美。动作的审美意义在戏剧、舞蹈中体现得最鲜明,往往一个精彩的细微动作,可以表达出用许多语言也难以描述的情感。中外许多杰出的艺术家都很重视观察、研究表情、动作和人的内在品质的关系。达·芬奇曾说,绘画里最重要的问题,就是每一个人物的动作都应当表现它的精神状态。

4. 内在美对人的精神生活能产生更深刻的影响。人的长相漂亮是属于形式美(如五官端正,身材匀称等),人们对形式美有要求也是正常的。但是从美学上所说的美不仅是形式的美,更重要的是指那种"充内形外"之美。这比漂亮的含义要深刻得多,丰富得多。有一件摄影作品是表现周恩来总理在1961年视察河北邯郸第一棉纺厂工人食堂时的动人情景(图5),照片中的人物形象说明人的精神美并不是抽象的,周总理所具有的那种关心人民、热爱人民的内在品质都在形象中显露出来。摄影家敏锐地抓住了这一瞬间——周总理正要从女工手中掰下一块窝窝头尝尝,总理的表情是那么和蔼,态度是那么平易,从周围人物的笑脸上,我们仿佛听到了周总理的既亲切又风趣的语言。这个例子既说明人的精神美与表情、动作、语言的内在联系,也说明人的内在美所产生的精神影响。在这里美和真、善融为一体,美学和伦理学的精神得到完美的结合。

图5　周恩来总理视察河北邯郸第一棉纺厂工人食堂

人物的形象还涉及形式美,如在人的服饰上就有形式美的问题。萧红在回忆鲁迅的文章中曾写了一件有趣的事情,在20世纪30年代萧红去看鲁迅,她穿了一件红上衣,萧红天真地问鲁迅:"周先生,我的衣裳漂亮不漂亮?"鲁迅抽着烟,上下看了一下说:"不大漂亮。""你的裙子配的颜色不对,并不是红上衣不好看,各种颜色都是好看的,红上衣要配红裙子,不然就是黑裙子。""你这裙子是咖啡色的,还带格子,颜色混乱得很。"又说:"方格子的衣裳胖人不能穿,但比横格子的还好;横格子的,胖人穿上,就把胖子更往两边裂着,更横宽了,胖子要穿竖条子的,竖的把人显得长,横的把人显得宽。"萧红惊讶地问:"周先生怎么晓得女人穿衣裳这些事情?"鲁迅回答:"看过书的,关于美学的。"鲁迅讲的这些话实际上都是在谈形式美法则的运用。

人的服饰有形式美的问题,但不仅是形式美的问题,还体现着人的精神面貌。中华民族是由多民族组成的,各民族的服饰都具有自己的特色。在北京曾举办过各少数民族的服装展览,内容丰富多彩,不仅对研究服饰的形式美提供了丰富的材料,而且对于了解各少数民族的文化史也有重要价值。在考察各民族服饰的特点时，还可以发现一个民族的服装和这个民族的性格是很协调的。例如朝鲜族妇女一般喜欢穿素白色衣服，洁净、朴素、淡雅，她们的性格则是比较温和、文静的；彝族喜欢穿黑色衣服，黑中衬托一些红色，显得很有生气，这种服饰和他们质朴的性格很吻合；维吾尔族妇女服装的色彩很艳丽，样式也富有变化，青年妇女还以长发为美，她们的外表与她们那种能歌善舞的开朗、活泼的性格很协调；瑶族的服装多红色的装饰，色彩强烈，还绣有彩色图案，《后汉书》中就记有瑶族先人"好五色衣服"，在史籍中还记有瑶民"椎发跣足，衣斑花布"；京族生活在海边，由于天空、海水都是蓝色，所以年轻人喜欢穿浅蓝衣服。各个民族服装特点的形成有多种原因，包括经济生活、地理环境、心理素质、传统习惯等。例如彝族喜欢穿黑色衣服，和地处高寒的山区有一定关系。人的外貌问题也和社会关系有密切的联系，特别是在社会性质发生急剧变化的情况下，人的外貌也相应地发生变化。普列汉诺夫曾说："人们力图使自己具有某种外貌，这种努力往往反映着这一时代的社会关系。关于这个题目，很可以写出一篇有意思的社会学的论文来。"[10]

黑格尔曾说："人通过改变外在事物来达到这个目的，在这些外在事物上面刻下他自己内心生活的烙印。"又说："不仅对外在事物人是这样办的，就是对他自己，他自己的自然形态，他也不是听其自然，而要有意地加以改变。一些装饰打扮的动机就在此。"[11]

社会上有些人常常把服饰看作人的社会地位和拥有财富的标志，所谓"人是衣服马是鞍"，"佛靠金装，人靠衣装"，把追求华丽的服饰打扮作为人物美的主要标志。这种审美观点是错误的。

实际上过分的穿戴往往会有损于美的形象。达·芬奇就曾说："你

---

[10][俄]普列汉诺夫:《没有地址的信 艺术与社会生活》，第211页。
[11][德]黑格尔:《美学》(第1卷)，第39页。

们不见美貌的青年穿戴过分反而折损了他们的美么？你不见山村妇女，穿着朴质无华的衣服反比盛装的妇女美得多么？"[12] 过分的装饰往往反映内容的空虚，求美反而失去美，甚至得到的是丑。当然我们也不赞成那种完全"不修边幅"的做法，衣着仪容污秽、杂乱，总是让人望而产生一种不愉快的感觉。孟子曾说："西子蒙不洁，则人皆掩鼻而过之。"[13] 所以衣着的美，不在于华丽，主要在于整洁、协调、适度，能显示人的精神风貌。至于人体美究竟是社会美还是自然美，这要做具体分析。一方面从人的发展历史上看，现在人的体态，不同于北京猿人的体态，这是长期实践形成的结果，而且特定的社会生活在人的体态上往往留下深刻的烙印。这些情况说明人的体态并不是完全与社会生活无关，另一方面人的体态、身材、肤色等毕竟是人的自然素质，它不像性格美那样作为人的内在品质的形象体现。所以在一定意义上可以把人体美称作自然美。人体美具有形式美的意义。中国古代"增之一分则太长，减之一分则太短"，这都是讲形式美，即"适度"。

善和美之间往往存在着矛盾，即善的品质和形式美往往不一致。善的并不都是美，美的也不都是善。这主要是由于人的心灵美与形式美之间矛盾引起的。品德好的人，不一定长相也漂亮。生活中我们常常遇到几种情况：

一种是内在品质好，但外貌有缺陷。所谓"人丑心俊"，或称为"内秀"。对这种人的美往往不是一接触就能发现或深刻感受到的，因此需要有一个了解的过程，而形式美（如长相）是可以不假思索，一眼看上去就觉得美。现实中贝多芬的形象上就存在内在品质和外在形式美的矛盾，因为从贝多芬的外表长相上看是有不少缺陷的，罗曼·罗兰在《贝多芬传》中曾有这样的描绘："乌黑的头发，异乎寻常的浓密，好似梳

---

[12] [意] 达·芬奇《芬奇论绘画》，戴勉编译，人民美术出版社，1981 年，第 188 页。
[13] 北京大学哲学系美学教研室编：《中国美学史资料选编》（上），第 28 页。

子从未在上面光临过，到处逆立，赛似'梅杜萨头上的乱蛇'。"[14] 眼睛是"又细小又深陷"，鼻子是"又短又方，竟是狮子的相貌"，嘴唇则是"下唇常有比上唇前突的倾向"，下巴还"有一个深陷的小窝，使他的脸显得古怪地不对称"。[15] 但是在那些表现他的肖像画或塑像中，艺术家并不着力去刻画贝多芬生理上的缺陷，而是着重表现他的性格、心灵和激情。因此从这些艺术形象中可以感受到他的精神美，作为资产阶级上升时期的作曲家，贝多芬充满热情和英雄气概，他代表着当时进步势力变革的愿望，他提出了"音乐当使人类的精神爆出火花"[16]。这些情况说明人的精神美是由人的内在品质所决定，并通过面部表情等形式表现出来的。《巴黎圣母院》中的敲钟人卡西莫多（图6），心地善良，但是外貌奇丑，小说中描写的他是一个独眼人、跛子、驼子，妇女们看见他都得把脸遮住；小说中有一个人对卡西莫多说："凭十字架发誓，天父啊——你是我生平所看见的丑人中最丑的一个。"在这里是通过他外貌的畸形来衬托卡西莫多的心灵美，更确切地说是为了衬托人物内心的善良。

伊索是一个充满智慧的人，但面貌丑陋。在《伊索》一剧中，伊索自己说："丑陋到当我看见自己映在镜中的形象的时候总是想哭出来。我长得可怕，像怪物一样……我是九头怪蛇的儿子，是狮头羊身蛇尾的怪兽的儿子，是美丽的希腊所曾经创造出来的所有最丑恶的东西儿子。"[17] 剧中的哲学家说伊索是"全希腊最难看的奴隶"，哲学家的妻子开始对伊索的丑陋很厌恶，并嘲笑他"大概是动物园里长大的"。伊索却用寓言反讥她："孔雀愚弄仙鹤，嘲笑仙鹤羽毛色彩的贫乏说：'我穿的是锦缎和丝绒，你的翅膀却没有一点点美丽的东西，'仙鹤回答说：'我飞翔，为了给星星唱歌，我能到天上去，而你想跳到房顶上去都不

---

[14][法]罗曼·罗兰:《贝多芬传》(插图珍藏本)，傅雷译，中国友谊出版社，2000年，第73页。
[15]同上书，第73—74页。
[16]同上书，第151页。
[17][巴西]吉·菲格莱德:《伊索》，陈颙译，中国戏剧出版社，1959年，第54页。

图6 《巴黎圣母院》敲钟人卡西莫多（电影剧照）

行'。[18] 在舞台上伊索的外貌是丑陋的，但他的语言、神情却是闪闪发光的。

另一种情况是内在品质很坏，外貌却长得很漂亮，人们称这种人是"绣花枕头"，外面好看，肚子里一包糟糠，说得文雅些是"金玉其外，败絮其中"，说得粗俗些就是"粪蛋外皮光"。《巴黎圣母院》中的卫队长菲比思就是这样的人，他用自己外表的美到处招摇撞骗，在百合花（小姐）面前百般谄媚，说什么"我要有妹妹，我爱你而不爱她，我要有世界黄金我全部都给你，我要妻妾成群我最宠爱你"。不久后又用这一套甜言蜜语去欺骗吉卜赛女郎。由于他的外貌美，吉卜赛女郎把他比作"太阳神"，甚至已经发现他很坏，仍然恋恋不舍，还幻想："如果菲比思外形（形式美）和卡西莫多的内心结合起来我们的世界该是多么美好啊！"

对于这种"绣花枕头"式的人物，也需要有一个由表及里的熟悉过程，一旦了解到他坏的品质，对他的外在特征便会产生与此前不同的感受。

关于人物的内在品质和外形美丑的矛盾，中国古代思想家曾有过一些论述，如《荀子·非相》中说："形相虽恶而心术善，无害为君子也；形相虽善而心术恶，无害为小人也。"意思是说长相虽然丑，但品质好，不妨碍一个人成为君子；长相虽美，但心地坏，也不能排除你是小人。

---

[18][巴西]吉·菲格莱德：《伊索》，第7—8页。

《抱朴子·清鉴》中写道:"夫貌望丰伟者不必贤;而形器尪瘁者不必愚。"这段话的意思是:长相丰伟的人,不一定贤德,而外貌毁损的人不一定就愚劣。这些思想都是说明人的内在品质和外貌之间存在着矛盾。

我们常常会遇到美的选择问题,因为在生活中十全十美的人几乎不存在。"大成不能无小弊,大美不能无小疵。"(白居易)人们常说"甘瓜苦蒂",意思就是完美的事物也总会有缺陷。但是人们总是希望好的品质和美好的外形相结合,这种理想柏拉图早就提出过,他认为最美的境界是心灵的优美和身体的优美谐和一致。

雨果在《巴黎圣母院》小说中塑造了四种类型的人物:第一种是外形美,内心也善良,如卖艺女郎埃斯美拉达;第二种是外形丑,内心善良,如卡西莫多;第三种是外形美,而内心丑恶,如菲比思;第四种是内心丑恶,性格阴沉,外形也丑恶,如神父富洛娄。雨果歌颂的是第一、二种类型的美,第三、四种类型则是他揭露的对象。从上述社会美的特点,说明人物形象的美首先是内在品质、精神、灵魂的美,其次才是外在形式的美。内在美可以弥补外表的某些缺陷,而心灵的卑污却不能用外表美去抵消。心灵美的人不一定长得好看,但仍能使人感到可爱、可亲;而心灵丑恶的人,即使长得漂亮,却免不了使人厌恶。当然最好是人的内在美与外在形式美相结合。

第三节 劳动产品的美和环境美

劳动产品的美和环境美是社会美的重要组成部分,和人的生活有紧密联系。

1.劳动产品的美。劳动产品的美是人的创造、智慧和力量的物化形态,是在人所创造的对象世界中肯定人的本质的一种普遍形式。人的本质不仅表现在劳动上,而且也从产品中得到确证。在工业发展的历史上,人们常常考虑的是产品的外在有用性,忽略这些产品和人的本质的内在联系。马克思曾指出,工业存在是人的本质力量的打开的书本,是感性摆在我们前面的、人的心理学,这个思想对于我们研究劳动产品的美有重要指导意义,启发我们见"物"又见"人",不能见"物"不见"人"。在私有制的条件下,由于种种原因,产品所包含的人的"本质力量"是隐藏在外在的有用性中。在社会主义条件下,人们不仅看到产品的有用性,而且可以清楚地看出产品中所显示人的本质。例如,社会主义建设中许多宏伟建筑,像人民大会堂、长江大桥、葛洲坝工程等,这些工程从设计、施工到建成的过程,都生动地揭示了劳动创造美的真理,并成为美的对象,引起我们赞赏。

劳动产品的美,一般都是实用和美的结合。人的创造、智慧和力量,不仅表现在产品的实用功能上,也表现在形式上,特别是表现在功能与形式法则的结合上。古代许多能工巧匠巧在什么地方呢?巧在他们把产品的功能与形式结合得很妙,像新石器时代彩陶,夏商周时代的青铜器,以及古代的建筑都是如此。中国古建筑的木结构,它的美不能脱离建筑本身而独立。如古代宫殿建筑的斗拱,其作用主要是为支撑飞檐的重量,而檐部之所以挑起,则是为了采光和合理解决檐下溅水问题。但同时这种形式又很美观,斗拱有一种错综精巧的美;飞檐则可以减轻古建筑大屋顶的沉重感,使建筑在静中有动。所以美和实用的结合是劳动者创造和智慧的表现。

中国生产瓷器有悠久的历史。瓷器不仅有实用的功能,而且有很高的审美价值。远在汉代晚期和西晋的青瓷,其胎体瓷化程度已接近现代瓷器水平。唐代的瓷器在实用与审美的结合上达到很高的水平。唐代有邢窑白瓷,还有四川大邑的白瓷。杜甫曾写诗赞美:"大邑烧瓷轻且坚,扣如哀玉锦城传,君家白碗胜霜雪,急送茅斋也可怜。"唐代的越窑瓷,色泽如玉，薄而匀净。陆龟蒙有诗句："九秋风露越窑开，夺得千峰翠色来。"宋代是我国瓷器的鼎盛时期，汝瓷素雅莹洁，"润如堆脂"，钧瓷色彩斑斓，"灿如晚霞"。元代的景德镇青瓷则表现了一种雅致、清新、素洁、大方的特色。

在历史上物质生产领域内美的创造，是一部"无言的美学"。劳动产品的美具有自己的特点，一般情况下劳动产品的美都是和实用有直接联系，是在实用的基础上体现一定时代的审美趣味，给人精神上以广泛的影响。劳动产品的美还包括：产品的功能美、产品的造型美、产品的质料美、产品的色彩美等，这里就不多说了。

近年来我国开始重视对技术美学的研究。技术美学是把美学运用到技术的领域，又称"工业美学""生产美学"。技术美学的主要研究对象之一就是劳动产品如何满足人的全面需要，既要满足人们的实用需要，又要满足人的审美需要。在衡量产品的质量时，不仅看是否符合技术标准、规格，而且要求美观，对物质产品质量的要求应是实用性、科学性和审美性的有机结合。当然，美和实用的结合，在不同产品中有不同要求。有的产品审美因素占的比重较大，有的产品审美因素占的比重较小。有人分析一些产品如电灯泡主要是实用功能，因为电灯泡钨丝所发出的强烈光亮，使人无法去对它的外形细加鉴赏，至于各种灯罩作为一种产品，它的审美因素的比重则大大增加，甚至主要是为了审美。再如不同性质的建筑，其审美因素所占的比重也有差别，如住宅和园林中的亭台楼阁的审美因素所占的比重有着明显的不同。

2. 环境美。对环境有广义与狭义两种理解：

对环境的广义的理解是指人在现实中各种外部条件（包括社会和自然）的总和。在现实中人总是生活在一定社会环境和自然环境中。有人说环境像是人的影子，最贴近人。

从狭义上理解，环境是指生活、劳动的具体场所，如劳动环境、生活环境等。

环境与人的关系是：人创造了环境，反过来环境又给人以影响。人不仅有意识有目的地去制造各种产品，而且按照一定的意图去安排环境。环境的安排首先要考虑活动的方便，同时还要求美观。外部环境常常表现人的一种精神状态，并且对人的精神产生影响。

在现实生活中大到城市规划，小到居室布置都体现了环境美的要求。

随着我国社会主义建设的发展，现实中提出了许多新的美学课题，如城市环境中的美学问题。城市建设方面的专家在总结我国实践经验的基础上提出了关于城市美的深刻见解，如吴良镛关于城市美的论著是富有开拓性的。[19]他认为从广义理解城市美，"它既是物质文明建设的结晶，也反映了精神文明的积累……城市是文化的体现"。对城市美的狭义的理解则是"人们生产、生活的物质环境，需要有美好的空间和景观……它们有着比建筑美学更为广泛的内容"。在城市美的创造和欣赏方面，他首先系统地论述了城市美产生于整体的完善，城市美不仅着眼于单幢建筑和建筑群组的结合，还要着眼于建筑物与自然的结合，而更重要的是着眼于人。因为人是自己赖以生活的物质环境的创造者，又是环境所服务的对象。在新的历史时期，我们城市环境的建设应以缔造为广大人民服务的美好环境为目的。关于城市建设的整体美方面，我国的一些历史经验是很值得借鉴的，"旧北京城的整体的美，就达到很高的境界，城楼的安排，皇宫的布局，中轴线的运用，干道系统与胡同的组织等，是一套完整的构思和章法。景山是全城的几何中心，也是全城的制高点，从景山上能看到整个北京城，一种严整与变化的整体美的韵律，使人喟然惊叹"。

---

[19]以下吴良镛关于城市美的论述，均引自他的论文《城市美》，载杨辛主编《青年美育手册》，河北人民出版社，1987年。

吴良镛还论述了城市特色的美。他认为:"人是有个性的,一个建筑,一个城市也是有个性的。"这种个性可从城市的整体上去发展,像"旧北京城的特色之一在于水平式城市的整体美。在一片院落,树木参差之中,景山、白塔,以及一些高大宫殿和坛庙建筑的琉璃屋顶显露出来,这种特色应当保持。高层建筑,应当按照规划,到旧城区外面去发展"。这是在城市的整体中体现特色的美。

城市特色的美还可以从个体建筑中去发展,"例如武汉的黄鹤楼(图7),在历史上就是脍炙人口的建筑……黄鹤楼的重建,不仅使人重温了

图 7　黄鹤楼

古代名楼的风采，也表现出当代城市建设之振兴，为今日之武汉城增添了一个出色的城市标志"。关于城市特色的美在国际上也为一些学者所关注，英国一位著名的建筑学家对中国历史上城市特色的经验给予了很高的评价，他认为要研究中国文化城市的真正的原有的特色，并且保护、改善和提高它们，不能允许被西方传来的这种虚伪的、肤浅的、标准的、概念的洪水所湮灭。

除了从宏观方面研究环境美，还有日常生活中的环境美化问题。生活环境的安排首先要考虑活动的方便，同时也要注意美观，体现一种审美趣味。例如解放军的宿舍特别整洁，被子叠得很规整，床头的书籍，架上的脸盆、牙具都陈放在一定位置，加上明净的玻璃窗、洁白的墙面，使人一进屋就感到很有秩序、很有条理，很美。这种朴素整洁的环境体现了解放军所特有的精神面貌，反过来这种环境又影响战士的精神状态。

如果是另一种情况，宿舍里东西陈放得很零乱，地上堆着破纸、烟头、果皮，墙角挂着蛛网，玻璃窗上积满灰尘，再加上一些难闻的气味，这种环境在某种程度上也反映了人的精神状态，会对人的生理和心理产生不好的影响，自然也是不美的。

劳动环境也是如此。在创造正常的劳动环境方面，色彩和光线具有特殊地位，因为它们可以刺激和稳定人的神经系统与心理状态，从而影响劳动者的工作效率。合理地安排劳动环境，如在工厂中科学地解决墙面的色彩、门窗的采光、消除噪声等有着重要意义。这样，既可以提高劳动效率，又可以使劳动环境美化，从而对劳动者的精神状态产生良好影响。

上面谈了社会美中人的美、劳动产品的美、环境美三种主要形式。其中人的美是中心，劳动产品的美是人的创造、智慧、力量的物化形态，环境美也是人的生活的一个有机部分。这三种形式都和社会实践有着较直接的联系。

思考题

1. 社会美的特点是什么,为什么人物形象的美侧重于内容?
2. 什么是审美理想,审美理想对社会美起什么作用?
3. 怎样理解人物形象的内在品质和形式美之间的关系?

第五章 自然美

自然美是自然事物的美。自然美的主要特点是侧重于形式，以自然原有的感性形式直接唤起人的美感，它和社会功利的联系较为曲折。自然美是社会性与自然性的统一。它的社会性指自然美的根源在于实践。从自然美的形成来看，一些自然感性形式能成为美的对象，不决定于自然的感性形式本身，而决定于实践中自然和生活的客观联系。自然美的自然性指自然的某些属性、特征（如色彩、线条、形体、声音等），它们是形成自然美的必要条件。

第一节　美学中的一个难点

在美学理论中，自然美是一个长期争论的难点。在美学史上关于自然美的研究，有许多不同观点。

一种观点认为，自然美在于自然事物本身，是自然事物本身固有的属性，如山水花鸟的美，在于山水花鸟本身的自然属性（如形状、颜色、质感等）。这种观点，虽然肯定了自然美的现实性，但有明显的旧唯物主义直观性质。

另一种观点认为，自然美被当作人和人的生活的暗示，这在人看来才是美的。如车尔尼雪夫斯基说："构成自然界的美的是使我们想起人来（或者，预示人格）的东西，自然界的美的事物，只有作为人的一种暗示才有美的意义。"[1]这种观点虽然把自然美作为人的一种"暗示"，与生活联系起来，但他不懂得生活的本质是什么，对生活只能做抽象的了解。

还有一种观点认为，自然本身不可能有美，自然美只是属于心灵的那种美的反映，黑格尔就是如此。他认为人们可以从医学的观点去研究自然事物的效用，成立一门自然事物的科学——药物学。"但是人们从来没有单从美的观点，把自然界事物提出来排在一起加以比较研究。我们感觉到，就自然美来说，概念既不确定，又没有什么标准，因此，这种比较研究就不会有什么意思。"[2] 在黑格尔美学中，实际上把自然美排除了。

下面，谈谈我们对自然美的看法。

第二节　自然美是一定社会实践的产物

首先从自然美产生和发展的总过程来看，自然美领域的逐渐扩大是和社会生活发展的进程密切联系在一起的，归根结底是一定社会实践或社会生活的产物。在人类出现以前，自然界都是自在之物，它们的物质属性虽然早已存在，但这时自然无所谓美丑。朝霞的绚丽，月光的清澄，虽然作为物质的属性仍然存在，但这些属性对于自然本身来说是没有美的意义的。这是两方面的原因造成的：一方面，没有人类存在便没有把自然作为观照对象的主体存在；另一方面，一切自然现象本身"全是不自觉的，盲目的动力"，它们没有任何预期的自觉的目的。自然不

---

[1][俄]车尔尼雪夫斯基:《生活与美学》，第10页。
[2][德]黑格尔:《美学》(第1卷)，第5页。

能自觉为美，所以不能用今天人类对自然的审美感受去推论在人类社会出现以前自然美就早已存在。在人类社会出现以后，也并不是一切自然现象都是美的，而是随着人的社会实践的发展，自然美的领域才逐渐扩大。马克思、恩格斯曾说："自然界起初是作为一种完全异己的、有无限威力的和不可制服的力量与人们对立的，人们同它的关系完全像动物同它的关系一样，人们就像牲畜一样服从它的权力……"[3] 自然作为一种对立的现象，并不是可亲的，因此，原始人类对这种具有无限威力的神秘的自然力量并不感到美。随着社会实践的发展，人们在改造自然中，自然事物才愈来愈多地成为可亲的对象。一般说来狩猎民族以动物为装饰，而不以植物为装饰，这是由社会生活所决定的。像普列汉诺夫所说的原始的狩猎民族"虽然住在花卉很为丰富的土地上，却绝不用花来装饰自己……都只从动物界采取自己的装饰的主题"[4]。在狩猎民族的原始艺术中曾出现过许多动物的形象，如西班牙的阿尔塔米拉山洞窟中的壁画（旧石器时代遗物），画了一头野牛受伤蜷伏在地上，睁大眼睛，四蹄挣扎，尾巴翘起，两角向前，仿佛要挣扎起来向前冲去。这幅画不仅描绘了牛的外形、色彩，而且表现了牛的性格、神态，说明原始人类在狩猎生活中对动物形象观察得多么细致入微。

我国东北黑龙江鄂伦春族是一个以狩猎为主，采集、捕鱼为辅的少数民族。新中国成立前鄂伦春族生产力很低下，保持着浓厚的原始社会的残余，新中国成立后社会面貌发生了根本变化，跨越几个历史时代进入了社会主义社会。鄂伦春族由于以狩猎生活为主，在装饰上也体现了对动物的爱好和兴趣。如男子头上戴的狍子皮帽，春夏间狩猎时，戴了这种帽子，可以迷惑野兽。帽子还富有装饰意味，两只高高竖立的狍子耳朵，加上一对小角，好像在帽子上扎成的结子，还有一对小眼形成一

---

[3]《马克思恩格斯全集》（第3卷），第35页。
[4][俄]普列汉诺夫:《车尔尼雪夫斯基的美学理论》，《文艺理论译丛》1958年第1期。

种天然对称的图案。男子戴上这种帽子显得很英武,表现出一种狩猎民族所特有的美。鄂伦春族在木雕和剪纸中还出现马的形象。马在鄂伦春人的生活中有重要作用,打猎、驮运都离不开马。鄂伦春人的马很机灵,马是猎人的亲密助手,猎人看见野兽下马打猎,马就悄悄地站下,一动不动,生怕惊动野兽逃去。猎人若没有看见野兽,马看见了,就打鼻响告诉主人。在鄂伦春人的狩猎生活中,马是一种可亲的动物,因此才用它的形象作为装饰。在鄂伦春族的舞蹈中也体现了狩猎生活特点,有模仿动物和飞禽的动作。如"黑熊搏斗舞",又称"哈莫舞",三人表演,表演时互相吼出"哈莫""哈莫"的声音,先由两人表演搏斗,最后第三者上来劝解。

鄂伦春族主要是以狩猎为生,但在装饰图案中却有许多植物纹饰,如背包、手套、烟袋上的各种刺绣多是采用植物花纹。据说这是由于鄂伦春妇女一直担负采集工作,对植物花卉熟悉而且有感情,因此在装饰上也流露出她们对植物的爱好。所以一般说狩猎民族主要以动物为文饰,但不能绝对排除植物装饰,需要对每个民族的情况进行具体分析。

格罗塞在《艺术的起源》中曾写道:"狩猎部落由自然界得来的画题,几乎绝对限于人物和动物的图形,他们只挑选那些对他们有极大实际利益的题材。原始狩猎者植物食粮多视为下等产业,自己无暇照管,都交给妇女去办理,所以对植物就缺少注意。于是我们就可以说明为什么在文明人中用得很丰富、很美丽的植物画题,在狩猎人的装潢艺术中却绝无仅有的理由了。"[5]格罗塞正确地指出原始狩猎者常常选择那些对他们具有实际利益的题材作为装饰。这说明某些自然物由于与人的生活发生了一定的客观联系,先具有了某种社会价值,然后才成为审美对象。

到了农业社会则出现了大量植物装饰图案,这同样是由社会生活决定的。甘肃彩陶上所描绘的许多花卉、茎、叶的图案,反映了当时农

---

[5][德]格罗塞:《艺术的起源》,第116页。

业在社会生活中的地位和作用。农业生产的前身，是采集自然界的现成果实，在采集过程中研究植物，逐渐发现更多的食物来源，在长期实践中人掌握了植物的生长规律，发现籽实落在泥土中，还能重新发芽、生长、结果。这就是原始的农业。农业的出现，为人类开辟了重要的生活资料来源。因此人们的生活与植物发生了密切的联系。人们像狩猎时期熟悉动物那样，去熟悉植物，研究植物的性质、生长规律以至形状、色彩等。由于社会生活的发展，人们在改造自然的过程中和自然建立了广阔的联系，不仅学会了狩猎、驯养动物、捕鱼、采集果实，而且学会了种植植物。自然事物不仅愈来愈多地成为人们生活中有用的事物，而且愈来愈多地引起人们的兴味和喜爱，逐渐成为美的对象。"人（和动物一样）赖无机自然界来生活，而人较之动物越是万能，那么，人赖以生活的那个无机自然界的范围也就越广阔。从理论方面来说，植物、动物、石头、空气、光等等，部分地作为自然科学的对象，部分地作为艺术的对象，都是人的意识的一部分……同样地，从实践方面来说，这些东西也是人的生活和人的活动的一部分。"[6]这说明从理论和实践两方面来看，这些自然物都是人的生活不可分割的一部分。当自然美的领域一旦扩大到植物的范围，植物本身所具有的那些极为丰富的形式特征，促进了人们对许多形式规律的掌握。从甘肃彩陶图案上我们可以发现反复、齐一、对称、均衡、多样统一的法则的运用，而这些法则是从自然本身的特征中概括出来的。人们对植物的花、茎、叶经过细微的观察和艺术的提炼，才创造出如此精美的图案。

在原始社会中装饰题材的变化，反映了社会生活的发展。从动物纹饰发展到植物纹饰，在文化史上是一种进步的象征，象征着从狩猎生活发展到农业生活。由于自然与社会生活的客观联系的发展，决定了哪

---

[6][德]马克思：《1844年经济学—哲学手稿》，第49页。

些自然事物能够引起人们的兴味和喜爱，原始人类对自然现象感到兴味的是那些对他们物质生活有重要实用价值的东西，因此，才逐渐在生活中去观赏它，并在艺术中表现它。鲁迅讲："画在西班牙的亚勒泰米拉（Altamira）洞里的野牛，是有名的原始人的遗迹。许多艺术家史说，这正是'为艺术的艺术'，原始人画着玩玩的。但这解释未免过于'摩登'，因为原始人没有十九世纪的文艺家那么有闲，他的画一只牛，是有缘故的，为的是关于野牛，或者是猎取野牛，禁咒野牛的事。"[7]这是说原始绘画包含着某些实际的目的，或者是为了传授狩猎的经验，或者是与巫术禁咒有关。例如在亚勒泰米拉洞窟中有一幅猎鹿的壁画，一群持弓人有的正拉弓瞄准，有的箭已射出，命中母鹿脖颈下方的要害部位。其中一只母鹿在要害部位连中三箭。这幅画就可能带有传授狩猎经验的性质。画面中公鹿、母鹿、幼鹿的特征都很鲜明。

至于山水成为美的对象则是较晚的事情。在中国秦汉都是以人物画为主，到了魏晋南北朝山水画逐渐发展，但多为人物画的背景，所谓"人大于山，水不容泛"。东晋、南朝时，山水画才开始成为独立画科。南朝时宗炳《画山水序》和王微《叙画》，都是专门总结山水画创作的经验。王微在《叙画》中写道："望秋云神飞扬，临春风思浩荡"，"绿林扬风，白水激涧"，体现了当时人们对自然的美感。宗炳在《画山水序》中写道："余眷恋庐、衡，契阔荆、巫，不知老之将至。"当他暮年无力外出游览，只好把过去所绘的山水画图悬挂壁上，戏称为"卧以游之"。

目前我国保存的最早的卷轴山水画是隋代展子虔的《游春图》（一说为唐代作品，图8）。这幅画青绿设色，景物浓丽。画家对自然景物有深刻的观察和感受。画面上山间白云浮动，湖面微风拂水，景物舒展、

---

[7]《鲁迅全集》(第6卷)，第68—69页。

图 8 （传）展子虔《游春图》

开阔，人物神态悠闲，或伫马路侧，或荡舟湖心。山水、云烟、草木都呈现出浓郁的春意。在自然景象中各种景物互相联系，形成一个和谐的整体。宋代的山水画家郭熙在《林泉高致》中曾说："山得水而活，得草木而华，得烟云而秀媚。"又说："山无云则不秀，无水则不媚，无道路则不活。"这些都是讲自然整体和谐的美。在《游春图》中这种自然的和谐体现得很鲜明。在画面上还可看到"远水无波""远山无纹"的表现方法，说明画家对自然景物的观察是多么细微。

山水诗比山水画的出现可能更早一些。曹操的《观沧海》中就描绘了大自然的壮美，"秋风萧瑟，洪波涌起，日月之行，若出其中，星汉灿烂，若出其里"。东晋陶渊明写过"少无适俗韵，性本爱丘山"，南朝谢朓写过"余霞散成绮，澄江静如练"的著名诗句。

山水诗画之所以在这个时期兴起，也是和社会生活有密切联系的，当时诗人、画家主要是文人墨士或士大夫，有些是对现实生活不满，到自然中寻求慰藉，如陶渊明的诗中有"久在樊笼里，复返得自然"，他认为仕途十三年是误落尘网。同时在社会发展的进程中，人与自然的关系愈来愈向多方面发展。自然事物愈来愈多地成为人的审美对象，从动物、植物扩展到山水等方面，这也是人类审美活动发展的必然趋势。

在西方则是到了17世纪才出现独立的风景画，产生了一批风景画家。这批画家对自然发生兴味也有社会原因。当时荷兰摆脱了西班牙的奴役获得独立，取得胜利的资产阶级对那些为天主教堂服务的圣像画失去兴趣，因此产生了许多表现人和自然美的绘画。当时的风景画家有：雷斯达尔，他的作品《埃克河边的磨坊》，气魄雄伟，气势磅礴，色彩纯朴、深沉；霍贝玛常画乡村中平常的景物，颇有田园诗趣，如《并木林道》景色秀丽、舒展；伦勃朗风景画也很好，色彩浑厚、纯朴。到了19世纪在法国也出现了许多风景画家，如巴比松画派。法国风景画家柯罗不仅画宁静的风景，还画一些崇高的自然现象。这说明自然美的领域进一步扩大了，惊心动魄的自然现象也可以成为审美对象。

随着社会生活的发展，人类与自然的联系愈来愈扩大，自然对于人，一方面作为物质生活的对象，范围在不断扩大；另一方面自然作为精神生活的对象也在不断扩展，如动物、植物、山水甚至狂风暴雨、惊涛骇浪都可以成为审美对象。自然美的产生和发展是一个有待深入研究的问题，这里只是为了说明自然美的根源离不开社会和生活的客观联系，离不开人。有的人说：不了解人，对自然美也不能很好掌握。这话是很对的。以上分析说明对自然美的根源需要从全面发展的观点去考察，这样才能看出自然美和人类实践活动的内在联系，而不能用孤立的静止的方法去探索自然美。正如列宁所说："人的认识不是直线……而是无限地近似于一串圆圈、近似于螺旋的曲线。这一曲线的任何一个片断、碎片、小段都能被变成（被片面地变成）独立的完整的直线。"[8] 如果用孤立静止的方法去看某些未经劳动改造的自然事物的美（如蔚蓝天空），

---

[8]《列宁全集》(第55卷)，人民出版社，1990年，第311页。

确实很难看出它和实践有什么联系。

第三节　自然美的各种现象及其根源

这里要分析几种不同的情况：一种是经过劳动改造的自然景物，在这种自然景物中凝聚着人的劳动，自然与生活的联系是比较明显的，因此也是较容易理解的。例如农村中田野的景色，民歌中写道："麦田好似万丈锦，锄头就是绣花针，农村姑娘手艺巧，绣得麦苗根根青。"这说明麦田虽然以其自然特征直接引起人们的美感，但是它的出现离不开农民的劳动。另一种情况是未经改造的自然，如天空、大海、原始森林等，这类自然景物何以能成为美的对象，是一个比较复杂的问题，但要探索它的根源，仍然离不开自然和生活的客观联系。这类自然的美虽然并不像前面所说的麦田那样，直接打上人的意志的烙印，但它们仍然直接或间接地与人的生活发生联系。这里面有几种情况：

1. 作为人的生活环境而出现，或者是为人们提供生活资料的来源。它们是人类生活，劳动所不可缺少的东西。人把自然界变成"人的无机的身体。人靠自然界来生活。这就是说，自然界是人为了不致死亡而必须与之形影不离的身体"[9]。正是由于人和自然建立了这种广阔的联系，人才不仅对那些改造过的自然，而且也对一些未经改造的自然（如天空、大海等）产生兴趣。

2. 未经改造的自然美和生活实践的联系还有一个重要的中间环节，就是形式美的问题。形式美是从体现一定内容的美的形式中概括出来的。由于人们在审美活动中，直接感受到的是美的事物的形式，经过成千上

---

[9] [德] 马克思：《1844年经济学—哲学手稿》，第49页。

万次的重复，人们仅仅看见美的事物的"样子"（形式）而不去考虑它的内容，便能引起美感。正如普列汉诺夫说："当狩猎的胜利品开始以它的样子引起愉快的感觉，而与有意识地想到它所装饰的那个猎人的力量或灵巧完全无关的时候，它就成为审美快感的对象，于是它的颜色和形式也就具有巨大和独立的意义。"[10] 这里所说的"巨大和独立的意义"，我们理解有两点：一是运用形式美的创造，使事物美的特征更加鲜明，如蜜饯的瓜果，瓜果本来是甜的，经过蜜饯就更甜了；一是扩大了美的领域，当生活中美的事物以它的"样子"引起人们的美感时，人们就逐渐对那些样子相似的事物也同样产生美感。因此，蔚蓝天空的美虽然并不直接体现劳动创造，但它却和生活中那些由劳动所创造的色彩鲜明、滢澈的美的事物有着密切联系。月亮本身虽与劳动创造无关，但月亮和生活中劳动所创造的明镜、玉盘等器物在色彩和外形上却有相似之处。李白的诗句中有："月下飞天镜，云生结海楼"，"小时不识月，呼作白玉盘"。为什么用镜子和玉盘来比月亮的美呢？因为月亮与镜子、玉盘至少有两点相似：一是圆，一是晶莹明澈。这些都是属于形式美，在未经改造的自然中，如果它的样子符合生活中的形式美，就能成为美的对象。

3. 自然美的某些特征（包括经过劳动改造的和未经劳动改造的自然美）还可以与人的性格品质相似。李可染有一幅画名叫《稳步向前》，表现了牛的美。画上的题词是："牛也，力大无穷，俯首孺子而不逞强，终身劳瘁，事人而安不居功。纯良温驯，时亦强犟，稳步向前，足不踏空，形容无华，气宇轩昂。吾素崇其性，爱其形，故屡屡不厌写之。"郭沫若也把水牛赞为"中国国兽"，在《水牛赞》一诗中写道：

    水牛，水牛，你最最可爱。
    你是中国作风，中国气派。

---

[10]［俄］普列汉诺夫：《没有地址的信 艺术与社会生活》，第137页。

> 坚毅、雄浑、无私,
> 拓大、悠闲、和蔼,
> 任是怎样的辛劳
> 你都能够忍耐,
> ……
> 筋肉肺肝供人炙脍,
> 皮骨蹄牙供人穿戴。
> 活也牺牲,死也牺牲,
> 丝毫也不悲哀,也不怨艾。
> 你这殉道者的风怀,
> 你这革命家的态度,
> 水牛,水牛,你最最可爱。[11]

中国古代画论中有不少论述自然美与生活的客观联系。郭熙在《林泉高致·山水训》中写道:"春山淡冶而如笑,夏山苍翠而如滴,秋山明净而如妆,冬山惨淡而如睡。"画家从四时山景联想到人物的形象。产生这种联想的客观基础就是自然的某些特征和人的生活情感有相似之处。为什么不说春山如睡、冬山如笑,而说春山如笑、冬山如睡呢?因为春天来了,山上的花开了、叶绿了,雀鸟喧闹,泉水流淌,一切都活跃起来,这些景象与生活中的喜悦、欢乐很相似,所以说春山如笑。冬天里,山上树叶落了,鸟雀少了,自然环境很安静,一切都沉寂下来,好像人们在沉睡中,所以说冬山如睡。在秋天,自然呈现出另一种景象,天空明净、清朗,树叶变色,斑斓可爱,好像人们明丽的装扮,所以说秋山如妆。

---

[11]《新诗选》(第1册),上海教育出版社,1979年,第99—100页。

车尔尼雪夫斯基认为自然美暗示生活，这里的"暗示"含义不太明确。因为自然本身是无意识的，无所谓"暗示"，"暗示"的意思如果是指由于自然与生活的客观联系，由自然的特征可以唤起对生活的多种联想而获得审美享受，那是正确的。还有自然的感性特征很多，为什么有些特征使人感到美，另一些特征却使人感到不美，甚至感到丑呢？这些问题都不能用"暗示"孤立地从自然事物本身来说明，而要从自然与生活的客观联系上说明。车尔尼雪夫斯基曾提出自然事物因为被当作人和人的生活中的美的一种暗示，这才在人看来是美的。这个看法虽然对我们很有启发，但是由于他不是把生活理解为革命实践，因此，不能从历史发展中去把握自然与生活的联系，而是直观地把自然和生活做类比。在这种类比中往往又忽视了自然的多种属性，以及自然与生活的多种联系。例如他说："对于植物，我们欢喜色彩的新鲜、茂盛和形状的多样，因为那显示着力量横溢的蓬勃的生命。凋萎的植物是不好的；缺少生命液的植物也是不好的。"[12]这段话虽然在一定范围内有些道理，但是由于忽略了自然的多种属性和自然与生活的多种联系，因此，无法说明许多自然美的现象。例如秋天的枫叶，虽然缺少生命的液汁，但它的色泽却很鲜艳。鲁迅的诗句中有"枫叶如丹照嫩寒"。杜牧有两句诗："停车坐爱枫林晚，霜叶红于二月花。"霜叶本来就很红，经过晚霞照映更红了，就显得比春天的花朵还要艳丽了。陈毅的诗："西山红叶好，霜重色愈浓。革命亦如此，斗争见英雄。"诗人从枫叶在秋天经霜愈红，联想到革命战士在艰苦斗争时才能显示其坚毅品质，诗人的这种联想就是以自然与生活的客观联系为基础的。

同一自然事物有多种属性、特征，其中有的特征是美的，有的特征却是丑的。齐白石曾画过一只长嘴的鸟，题名为"羽毛可取"，意思是

---

[12]［俄］车尔尼雪夫斯基：《生活与美学》，第10页。

图9 齐白石《蛙》

鸟的形状长嘴小身子虽不好看,但是它的羽毛色泽鲜艳却是可取的。如果进一步追问为什么鸟长嘴小身子就不好看,如果是因为嘴与身子不成比例,那么确定正确比例的依据又是什么?

这就涉及自然与生活的联系。因为人们在衡量动物美不美的时候,往往是以人的形象作为依据。青蛙的身上也有多种属性,车尔尼雪夫斯基曾说:"蛙的形状就使人不愉快,何况这动物身上还复(覆)盖着尸体上常有的那种冰冷的黏液;因此蛙就变得更加讨厌了。"[13]但是我们知道蛙也有一些属性、特征是美的,例如蛙在水中游泳,那种敏捷、轻快的动作,就能引起人的美感。在游泳池里看见青年,特别是小孩游蛙泳,就特别美,好像一只小青蛙。齐白石对青蛙做了细致的观察,在他的笔下青蛙、蝌蚪的形象都是富有生命力的,显得十分活泼可爱(图9)。至于青蛙捕食害虫属于有益的动物,更使得一些人不愿捕杀它。

自然事物与生活的联系,还表现在同一自然事物的同一自然属性,在不同条件下可以成为美的或丑的。例如老虎的性格,就其吃人的凶残来说是丑的,《白毛女》剧中黄世仁家里悬挂的老虎画就是地主凶残的象征。但是就其勇猛来说又是美的,所谓"龙盘虎踞"是对生活中壮美的事物的比喻。我国古代玉器和画像砖上虎的形象,矫健有力,姿态生动,都很美。为什么同一自然事物的同一属性会出现截然相反的审美意

---

[13][俄]车尔尼雪夫斯基:《生活与美学》,第10页。

义呢？因为虽然是同一属性，但和生活可以发生多种不同的联系。在深山中突然碰见老虎，吓出一身冷汗，这时是不会对老虎产生美感的。但是当老虎关在动物园里的时候，你却可细细地欣赏它那斑斓的毛色和雄健的步伐。所以在评价自然美的时候，如果脱离开自然与生活的客观联系，就会失去客观依据。

第四节　自然美重在形式、自然特征的审美意义

　　自然属性虽然不是自然美的根源，但由于主要是以它的感性特征直接引起人们的美感，因此，自然的某些属性如色彩、形状、质感等具有不可忽视的审美意义，它是自然美形成的必要条件。这从许多艺术家对自然的细微观察可以得到证明。例如中国古代的画家从不同的季节，观察树木、池水、天空等色彩的变化。水色是春绿夏碧，秋青冬黑；天色是春晃夏苍，秋净冬黯；树木是春英夏荫，秋毛冬骨。春英指叶细而花繁，有一种萌芽的美；夏荫指叶密而茂盛，有一种浓郁的美；秋毛指叶疏而飘零，有一种萧疏的美；冬骨指枝枯而叶槁，有一种树干挺劲的美。中国画的各种皴法如斧劈皴、披麻皴、米点山水等，都是对不同地域山石的不同形状、质感观察得来的。黄公望《富春山居图》所用的披麻皴，是以长短干笔皴擦，山峦间还采用了近似米点的笔法，表现了江南山峦土质松软雍和、秀丽的特点。据说他当时在富春江细心观察，"凡遇景物，辍即模记"。郭熙的《窠石平远图》则使用云头皴，表现了火成岩石的圆整、坚实的特点；米家山水则表现了江南烟雨湿润的特点，徐悲鸿称"米点法"为世界上最早的点彩。

　　我国各个著名的风景区都有它独特的自然特征，正是这种独特的自然的特征，构成各自独特的美。如"雄""险""奇""秀""幽"等等。

图10　泰山

1. 泰山的雄伟（图10）。人们称泰山为五岳之首，泰山的自然特征是体积厚重而高耸，气势磅礴。构成雄伟的因素是：

（1）对比显高大。泰山与周围平原、丘陵形成强烈的大小、高低对比，仿佛一位杰出的雕塑家的巧妙构思，把泰山这座巨型雕塑安放在一个特定的自然环境中，对比能使人产生振奋、醒目的感受。泰山突起于齐鲁丘陵之上，在高低大小的对比下，显出一种"拔地通天"的气势，使人产生"会当凌绝顶，一览众山小"的感受。

（2）累叠生节奏。泰山山势累叠，主峰高耸，节奏强烈，山形起伏显著，由一天门到中天门是一浪，中天门到南天门又是一浪，一浪高过一浪。山势愈见陡峭，层层累叠形成一种由抑到扬的鼓舞性节奏感，犹如大海巨澜，使我们从自然中见出生命的流动，蕴含着一种强烈活力。

（3）结体凝厚重。泰山雕塑美，集中表现在形体上。所谓"泰山如坐"，突出了泰山的整体特征。泰山盘卧在426平方公里土地上，基础宽阔而形体浑厚，使人产生安稳感。还有厚重感，泰山形体巨大而集中，山石质地也加强了这种厚重感。"重"与"稳"的结合才形成"其体磅礴，其势穹窿"的气势，使人有"稳如泰山"之感。

（4）松石蓄生命。"造化"好像一位杰出的雕塑家，他选用巨石、苍松作为材料来塑泰山的形象。泰山青松是生命的象征，如万松山松林排叠，郁郁葱葱，天风过处松涛鸣响。山谷间巨石裸露，如经石峪、百丈崖、黑龙潭的巨石，赫然呈现眼前，动人心魄。如果把泰山比作一个力士的形象，这些巨石就是力士筋骨的团块结构，积蓄着无穷的力量。

（5）风云增气势。泰山云烟变幻，气势宏大。清代叶燮称泰山的云是"天下之至文"。烟云赋予泰山以动的性格，仿佛与宇宙呼吸相通，使这座天然雕刻，更加显示磅礴的气势。

综上所述，这些因素形成了泰山以雄为特征的丰富内涵（图11）。它的主要特征虽是雄，但兼有秀、险、幽、旷、奥等因素。在中天门以下秀景较多，如"三潭叠泉"属于雄中藏秀。在中天门以上险景较多，如百丈崖等属于雄中藏险。仙人桥、卧龙松则表现为奇，北坡后石坞一带则体现了幽与奥。在岱顶则可眺望"旭日东升""云海玉盘""黄河金带""晚霞夕照"，这是属于旷景。

长江三峡西面的夔门，被称为"夔门天下雄"，夔门与泰山虽然都同属于雄伟，但各有不同，夔门的雄是与长江急流相结合，空间狭窄，视域较小，所谓"高江急峡雷霆斗，古木苍藤日月昏"，"峰与天关接，

图11　杨辛书《泰山颂》

图12　华山

舟从地窟行"。泰山则是和齐鲁平原相联系，视野开阔，既可仰观，又能俯视，正如南天门的一副对联所写："门辟九霄，仰步三天胜迹；阶崇万级，俯临千嶂奇观。"

2. 华山的险峻（图12）。鸟瞰华山犹如一方天柱，拔起于秦岭山前诸峰之中，四壁陡立，几乎成八九十度的直角。险峻的特点就是山脊高而窄。所谓"自古华山一条路"，主要是指青柯坪往主峰攀登的险道。青柯坪，既是登山路程之半，也是海拔高度之半，其下为幽深峡谷，其上是危崖绝壁的西峰。它与西峰顶水平距离只有六七百米，而高差竟达千米。攀登这千米危崖，须历经千尺㠉、百尺峡、老君梨沟、擦耳崖、苍龙岭五大险关，特别是苍龙岭长约500米，岭脊仅宽1米左右，经长期风化剥蚀，圆而光滑，形如龙背鱼脊。岭西，壁落深渊，直下700多米，岭东绝壑悬崖，似觉无底。明代画家王履曾在此写下："岭下望岭上，天矫蜒蜿飞。背无一仞阔，旁有万丈垂。循背匍匐行，视敢纵横施。惊魂及坠魄，往往随风吹……"（《苍龙岭》）

3. 黄山的奇特。所谓"黄山天下奇"。形成奇的原因是自然特征变化无穷。黄山七十二峰千姿万态，云海变幻莫测，"出为碧峤，没为银海"，还有奇松、异石，如卧龙松、飞来石、"梦笔生花""猴子观海""天鹅孵蛋""天狗望月""松鼠跳天都"等等。中国的奇景很多，如云南的石林、承德的棒槌山都很奇特，当然并非所有的奇都是美，奇之所以成为美可能与人类长期的创造活动有联系，在创造中出现的新的、独特的东西，往往能引人们强烈的美感。自然中的奇特景物，仿佛是经过"鬼斧神工"开辟出来的。它唤起人们对生活的联想。承德的棒槌山形状奇伟，据说它已有三百万年的历史，有人写了一首诗歌颂它："铁骨丹心胆气豪，千秋万古仰高标，身经多少劈雷雨，犹自昂头立九霄。"[14]

4. 峨眉的秀丽。所谓"峨眉天下秀"。据说取名峨眉的意思是"峨者高也，眉者秀也，峨眉者高而秀也"，秀的特色更为突出。形成秀的自然特征是：线条柔美，山脉绵亘，曲折如眉；色彩葱绿，有茂密植物覆盖，"云鬟凝翠"；烟云掩饰，如画论中所说山"得烟云而秀媚"。桂林漓江的风光（图13），亦属于秀丽的景色。韩愈的诗"江作青罗带，山如碧玉簪"，就是形容漓江景色的。漓江的秀丽在于自然天成，没有人工的痕迹。它的景色在各种气候条件下都能引起人的美感。西湖也属于秀丽的景色。苏轼有一首著名的诗，描写西湖秀美的风光："水光潋滟晴方好，山色空蒙雨亦奇。欲把西湖比西子，淡妆浓抹总相宜。"

5. 青城的幽深。所谓"青城天下幽"。唐代诗人杜甫曾写下这样的诗句："自为青城客，不唾青城地。为爱丈人山，丹梯近幽意。"形成幽景的自然条件往往是丛山深谷，古木浓荫，有一种幽深、恬静、清新的环境气氛，当人们处在蝉噪树荫、鸟鸣深壑、林静山幽的环境中，顿觉神志清爽。青城有一听寒亭，所谓"听寒"也就是形容幽静的艺术境界，在听寒亭前，清水一泓，晶莹见底，泉珠滴落池中，如琴弦轻拨，玑珠落地。有的人曾分析幽景的特点是：景点的视域较窄小，光量小，空气洁净，景深而层次多。

---

[14] 参见《热河》，1981年第1期。

图 13　漓江

6. 滇池的开阔。从龙门眺望滇池，以开阔的水面为主体，视域开阔，水面坦荡，滇池大观楼长联中写道："五百里滇池奔来眼底，披襟岸帻，喜茫茫空阔无边。"另一首诗写道："茫茫五百里，不辨云与水，飘然一叶舟，如在天空里。"

内蒙古自治区的大草原也是属于畅旷的美。在草原上视野辽阔，使人胸襟开展。

上面列举了一些著名的风景区，它们都是以其自然的感性特征，而使人产生美感，所以研究自然美不能脱离自然的特征。至于这些自然特征怎样在生活中成为美的对象，则无法从自然本身去说明，而需要联系人类社会生活的发展、民族的历史才能探索其根源。日本著名的风景画家东山魁夷曾到中国游览了许多名山大川，他写了一篇文章名叫《中国风景之美》，他认为"风景之美不仅意味着自然本身的优越，也体现了当地民族的文化、历史和精神"，"谈论中国的风景之美同时也是谈论中国民族精神的美"。又说："我不只一次直接接触到中国人民美好、善良、纯朴的心地，从而加深了我对中国风景的感受，没有对人的激情，就不会真正理解风景的美丽。"东山魁夷对自然美的见解是深刻的。中华民族不仅是勤劳、勇敢的民族，同时也是具有丰富的优美情操的民族。中华民族的儿女在漫长的实践过程中，和自然建立了广阔的联系，使得愈来愈多的自然事物成为美的对象。自然不仅是我们物质财富的宝藏，也是我们精神财富的宝藏。

对自然美的欣赏是美育的一个重要方面。

祖国大自然的美，可以激发我们对生活、对祖国的热爱。方志敏烈士曾把祖国的山河比作母亲的肌体，他在《可爱的中国》中写道：

> 中国土地的生产力是无限的；地底蕴藏着未开发的宝藏也是无限的；废置而未曾利用起来的天然力，更是无限的，这又岂不象征着我们的母亲，保有着无穷的乳汁，无穷的力量，以养育她四万万的孩儿？……至于说到中国天然风景的美丽，我可以说，不但是雄巍的峨嵋，妩媚的西湖，幽雅的雁荡，与夫"秀丽甲天下"的桂林山水，可以傲睨一世，令人称羡；其实中国是无地不美，到处皆景……我们的母亲，她是一个天姿玉质的美人……[15]

这段话说明我们之所以热爱祖国山河，一方面是由于自然是我们生活劳动的环境，为我们提供生活资料的源泉，好像母亲的乳汁，养育她的儿女；另一方面自然的美丽给我们提供了精神食粮，丰富了我们的精神生活，更加激起我们对母亲的热爱。

在人民大会堂里悬挂的巨幅画《江山如此多娇》，集中地描绘了祖

---

[15] 方志敏:《可爱的中国》，华艺出版社，1990年，第11页。

国山河的壮丽景象。我们祖国是这样辽阔广大，近景是高山、苍松、飞瀑，中景是长城、大河、平原、湖泊，远景是雪山蜿蜒、云海茫茫，右上角则是一轮红日，体现了须晴日看红装素裹的意境。在同一画面上出现了东西南北的地域和春夏秋冬的不同季节，并不使人感到矛盾或不协调，正好体现了我们祖国的辽阔广大，在现实生活中当江南百花盛开、万紫千红的时候，喜马拉雅山上还是白雪皑皑。

自然美可以培养人们优美的情操，寄托自己的理想，还能使人们在恬静中缓解疲劳，得到休息。热爱自然也是热爱生活的一种表现。李大钊在青年时期很热爱自然，并在赞美自然中寄托自己的理想、情操。音乐家贝多芬也是酷爱自然的。贝多芬在谈到《田园交响乐》的时候，对他的朋友兴德勒说，周围树上的金翅鸟、鹑鸟、夜莺和杜鹃是和我们一块儿作曲的。正因为他是如此地热爱大自然的美，才能谱写出优美、动人的乐曲。

思考题

1. 自然美的根源是什么，在人类社会出现以前自然美是否已经存在？
2. 未经人类实践改造的自然是怎样成为美的对象的？
3. 自然美在审美中有什么积极意义？

第六章
艺术美

艺术美作为美的集中表现,更鲜明地体现了美的本质特征。

艺术美是生活和自然中审美特征的能动反映,是艺术家在对象世界中肯定自己的一种形式。作为美的高级形态,艺术美来源于客观现实,但并不等于现实,它是艺术家创造性劳动的产物。艺术美的构成包括两方面:一是艺术形象对现实的再现,一是艺术家对现实的情感、评价和理想的表现,这是客观与主观、再现与表现的有机统一。

第一节 美是艺术的一种重要特性

和艺术有一个区别,其他劳动产品是在实用基础上讲求美。韩非子曾说:"千金之玉卮,至贵,而无当,漏,不可盛水。"[1]卮是古代的一种饮酒器,玉制的卮,虽然质地很美,但是无底,是漏的,不能盛饮料,也就失去酒器的作用。这说明生活用品首先要考虑实用,其次才考虑审美要求。艺术则不是直接为了实用的需要,而是在满足人们的审美需要

---

[1] 北京大学哲学系美学教研室编:《中国美学史资料选编》(上),第73页。

中，给人以精神的影响。

马克思虽未直接讲美是艺术特性，但是他曾讲："艺术对象创造出懂得艺术和能够欣赏美的大众，——任何其他产品也都是这样。因此，生产不仅为主体生产对象，而且也为对象生产主体。"[2]艺术之所以能培养欣赏美的大众，正是由于艺术本身具有美的特性。

据高尔基回忆，有一次列宁在听了贝多芬的《热情奏鸣曲》以后说："我不知道还有比'热情奏鸣曲'更好的东西，我愿每天都听一听。这是绝妙的、人间所没有的音乐。我总带着也许是幼稚的夸耀想：人们能够创造怎样的奇迹啊！"[3]这里所说的"绝妙"，实际上是对贝多芬作品中的艺术美的肯定，也就是对艺术家创造性劳动的肯定。列宁热烈地捍卫了艺术中真正的美。他说："应该把美作为根据，把美作为构成社会主义社会中的艺术的标准。"[4]列宁还在讲艺术美的推陈出新时说："即使美术品是'旧'的，我们也应当保留它，把它作为一个范例，推陈出新。为什么只是因为它'旧'，我们就要撇开真正美的东西，抛弃它，不把它当作进步发展的出发点呢？"[5]这里所说的"真正美的东西"，也是暗示美是艺术的重要特性，要发展社会主义文艺的美，必须对传统艺术中真正有审美价值的东西加以批判继承。

关于艺术美的特点在美学史上曾有过争论，特别值得注意的是黑格尔与车尔尼雪夫斯基的观点。他们从美学的基本问题，即艺术与现实的关系出发，提出对艺术美的见解。批判地吸取他们观点中的合理因素，这对我们正确地理解和掌握艺术美的特点有着重要的意义。

我们先分析一下车尔尼雪夫斯基对艺术美的看法。他从"美是生活"的基本观点出发，认为艺术美来源于生活，肯定现实美及其生动丰富

---

[2]《马克思恩格斯选集》(第2卷)，第95页。
[3]《列宁论文学与艺术》(第2册)，人民文学出版社，1960年，第885页。
[4]同上书，第937页。
[5]同上书，第911页。

性，毫无保留地肯定现实美高于艺术美。他说："真正的最高的美正是人在现实世界中所遇到的美，而不是艺术所创造的美。"[6]"诗的形象和现实中相应的形象比较起来，显然是无力的，不完全、不明确的。"[7]他对当时费肖尔责难现实美的种种观点[8]，逐一批驳。例如费肖尔认为现实中美丽的人太少，并引用了拉菲尔在一封信中曾抱怨"美女太少"的话，车尔尼雪夫斯基认为拉菲尔抱怨美女太少，因为"他寻求的是最美的女人，而最美的女人，自然，全世界只有一个，与其说美是稀少的，毋宁说大多数人缺少美感的鉴别力。美貌的人决不比好人或聪明人等等来得少"。费肖尔还提出一个否认现实美的最普通的理由，即"个别事物不可能是美的，原因就在于它不是绝对的"。车尔尼雪夫斯基认为"我们无法根据经验来说明绝对的美会给予我们什么样的印象"，并提出"个体性是美的最根本的特征"。但是他在批判费肖尔的观点时，是采用贬低艺术美的方法来肯定现实美，忽视了艺术家的创造性劳动。车尔尼雪夫斯基认为：

1. 艺术美是现实美的"代用品"。他批驳了唯心主义美学所提出的观点，即人不能在现实中寻找出真正的美来。车尔尼雪夫斯基认为现实生活本身完全能够满足人的美的渴望。但为什么需要艺术呢？因为现实中的美并不总是显现在我们眼前，例如"海是美的，当我们眺望海的时候，并不觉得它在美学方面有什么不满人意的地方；但是并非每个人都住在海滨，许多人终生没有瞥见海的机会；但他们也想要欣赏欣赏海，于是就出现了描绘海的画面。自然，看海本身比看画好得多，但是，当一个人得不到最好的东西的时候，就会以较差的为满足，得不到原物的

---

[6]［俄］车尔尼雪夫斯基：《生活与美学》，第11页。
[7]［俄］车尔尼雪夫斯基：《车尔尼雪夫斯基选集》（上卷），周扬等译，生活·读书·新知三联书店，1958年，第64页。
[8] 费肖尔观点即代表黑格尔的观点。当时在沙皇反动统治下，不准公开批判黑格尔的唯心主义、宣扬唯物主义。

时候，就以代替物为满足……这就是许多（大多数）艺术作品的唯一的目的和作用"[9]。他认为艺术美与现实美的关系，有如印画与原作的关系。"印画不能比原画好，它在艺术方面要比原画低劣得多。"[10] 他还把艺术美与现实美比作钞票和黄金，艺术美好似钞票，而钞票的全部价值就在于它代表黄金。

2. 在艺术中创造想象的作用是有限的。车尔尼雪夫斯基认为想象中的美不如生活中的美，而完成的作品中表现的美，又不如想象中的美。他说："在艺术中，完成的作品总是比艺术家想象中的理想不知低多少倍。但是这个理想又决不能超过艺术家所偶然遇见的活人的美。"[11] 同时他认为："想象只是丰富和扩大对象，但是我们不能想象一件东西比我们所曾观察或经验的还要强烈。我们能够想象太阳比实在的太阳要大得多，但是我们不能够想象它比我们实际上所见的还要明亮。同样，我们能够想象一个人比我们见过的人更高，更胖，但是比我们在现实中偶然见到的更美的面孔，我们可就无从想象了。"[12]

3. 艺术形式本身带来的局限。例如车尔尼雪夫斯基认为雕塑、绘画与生活相比有一个共同的缺点，即雕塑、绘画都是死的、不动的等等。

下面再谈谈黑格尔对艺术美的看法：

1. 黑格尔否认艺术美来源于生活。他不仅否认现实美，也否认现实生活的客观存在。他认为现实生活本身就是绝对观念的外化。因此他提出真正的美是心灵产生和再生的美，也就是艺术美。只要是心灵的产物，哪怕是无聊的幻想，也高于自然，这是他的客观唯心主义在美学中的反映。

2. 黑格尔抽象地发展了人的能动性，强调想象在艺术创造中的作

---

[9][俄]车尔尼雪夫斯基：《生活与美学》，第90页。
[10]同上书，第91页。
[11]同上书，第65页。
[12]同上。

用。他认为"最杰出的艺术本领就是想象"[13]，与被动的幻想不同，想象是创造性的。"艺术作品的源泉是想象的自由活动，而想象就连在随意创造形象时也比自然较自由。艺术不仅可以利用自然界丰富多采的形形色色，而且还可以用创造的想象自己去另外创造无穷无尽的形象。"[14]

3. 黑格尔反对艺术机械地模仿自然。他认为："靠单纯的模仿，艺术总不能和自然竞争，它和自然竞争，那就像一只小虫爬着去追大象。"[15]艺术必须抓住事物的普遍性，并加以理想化，只有把生活中带有普遍性的本质概括出来，去掉一切偶然东西，才会使作品更好地表现出"基本意蕴"。因此，"一般地说，摹仿的熟练所生的乐趣总是有限的，对于人来说，从自己所创造的东西得到乐趣，就比较更适合于人的身份"[16]。黑格尔认为艺术是艺术家创造的结果，接触到艺术的审美特性，有其合理的因素。

车尔尼雪夫斯基强调了现实美，认为现实美高于艺术美，艺术美只是现实美的粗糙、苍白的反映。黑格尔强调了艺术美，认为艺术美高于自然美，因为艺术美是"心灵产生和再生的美"。黑格尔是一个客观唯心主义者，从根本上说，他是完全否认社会生活的。由此看来，在艺术的审美特性问题上二者都有片面性。关于艺术的审美特性的问题，从生活和艺术、现实美和艺术美的关系来看，我们认为，生活是艺术的客观基础，虽然生活比之艺术美更丰富、更生动，但艺术美是生活的能动反映，是艺术家创造性劳动的产物，比生活更集中、更有典型性，艺术美并能积极反作用于社会生活，为社会生活及实践服务，推动社会生活前进。

---

[13][德]黑格尔:《美学》(第1卷)，第357页。
[14]同上书，第8页。
[15]同上书，第54页。
[16]同上。

第二节　生活是艺术创造的基础

生活是艺术家进行创造的前提、基础，艺术家的创作激情、创作素材都来源于现实生活。艺术美是现实生活的能动反映。中国古代美学思想非常强调以自然为师，在画论中有"外师造化，中得心源"[17]。"外师造化"，就是强调对客观对象的观察。自然美丰富而生动，是艺术家创造的源泉。以画马为例。杜甫咏曹霸画马："腾骧磊落三万匹，皆与此图筋骨同。"这说明曹霸画马是从现实中大量马的形象中提炼出来的。唐代画马大师韩幹曾说："陛下内厩之马，皆臣之师。"北宋李公麟善画马，据画史记载，李公麟"每欲画，必观群马，以尽其态"。苏轼说："龙眠（李公麟）胸中有千驷。"徐悲鸿是当代画马的大师，他曾给一位青年写信说道："学画最好以造化为师，故画马必以马为师，画鸡即以鸡为师。细察其状貌、动作、神态，务扼其要，不尚琐细……附寄你几张照片，聊备参考，不必学我，真马较我所画之马，更可师法也。"又说："我爱画动物，皆对实物用过极长的功。即以画马论，速写稿不下千幅。"[18]他对马的骨骼构造了解得很透彻，如对马的脚踝骨和马蹄有精细的观察，如果掌握不住关节的灵活劲，就会显得僵硬。

李可染喜爱画牛，对牛的特点有细致的观察和深刻的研究，他的画室就名为"师牛堂"。不仅画牛、画马如此，画人物、山水、花鸟莫不如此。石涛画山水，提出"搜尽奇峰打草稿"。齐白石画虫鸟、山水，提出"为万虫写照，为百鸟传神"，"胸中富丘壑，腕底有鬼神"。陆游论生活是诗的源泉，"村村皆画本，处处有诗材"，"挥毫当得江山助，不到潇湘岂有诗"。书法方面唐代李阳冰曾说："书以自然为师。""于天地山川、日月星辰、云霞草木、文物衣冠皆有所得。"怀素也说："观夏

---

[17] 北京大学哲学系美学教研室编：《中国美学史资料选编》(上)，第281页。
[18] 廖静文：《徐悲鸿的一生：我的回忆》，中国青年出版社，1982年，第349页。

云多奇峰尝师之。"

在音乐方面,《乐记》中写道:"凡音之起,由人心生也,人心之动,物使之然也。感于物而动,故形于声。"[19]这说明,"音"的产生直接受人的思想感情的影响,而人的思想感情是外界给予影响的结果。

外国一些著名艺术家都指出艺术家生活基础的重要。如达·芬奇认为画家应当师法自然。他说:"谁也不该抄袭他人的风格,否则他在艺术上只配当自然的徒孙,不配作自然的儿子。"[20]

从艺术史上看,许多有创造性的艺术家在创作中都很重视生活的基础。这是因为:

1. 生活是想象的土壤,没有想象就没有艺术创造。艺术家创造性的想象活动,必须依靠生活中所积累的大量的感性材料,即记忆中的表象(表象是认识的范畴,已经是对生活形象的初步概括,不等同于生活原型)。艺术家对这种感性材料掌握得愈丰富,想象就愈自由。生活积累愈丰富,"偶然得之"的机会就愈多。前面所说的"搜尽奇峰打草稿""龙眠胸中有千驷",都是强调创作中要大量观察。只有大量观察才能进行比较分析,把握对象的特征,"扼其要""传其神"。黑格尔虽然认为艺术美的源泉是理念,但是他在论述艺术家的创作时,也不得不承认"艺术家创作所依靠的是生活的富裕,而不是抽象的普泛观念的富裕。在艺术里不像在哲学里,创造的材料不是思想而是现实的外在形象"[21]。黑格尔提出艺术家"应该看得多,听得多,而且记得多",当然他并不了解生活的本质,他根本否认生活是艺术美的源泉,他强调现实的外在的形象是为了表现理念。我们是从辩证唯物主义的反映论出发,认为在艺术创作中坚持深入生活,深入群众的火热斗争,才能取得艺术的源泉。在

---

[19] 吉联抗译注,阴法鲁校订:《乐记译注》,第1页。
[20] [意]达·芬奇:《芬奇论绘画》,第47页。
[21] [德]黑格尔:《美学》(第1卷),第357—358页

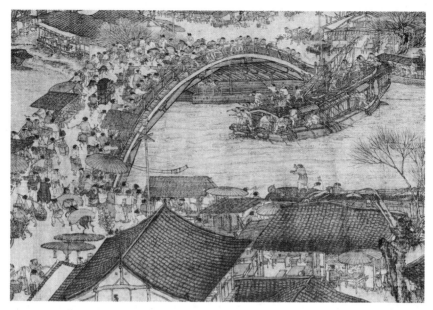

图 14　张择端《清明上河图》(局部)

我国艺术史上,一些杰出的画家所取得的巨大成就,都和深入生活有密切联系。例如北宋张择端的《清明上河图》(图 14),这幅画体现了古代现实主义的优良的艺术传统,它并不是简单地记录各种生活现象,而是在深入观察、研究生活的基础上,发挥了艺术家的想象而创作出来的,是我国艺术史上的珍品。画中对北宋晚期的汴京及其近郊的生活景象做了生动而细致的绘制。内容包括人物、舟车、屋舍、河流、树木等,特别是在人物的绘制上能通过某些情节、场面,反映出人物之间的关系,以及人物在整体动态上的神情,在画面上有着浓厚的生活气息。例如全画中的一个高潮,即"虹桥"部分所表现的一个生动情节:一乘达官贵人坐的轿子正急速地穿过桥上拥挤的通道,轿前有两人在挥手开道,与迎面的一匹骡马相遇,牵马人迅即勒住马头,想从侧面闪开道路,惊动了道边的行人和两头毛驴,毛驴向前乱窜,赶驴人慌忙地吆喝着,道边的小摊贩也赶快用竹棍驱赶毛驴。这个小的情节说明了画家在创造过程中对生活的观察是多么入微。没有丰富的生活基础，决不会孕育出这样丰富的想象。

2. 生活孕育了艺术家的激情。艺术美并不是生活形象的简单的再现，在艺术形象中浸透了艺术家的激情，而这种激情也是来源于生活实践。情感是在社会实践中所形成的对事物的态度，它是客观实践的产物，艺术家脱离实践就无法培养对生活的感情。在生活中直接激发的感情，有力地推动了艺术家的想象。脱离了生活不但失去了创造艺术形象所依凭的感性材料，而且失去了想象的动力——激情。许多杰出艺术家的经验都证明了这一点。冼星海青年时期在法国巴黎学音乐，曾写过一个作品名叫《风》。这件作品在巴黎演出时受到人们的称赞，他在一篇文章中曾回忆《风》的创作过程："我写自以为比较成功的作品《风》的时候，正是生活逼得走投无路的时候。我住在一间七层楼上的破小房子里，这间房子门窗都破了，巴黎的天气本来比中国南方冷，那年冬天的那夜又刮大风，我没有棉被，睡也睡不成，只得点灯写作，那知风猛烈吹进，煤油灯（我安不起电灯）吹灭了又吹灭。我伤心极了，我打着战听寒风打着墙壁，穿过门窗，猛烈嘶吼，我的心也跟着猛烈撼动。一切人生的祖国的苦、辣、辛、酸、不幸，都汹涌起来。我不能控制自己的感情，于是借风述怀，写成了这个作品。"[22]这说明只有现实生活孕育了艺术家的激情，推动了艺术家的想象，艺术家才可能创作出感人的作品。

3. 生活推动艺术家技巧的发展。艺术技巧不仅为表现生活思想情感服务，而且是在表现生活与思想情感的过程中形成和发展起来的。技巧的提高是没有止境的。生活在不断发展，艺术家在技巧上也要相应地变化。例如画家傅抱石在新中国成立后遍游祖国南北各地，1961年曾到过东北镜泊湖和长白山、天池游历，由于广泛接触新的现实生

---

[22] 冼星海：《我学习音乐的经过》，人民音乐出版社，1980年，第5—6页。

活,他不仅在思想感情上受到启发,在笔墨技法上也有了新的发展。他曾说:"几次深入生活都给人以新的体会和启发,这就推动了我思想上尖锐斗争——对自己多年拿手的(这是习惯了的,也是长期以为较好的、一直不断取得一定好评的)'看家本钱'产生了动摇……由于时代变了,生活、感情也跟着变了,通过新的生活感受,不能不要求在原有笔墨技法的基础上,大胆赋予新的生命,大胆地寻找补充新的形式技法,使我们的笔墨能够有力地表达对新的时代,新的生活的歌颂与热爱。我们的笔墨能够有力地表达对新的时代,新的生活的歌颂与热爱。"[23] 我们从他的国画《镜泊湖》中,可以清楚地看到生活对推动技巧发展的作用。

以上三个方面都说明,生活是创造艺术美的基础,艺术美是社会生活的能动反映。在美学史上一些唯心主义美学家想脱离社会生活去创造艺术美。有的从理念世界出发,有的从上帝流溢的光辉出发,有的从主观意志出发,他们把"理念""上帝""主观意志"看作美的源泉,事实证明艺术是不能凭空创造的。正如鲁迅先生所说:"天才们无论怎样说大话,归根结蒂,还是不能凭空创造。描神画鬼,毫无对证,本可以专靠了神思,所谓'天马行空'似的挥写了,然而他们写出来的,也不过是三只眼,长颈子,就是在常见的人体上,增加了眼睛一只,增长了颈子二三尺而已。这算什么本领,这算什么创造?"[24] 这说明作家离开了现实,离开了社会生活,便不可能有真正的艺术创造。

---

[23] 转引自伍霖生《傅抱石的中国画艺术》,《美术》1980 年第 7 期。
[24]《鲁迅全集》(第 6 卷),第 219 页。

第三节　艺术美是艺术家创造性劳动的产物

艺术美虽然来自生活，但是不等同于生活。高尔基说："因为人不是照相机，不是给现实拍照。"[25]现实美虽然生动、丰富，却替代不了艺术美，因为从本质上看艺术是艺术家按照"美的规律"进行创造性劳动的产物。当人们面对艺术美而发出惊赞的时候，这引起惊赞的原因，主要是由于艺术形象体现了艺术家的创造、智慧和才能。

从生活到艺术是一个创造过程，正是这个过程的性质决定了艺术作品的美。就艺术所反映的客观对象来看，对象可以是美的，也可以是丑的。就某一具体作品来说，客观对象的性质并不能决定艺术作品的美、丑性质，因为艺术作品的美是决定于艺术家的创造性劳动，创造才是艺术美的生命。艺术家的创造是一种长期的辛勤的劳动。齐白石说："采花辛苦蜜方甜。"这里所说的"蜜"就是指艺术美，而"采花"的过程正是通过艺术家的创造性劳动对生活进行提炼的过程，也是艺术家的思想感情与生活相熔铸的过程。所谓"甜"则是对欣赏者所唤起的强烈的美感。法国画家德拉克洛瓦在谈到艺术美和艺术家创造性劳动的关系时，他批评了一些人把美的创造归结为几种"药方"："教学生创造美，像存款那样，把它一代一代地传下去！但一切时代的完美作品，都向我们证明，在这样的条件下不可能创造美……美——这是坚持不懈的劳动所产生的，经常不断的灵感的结果……微不足道的努力，只能得到微不足道的奖赏。"[26]

从生活到艺术的过程，也就是我们常说的典型化的过程。典型化是指艺术家概括现实生活，创造典型形象的方法。在典型化过程中概括化

---

[25][俄]高尔基:《论文学》，第141页。
[26][法]德拉克洛瓦:《德拉克洛瓦论美术和美术家》，平野译，河北教育出版社，2002年，第159页。

和个性化同时进行，主观因素与客观因素相互渗透，融为一体。艺术的典型形象是典型化的结果。艺术的典型形象既具有鲜明独特的个性，又能揭示一定的社会本质。就像恩格斯所说的："每个人都是典型，但同时又是一定的单个人，正如老黑格尔所说的，是一个'这个'，而且应当是如此。"[27]恩格斯在这里提出了一个很重要的思想，即艺术典型应当是共性与个性的辩证统一。"每个人都是典型"是讲艺术典型应当具有高度的概括性，揭示社会生活一定的本质，要有共性。"又是一定的单个人"，这是讲艺术典型应当有自己的特殊性，也就是要有自己鲜明独特的个性。在生活中每一个人由于出身、遭遇、所走的道路、所受的教育等方面的不同，总是有自己的独特性格，世界上没有一个人和另一个人是完全相同的。恩格斯引用黑格尔在《精神现象学》中所说的"是一个'这个'"，强调典型艺术形象的个性特点的重要性，是为了创造出典型环境中的典型性格。这是对艺术家提出的一项重要的美学要求，艺术家为了实现这一要求，要付出艰巨的劳动。所以，成功的典型形象是艺术家创造性劳动的结晶，是艺术美的集中表现。艺术的典型性是指运用典型方法所达到的概括化与个性化相结合的程度，这种结合程度愈是完美，艺术形象就愈具有典型性。典型性的范围更为广泛，如抒情诗、山水画中所表现的情景都可以具有典型性。典型性同样是对生活形象提炼的结果，也体现了艺术家的创造性劳动。

1. 艺术创造中主观与客观的关系

在典型化过程中对生活形象的提炼，包含着主观与客观两方面的因素，两者的关系是：客观因素是基础，主观因素是主导。客观因素指生活内容，主观因素指艺术家的审美理想、思想感情。在肯定生活是基础的前提下，强调主观因素的决定作用。强调主观因素与正确反映客观因

---

[27]《马克思恩格斯选集》(第4卷)，第453页。

素并不矛盾，重视主观因素正是为了更好地反映客观因素。生活内容与艺术家的思想感情相结合形成意象，意象是在艺术家头脑中所形成的艺术形象的"蓝图"，也可以说是孕育艺术形象的胚胎。由意象变为作品中的艺术形象，还需要艺术家具有一种实际创造的本领，即在长期的创作过程中所形成的表达内容的技巧。郑板桥曾说："江馆清秋，晨起看竹，烟光日影露气，皆浮于疏枝密叶之间。胸中勃勃遂有画意。其实胸中之竹，并不是眼中之竹也。因而磨墨展纸，落笔倏作变相，手中之竹又不是胸中之竹也。"他把画竹的过程分为"眼中之竹""胸中之竹""手中之竹"。"眼中之竹"，是指现实中竹的客观形象作用于画家的感官而产生的印象；"胸中之竹"，是指现实中竹的形象和画家思想感情相结合而形成的意象，意象中竹的形象，不仅不同于生活原型，也不同于表象，它已经是客观的形象与理想、情感的结合体；而"手中之竹"，是经过画家的笔墨技巧和创造性劳动所表现出来的形象，是把头脑中的意象物化为典型的艺术形象，形成具体的作品，也就是创造出艺术美。

在艺术美中包含的客观因素，已经不同于自然形态的生活原型，艺术美集中了生活形象中的精粹，因此艺术形象的审美特征很鲜明。郭熙曾说："千里之山，不能尽奇，万里之水，岂能尽秀？……一概画之，版图何异？"[28] 这里所说的"奇"和"秀"就是指生活、自然中的精粹。王希孟创作了《千里江山图》，画面上的奇峰幽谷，渔港水村，云林烟树，飞泉溪流，正是集江山之奇秀。人们常说："江山如画。"为什么要把江山比作图画呢？因为杰出的山水画集中了自然的精粹，很美，在这里"图画"成了美的代名词。《老残游记》描述山东济南千佛山的景色，"仿佛宋人赵千里的一幅大画，做了一架数千里长的屏风"，这也是对自然中美的精粹的赞赏。现实美虽然很生动、丰富，但往往比较粗糙分散，

---

[28] 于安澜编:《画论丛刊》(上)，人民美术出版社，1989年，第21页。

不大为人注意,在艺术中由于精粹、集中,形成整体,美的特征就更显著。亚里士多德也曾说:"美与不美,艺术作品与现实事物,分别就在于美的东西和艺术作品里,原来零散的因素结合成为统一体。"[29]

艺术重视对生活的提炼,这是许多伟大艺术家的创造性劳动的一个重要表现。"多筛多洗才能得到黄金。"(托尔斯泰)"艺术最忌有多余的东西,只要不妨碍美,应当把不必要的东西尽量去掉。"(鲍姆嘉通)徐悲鸿在谈他的创作经验时,也很强调去粗存精,他诙谐地说:"对上帝的败笔,你要善于包涵。"例如画人像时对一些生理上的缺陷就不应抓得太紧,要发扬生活形象中的优美之处。在艺术创作中艺术家还自觉地运用美丑对比,使人物的本质特征表现得更加鲜明。高尔基曾说:"艺术的目的是夸张美好的东西,使它更加美好;夸大坏的——仇视人和丑化人的东西,使它引起厌恶。"[30]恩格斯在致斐·拉萨尔的信中也提出在作品中应当"把各个人物用更加对立的方式彼此区别得更加鲜明些"。

由于艺术中所反映的美比较集中、精粹,加上美丑的对比,所以特征很鲜明,给人的印象很强烈。

艺术美中的主观因素是指艺术家的审美理想、思想感情,在创作过程中艺术家主观因素的主导作用,表现在:

(1)艺术家的主观因素决定了对生活的提炼取舍。作品中的形象已经是被艺术家所理解过、体验过的生活形象,按照黑格尔的说法是"在艺术家头脑中打过转的东西",所以在艺术形象上必然留下艺术家思想感情的烙印。不同的文学艺术家虽然反映同一对象,但由于主观条件的差别,在艺术形象上会产生不同的特点。例如同是咏梅,毛泽东的《咏梅》给人清新、愉悦的感受,陆游的《咏梅》则给人消沉、哀伤的感受;再如朱自清、俞平伯两人曾同游南京的秦淮河,在 1923 年各自写了一

---

[29] 北京大学哲学系美学教研室编:《西方美学家论美和美感》,第 39 页。
[30] [俄] 高尔基:《论文学》,第 141 页。

篇同名的散文《桨声灯影中的秦淮河》,在这两篇散文中表现了两位作家面对同一景物所产生的某些不同的理解和感受,在艺术风格上也有不同特点。不同的音乐指挥由于对同一乐章的理解不同,演奏的艺术效果也不尽相同。不同的导演对同一剧本的理解不同,演出的艺术效果也各具特色。甚至在书法的临摹中也难免渗透了临摹者的主观因素,如在中国书法史上有不少大家临摹王羲之的《兰亭序》,虽然都很忠实于原作,仍然在摹本上流露出各自的个性,褚遂良的摹本如美人婵娟,赵孟頫的摹本则温润娴雅。这些都说明主观因素在艺术美的创造中起主导作用,由此,可以理解艺术创作中人品的重要。一件完美的艺术作品,是人类灵魂的作品。艺术家作为人类灵魂的工程师,首先自己的灵魂要美。艺术家具有美的灵魂才能发现生活中的美,创造艺术中的美,艺术不仅是生活的写照,也是艺术家本身的写照。鲁迅说过血管里流出的是血,水管里流出的是水。罗丹说在做艺术家以前,要先做一个人。这些都是对艺术创作中人品重要性的肯定。

(2)艺术家在审美理想的指导下,可以创造出比生活、自然美更美的艺术形象,在艺术创作中典型化与理想化同时进行。艺术家为了表现美的理想可以不拘泥于某些生活的真实细节,如唐代王维作画得兴处,不问四时,画花往往以桃杏、芙蓉、莲花同作一景。齐白石画虾综合了河虾与海虾的特征,以表现画家的生活情趣与虾的生命跃动。李苦禅画鹰则是对鹫、隼、鹏和鹰等猛禽刚劲特征的集中表现。

(3)艺术家的主观因素还可以使反映现实丑的艺术作品成为艺术美,这说明艺术美的性质不决定于它所反映的对象的性质。反映现实丑的作品成为艺术美是有条件的,那就是要体现艺术家的进步理想,还有精湛的技巧。例如19世纪俄国画家列宾画的《祭司长》(图15),被称为"教会的狮子",作品中祭司长的本质特征表现得很鲜明。在那阴暗的背景和黑色法衣、无边帽的衬托下面部显得很突出,浓密的白胡须使

图15 列宾《祭司长》

面部成为狭小的三角形,加上两道浓黑的竖眉,一双狰狞的眼睛,活像一头狮子。还有那挺起的肚子,肥胖的右手,握着权杖的左手,这些细节揭露了祭司长的凶残、贪婪、伪善的性格。祭司长形象的每一个细节的处理,都体现了艺术家在进步理想指导下,对现实丑的揭露,实际上是从反面对美的肯定。我们说反映现实丑的作品可以成为艺术美,主要是因为这里面包含了艺术家的进步理想和艺术上的创造,并非说现实丑本身也变成美了。

(4)艺术家的主观因素还赋予艺术形象一定的感染力。艺术形象的魅力在于以艺术家深刻理解过、体验过的东西,去唤起欣赏者的共鸣。徐悲鸿曾说:"凡美之所以感动人心者,决不能离乎人之意想。意深者动深人,意浅者动浅人。"这里所说的"意想"也就是艺术家的思想感情。在西方也有类似观点,如托尔斯泰说过:"一切作品要写得好,它就应当……是从作者的心灵里唱出来的。"[31]

不同的艺术种类中主观与客观的结合具有不同的特点,在绘画、雕塑、摄影等造型艺术中,再现生活的形象中渗透了艺术家的思想感情。主观与客观的统一,在形式上是主观的因素消融在客观的形象中。在对绘画作品做理性分析时,才能清楚地揭示形象中的主观因素,鲁迅认为看一件艺术品,表面上看是一幅画、一座雕像,实际是艺术家人格的表现。在另一些艺术部门更善于直接地表现艺术家的思想感情,如音乐的

---

[31] 转引自周昌忠编译《创造心理学》,中国青年出版社,1988年,第132页。

主要特点不在于提供直观的形象,音乐较之造型艺术更善于直接表现感情,因此黑格尔把音乐称之为"心情的艺术"。他从内容和表现方式上对音乐的特点做了说明,从内容上看音乐表现无形的内心生活,从表现形式看,音乐不是把主体内容变成在空间中持久存在的客观事物(如石膏雕像),而是通过不固定的自由动荡显示出它,这传达本身不能独立持久,而只能寄托在主体的内心生活中。黑格尔指出音乐不同于造型艺术的某些特点,这是对的。但是由于他不承认生活是艺术的基础,因此把人的内心生活与现实生活割裂,认为音乐只能表现"完全无对象的内心生活",我们认为音乐同样是主观与客观的统一,但和造型艺术相反,在形式上往往是客观因素消融在主观因素中。例如听了《二泉映月》的演奏,凄婉、悲切的调子,使听众在情感上直接受到感染,仿佛听到旧社会中那些下层人们的不幸的倾诉,从这凄婉的调子里,人们可以联想到旧社会中受迫害的下层人民的苦难生活(虽然这形象是不确定的)。

正确理解艺术形象中主观与客观的辩证关系,对把握艺术美有重要的意义。在这里既反对照抄自然,也要反对机械地照抄前人的作品,哪怕是艺术大师的作品。照抄自然会使艺术美失去生命,巴尔扎克曾说:"艺术的任务不在于摹写自然……要不然,一个雕塑家从女人身上拓下一个模子,就可以完成他的工作了。嗯,你试试看,从你爱人的那只手拓下一个石膏模型,你把它放在面前,那你看到的只是一只可怕的没有生命的东西,而且毫不相像。你必须找寻雕刻刀和艺术家,用不着一模一样的摹仿,却传达出生命的活跃。"[32]

丹纳曾说:"卢佛美术馆有一幅但纳的画。但纳用放大镜工作,一幅肖像要画四年;他画出的皮肤的纹缕,颧骨上细微莫辨的血筋,散在鼻子上的黑斑……眼珠的明亮甚至把周围的东西都反射出来。你看了简

---

[32] 段宝林编:《西方古典作家谈文艺创作》,春风文艺出版社,1980年,第313—314页。

直会发愣:好像是一个真人的头,大有脱框而出的神气;……可是梵·代克的一张笔致豪放的速写就比但纳的肖像有力百倍。"[33]但纳的作品虽然细微逼真,不过是自然摹本。而梵·代克的作品虽然简略,但把握了对象的特征,却是艺术家的创造,体现了艺术的生命。照抄别人的作品,哪怕是艺术大师的作品,也不能体现真正的艺术美,因为这是和艺术美所包含的创造的特性相违背的。《石涛画语录》曾说:"非似某家山水,不能传久……是我为某家役,非某家为我用也。纵逼似某家,亦食某家残羹耳。"齐白石曾说:"胸中山水奇天下,删去临摹手一双。"这也是反对那种抄袭古人的做法。达·芬奇也说过:"画家若专以他人的画为准绳,就只能画出平凡的作品。"[34]有无创造这不仅是评论一件作品艺术美的标志,也是衡量一个时代艺术成就的标志之一。清初山水画家"四王"(王翚、王时敏、王鉴、王原祁)重仿古,王原祁说他自己"东涂西抹,将五十年,初恨不似古人,今又不敢似古人,然求出蓝之道终不可得也"。这种仿古的风气对当时艺术的发展带来消极的影响。临摹艺术大师的作品也是必要的,从临摹中可以深入细致地体会前人如何表现生活和情感。但是,临摹本身并不是目的,而是为了借鉴,为了创造,善于批判继承才能善于创造。

总之,艺术美是艺术家在生活基础上的一种创造。由于艺术家的创造,一块顽石在雕塑家手里才有了生命。罗丹面对古希腊维纳斯的雕像,发出赞叹。他认为是艺术家赋予这雕像以真实的生命。再如意大利G.卢梭的雕像《戴面纱的妇人》,通过雕塑的形式巧妙地表现出面纱的透明和轻柔,并透过面纱隐约地呈现出人物的妩媚的微笑。舞蹈家有赋予人体的动作奇异的魅力,在日常生活中人体动作看起来很平淡,但通过艺术家的创造,可以发掘出人体动作中所包含的丰富的情感内容。再

---

[33][法]丹纳:《艺术哲学》,傅雷译,敦煌文艺出版社,1994年,第29页。
[34][意]达·芬奇:《芬奇论绘画》,第48页。

如，中国有一件极珍贵的出土铜器，叫"莲鹤方壶"（图16），"它从真实自然界取材，不但有跃跃欲动的龙和螭，而且还出现了植物：莲花瓣。表示了春秋之际造型艺术要从装饰艺术独立出来的倾向。尤其顶上站着一个张翅的仙鹤，象征着一个新的精神，一个自由解放时代"[35]。这说明艺术家赋予作品一种深刻的时代精神。在戏曲舞蹈中梅兰芳的表演，单是他的手指就可以有上百种的

图 16　莲鹤方壶

表情。古代的民间艺术家运用神奇的画笔，在空白墙面上创造了无数精美的壁画。震惊世界的敦煌壁画不正是由那些不知名的"神笔张""神笔李"创造出来的吗？正是由于艺术美是艺术家的创造，因此现实美不论如何生动丰富都不能代替艺术美。艺术家不是简单地再现现实美，而是创造了"第二自然"，这"第二自然"从本质上看是艺术家的精神产品，所以郭沫若曾说："艺术家不应该做自然的孙子，也不应该做自然的儿子，是应该做自然的老子。"所谓"做自然的儿子"是指模仿自然，"做自然的老子"是指艺术家在生活基础上的创造。其实更确切些说的话，艺术家应该先做自然的"儿子"，然后才能做自然的"老子"。因为没有生活的基础，最杰出的艺术家也是无法创造的。歌德有一段话说得好："艺术家对于自然有着双重关系：他既是自然的主宰，又是自然的奴隶。他是自然的奴隶，因为他必须用人世间的材料来进行工作，才能使

---

[35] 宗白华：《美学散步》，上海人民出版社，1981年，第36页。

人理解；同时他又是自然的主宰，因为他使这种人世间的材料服从他的较高的意旨，并且为这较高的意旨服务。"[36]

以上是从主观与客观的关系说明艺术美是艺术家创造性劳动的产物。其主要表现在两点：首先，表现在从生活到意象的孕育，即意象的形成。在意象中使形象的特征更鲜明更生动，更加符合生活的本质；同时，把艺术家的思想感情融会到形象中去，在意象的形成过程中充满了艺术家的创造性想象活动。其次，把孕育的意象表现为作品中的形象，这需要艺术家高超的技巧（包括对形式法则的运用），通过技巧使完美的艺术形式和深刻的内容统一起来。在这个过程中是对生活形象的进一步提炼、加工，通过艺术家的自由创造把头脑中的意象变为物化形态的作品，这物化形态的艺术形象就是艺术家"在对象世界中肯定自己"的一种特殊形式。

2. 艺术创作中内容和形式的关系

前面分析了艺术创作中主观与客观的关系，强调在生活基础上艺术家主观因素的主导作用。但是艺术品的产生还要解决一个内容与形式的关系问题。

在艺术作品中内容和形式是不可分割的统一体，如果一件作品还没有找到合适的形式，作品的内容就是不确定的，因为作品的内容都是在特定形式中所表现的。相反，如果作品的内容强烈地感染了你，虽然你还来不及去分析它的形式，但这里面必然包含了完美的形式，因为欣赏者之所以能感动，正是由于作品的形式充分表现了内容。从艺术的创作和欣赏的经验看，在内容和形式相统一的基础上才能更好地把握艺术美。

艺术美的欣赏离不开作品的内容和形式以及两者的联系。1930 年

---

[36] [德] 艾克曼：《歌德谈话录》，王颖波译，时代文艺出版社，2004 年，第 330—331 页。

图 17　米勒《拾穗者》

春天鲁迅在上海中华艺术大学做过一次讲演,当时他带了两张画给大家看,一张是法国 19 世纪画家米勒的《拾穗者》(图 17),另一张是上海英美烟草公司的商业广告画月份牌——可能是曼陀画的《时装美女》。这张时装美人画得很细,连一根根头发都画得一清二楚,大头小身子,显出一种纤弱、畸形、弱不禁风的样子。鲁迅认为画上女子的病态,反映了"画家的病态"。虽然名为"美人",其实是美人不美。

《拾穗者》中画了三个农妇弯身拾穗,表现了贫苦农妇们的艰辛劳动的情景。在艺术上农妇的形象单纯、质朴,鲁迅认为它很美。流露了画家对农民的深厚感情。米勒曾说:"我生来是一个农民,我愿到死也是一个农民,我要描绘我所感受的东西。"

这个例子说明在艺术欣赏中形式和内容是统一的。首先直接作用于感官的是艺术形式,但艺术形式之所以能影响人的思想感情,是由于这种形式生动鲜明地表现了内容,否则这种欣赏就失去了意义。罗丹说:"一幅素描或色彩的总体,要表明一种意义,没有这种意义,便一无美处。"[37] 这里所说的"意义"就是指生活、思想的内容。

从艺术美的创造上看,内容和形式也是统一的。关于艺术美的内容与形式的辩证关系,在中国美学史上有许多精辟的论述:

(1) 从内容出发探索形式,不是为形式而形式。中国古代美学思想中所谓"意在笔先",就是强调内容对形式的决定作用。在书法、绘画、诗歌等艺术创作中,"立意"是一个关键问题。王羲之说:"夫欲书者先乾研墨,凝神静思,预想字形大小、偃仰平直,振动,令筋脉相连,意在笔前,然后作字。"[38] "意"指意象,意象中虽然已经包含了形式的因素,但主要是指思想、感情的内容,为什么"意在笔前"就能取胜呢?因为笔墨问题,也就是艺术的形式问题是由思想感情的内容决定的。"意"是提炼、选择艺术形式的依据。做到"意在笔先",然后才能做到"意在笔中",即在创作过程中把"意"融化到笔墨中去,达到"心手相师"。单有技巧,没有情思,是不能出现妙笔生花的。所以黄庭坚说:"欲得妙于笔,当得妙于心。"而且在传达过程中"意"会继续深化、丰富,这样在完成的作品中才能达到"神完意足""意在笔外",在欣赏过程中才能以意感人。

在中国传统美学中把"意"看作艺术美的精髓,如杨辛的书法作品《马》(图 18)。唐代张怀瓘曾说:"夫翰墨及文章至妙者,皆有深意以见其志。"画家创作的肖像画,要根据对象的精神特征,考虑人像的正、侧、俯、仰,决定线条的粗、细、刚、柔,以至用纸的色泽、质地都要预先有一番经营、设计。作画时每一根线条、色块都是既表现对象特点,又

---

[37][法] 罗丹口述、葛赛尔记:《罗丹艺术论》,第 52 页。
[38] 北京大学哲学系美学教研室编:《中国美学史资料选编》(上),第 173 页。

表现艺术家感情的特点。郑板桥画竹所谓"墨点无多泪点多",正是把"泪点"(情感)融汇到"墨点"中去。这样的笔墨才是真正能打动人的。徐悲鸿画马很重视立意。例如在抗日战争期间他画了一幅《奔马》(图19),并不是简单地画一匹马在飞奔,而是有深刻的寓意,是借奔马来抒发他胸中"忧心如焚"的爱国之情,因为当时正是长沙会战后,日寇的侵略气焰很嚣张,所以这幅画虽然画的是马,立意却不全在"马"上。因此在画面上所使用的笔墨,既表现了奔马风驰电掣的动态,同时也表现了画家胸中的激情。画家在考虑艺术形式时,都是为了表达这种特定的内容。马的躯体远小近大,既符合透视,又给人一种欲放先收、由远及近的感受,表现出奔腾的气势,而马尾、马鬃用笔粗犷、有力,焦墨与湿墨并用,这种笔墨既表现奔马的特点,也表现了画家忧心如焚的情感。飞动的马尾、马鬃象征着画家胸中燃烧的怒火。马的下方草地用淡青色渲染,上方空白,使马头在强烈的黑白对比下显得很精神。这幅画很美,也生动地说明"意在笔先""意在笔中""意在笔外""以意感人"的特点。

以上是侧重说明作品的内容,也就是精神内涵,这是作品的灵魂。

(2)形式的审美价值。高尔基曾说:"要使一部文学著作无愧于艺

图 18　杨辛《马》

图19 徐悲鸿《奔马》

术品的称号,就必须赋予它以完美的语言形式。"[39] 又说:"我所理解的'美',是各种材料——也就是声调、色彩和语言的一种结合体,它赋予艺人的创作——制造品——以一种能影响情感和理智的形式,而这种形式就是一种力量,能唤起人对自己的创造才能感到惊奇、自豪和快乐。"[40] 高尔基在这里强调了形式的意义,因为完美的形式(也就是生动、鲜明、准确地表现特定内容的形式),直接体现了艺术家的创造性劳动,体现了艺术家的高度技巧。技巧,是人类创造文化的实际本领,也是创造艺术美的实际本领。有人做过这样的比喻:技巧有如一根火柴,把可燃的气体燃烧,发出光辉。鲁迅也曾经指出过一些青年艺术家由于忽略技巧,"所以他的作品,表现不出所要表现的内容来"[41]。艺术家对形式的探索、技巧的锤炼是长期艰苦的劳动。齐白石有一首诗:"铁栅三间屋,笔如农器忙。砚田牛未歇,落日照东厢。"齐白石活到97岁,

---

[39][俄]高尔基:《论文学》,第319页。
[40]同上书,第321页。
[41]《鲁迅全集》(第10卷),第255页。

据记载，他一生有三次中断画画：一次是 63 岁时生了一场大病，七天七夜昏迷不醒；第二次是 64 岁那一年他的母亲病故，因忙于丧事和过于悲恸，几天不能作画；第三次是他 95 岁时也因生病，好几天未能执笔画画。这三次加起来不过一个多月。许多艺术家都有这样的体会："看似寻常实奇崛，成如容易却艰辛。"忽视形式，就是忽视艺术美的特性，这样的艺术形象是不会有感染力的。

而衡量形式完美的标准要看它表现内容如何。脱离内容去追求形式，便会导致创作的失败。脱离内容去追求形式的美，最大的毛病就是破坏形象的真实性。高尔基曾以自己的经验教训为例，他说："'海在笑着'——我写了这句话，并且很长一个时期我都相信这句话写得很美。为了追求美，我经常犯违反描写的正确性的毛病，把东西放错了位置，对人物作了不正确的解释。"[42] 又说："有一次我需要用几句话来描写俄国中部一个小县城的外观。在我选择好词句并用下面的形式把它们排列出来以前，我大概坐了三个钟头。'一片起伏不平的原野，上面交叉纵横着一条条灰色的大路；五光十色的奥古洛夫镇在它的中央，宛如放在一只大而多皱的手掌上的一件珍奇的玩物。'我觉得我写的很好，但是当小说印出来的时候，我才看出我制作了一件像五彩的蜜糖饼干或玲珑精致的糖果盒之类的东西。"[43] 这些例子说明真正的艺术美不在辞藻的华丽，文学中字句必须确切地表现内容。这是艺术家创作中的难关。高尔基引了一位俄国诗人纳德松的话："世上没有比语言的痛苦更强烈的痛苦。"[44] 中国古代戏剧家汤显祖也曾说："终日搜索断肠句，世上唯有情难诉。"这些都说明为表现内容而探索形式是很艰苦的。

蔡特金也曾经深刻批评过那种脱离内容去追求形式的倾向，她说：

---

[42]［俄］高尔基：《论文学》，第 187 页。
[43] 同上书，第 188 页。
[44] 同上。

"艺术而无思想就成了炫耀技巧、追求形式的东西,毫无价值可言。"又说:"如果说倾向有时也会损害艺术,那只是当它从外部生硬地塞进艺术去,只是当它用极为粗糙的艺术手段表现出来的时候。相反地,如果倾向是从作品内部,用成熟的艺术手法表现出来的,它就会产生不朽的东西。"[45]

(3)在艺术创作中自觉地运用形式美的法则。艺术作品中的美都是内容与形式的统一,是由美的形式直接引起欣赏者的美感。在审美活动中经过很多次的反复,从美的形式中概括出形式美的法则。这些形式美的法则具有相对的独立性。在艺术创作中运用形式美的法则可以起到强调某种特征的作用。这个问题在"形式美"一章中将具体论述。由于艺术本身的审美特性,不论它所反映的是美的事物,还是丑的事物,在艺术形式上都要求是美的。

总之,艺术美和其他美的形态一样,都是人的自由创造的形象体现。而艺术美作为美的较高级的形态,更充分地体现了艺术家自觉地运用美的规律来生产,给人以深刻的精神影响,成为鼓舞人们创造世界的有力工具,同时,也是鼓舞人们创造新生活的巨大精神动力。

思考题

1. 什么是艺术美,艺术美有哪些不同于现实美的特点?试比较黑格尔和车尔尼雪夫斯基对艺术美的论述的优缺点。
2. 在艺术美中怎样体现艺术家的创造性劳动?
3. 从艺术美的内容看是主观与客观的统一,但艺术美作为审美对象

---

[45][德]蔡特金:《蔡特金文学评论集》,付惟慈译,人民文学出版社,1978年,第107页。

为什么又是客观的？

4. 怎样理解恩格斯所说的"每个人都是典型，但同时又是一定的单个人"？

第七章
意境与传神

意境和传神是中国美学史上有关艺术美的两个范畴。[1] 当然，中国美学史上有关艺术美的论述，还有妙悟、神韵等，但它们不像意境和传神抓住了艺术美的特征，对后世影响较大。一直到今天，我们谈艺术美的创造和欣赏时，还是离不开意境与传神。

第一节 意境

意境是我国美学思想中的一个重要范畴，它体现了艺术美。在艺术创造、欣赏和批评中常常把"意境"作为衡量艺术美的一个标准。

1. 意境——情景交融

意境是在情景交融的基础上所形成的一种艺术境界、美的境界，它以意蕴、情趣取胜。在意境中写景是为了抒情，是化景为情思，也是化情思为景物。意境不是机械地模仿自然，而是艺术家创造的一种新境，它能在有限中展示无限，即所谓"言有尽而意无穷"。把握意境的审美

---

[1] 这两个问题本属于艺术美的范畴，为了说明它们在艺术美中的重要性，我们单列此章。

特征不仅要考察艺术家创造的作品，还应研究欣赏者的再创造。刘禹锡《董氏武陵集记》说"境生于象外"，这里提到的"境"，既指艺术家所创造的意境，也指欣赏者通过想象所把握的意境，它是"象外之象"（司空图），前一个"象"是作品中直接呈现的形象，后一个"象"是由艺术家或欣赏者的想象所产生的"意境"。前者实，后者虚；前者有限，后者无限。意境能对欣赏者产生深刻持久的感染力。

意境是客观（生活、景物）与主观（思想、感情）相熔铸的产物。意境是情与景的结晶。意（情）和境（景）的关系也就是心与物的关系。意（情）属于主观范畴，境（景）是客观范畴。在意境中主观与客观的统一具体表现为情景交融。王夫之曾说："情景名为二，而实不可离。神于诗者，妙合无垠。巧者则有情中景、景中情。"[2] 又说："景中生情，情中含景，故曰景者情之景，情者景之情也。"[3]

李白的诗《早发白帝城》："朝辞白帝彩云间，千里江陵一日还。两岸猿声啼不住，轻舟已过万重山。"这首诗是李白在流放途中所作，他突然遇赦，心情欢快、振奋，急切盼望与家人重聚，诗中无一字直接言情，但又无一字不在言情。作者的情感都溶化在景色中，头两句"朝辞白帝彩云间，千里江陵一日还"，借早上绚丽的景色流露诗人在出发前的欢快心情。三四句"两岸猿声啼不住，轻舟已过万重山"，是借舟行的疾速表现出诗人急切思归的情感。第三句写猿声，猿声本来使人感到凄婉，所谓"巴东三峡巫峡长，猿鸣三声泪沾裳"，但此时由于诗人欢快、急切的心情，连猿声也被涂上欢快的色彩。所以王国维曾说："昔人论诗词，有景语、情语之别，不知一切景语，皆情语也。"（《人间词话删稿》十三）李白的《早发白帝城》，和他在流放时逆江而上所写的《上三峡》形成强烈的对比。《上三峡》写道："巫山夹青天，巴水流若兹。

---

[2] 北京大学哲学系美学教研室编：《中国美学史资料选编》（下），第278页。
[3] 同上书，第279页。

巴水忽可尽，青天无到时。三朝上黄牛，三暮行太迟。三朝又三暮，不觉鬓成丝。"这首诗同样是寓情于景，无一字直接言"愁"，又无一字不在言"愁"。"巴水忽可尽，青天无到时"，不但是写景，同时表现了诗人在流放中对前途感到迷惘的心情，"三朝又三暮，不觉鬓成丝"，既写出逆水行舟的缓慢，也流露了诗人愁苦、烦闷的心情。

在意境的形成中，境是基础，这里所说的境，不仅指直接唤起情感的某种具体的景色，如《早发白帝城》一诗中的"彩云""猿声""轻舟""万重山"等，而且指与这些景物相联系的整个生活，如李白从流放到遇赦。诗人的生活赋予这些具体景物以审美的意义。祝允明有两句话说得较透彻："身与事接而境生，境与身接而情生。"[4] 这里所说的"事"是指生活、事件，"境"是指与生活相联系的景物，不同于前面刘禹锡所说象外之境。情感正是由特定生活条件下的景物所引起的。因此我们说"境"是基础，因为脱离了境，实际上就是脱离了生活中的形象。这样，情与意就无从产生，也无所寄托。因为在意境中情是景中情，情是消融在形象中。刘熙载《艺概》曾说："山之精神写不出，以烟霞写之；春之精神写不出，以草树写之。故诗无气象，则精神亦无所寓矣。""境"虽然是形成意境的基础，但在意境中起主导作用的仍是情、意。为什么说情、意是主导呢？因为情、意虽然从境中产生，但是在艺术中出现的景，并不是生活中自然形态的景，而是情中景，既是唤起诗人特定情感的景，也是在这种特定感情支配下，经过提炼取舍所创造的景。艺术意境中的景浸透了诗人的情感，这种景区别于生活中自然形象的景，它只需抓住那些能唤起特定情感的自然特征，而无须罗列一切细节。在意境中艺术家的情、意对自然特征的选择、提炼起着潜在的指导作用。意境中的景由于成为情中景，因此它往往以一种洗练、含蓄的形式，给人以

---

[4] 北京大学哲学系美学教研室编：《中国美学史资料选编》(下)，第99页。

强烈的情感上的影响。石涛有一幅画（图20），表现李白《黄鹤楼送孟浩然之广陵》一诗中的意境，原诗是："故人西辞黄鹤楼，烟花三月下扬州。孤帆远影碧空尽，唯见长江天际流。"石涛在这幅画中所表现的就是情中景，是充满送别感情的景，画面很洗练，远处的孤帆，空阔的江面，岸边伫立的送行人。"孤帆远影碧空尽"，不单是写船愈走愈远了，而且表现送

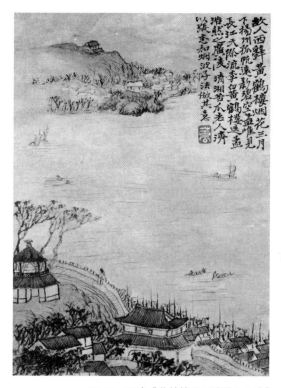

图20　石涛《黄鹤楼送孟浩然之广陵》

行人伫立岸边，久久不愿离去的心情。"唯见长江天际流"，也不仅是写辽阔的江面，而是写当帆影逐渐消失，留下的是空阔的江面和汹涌的波涛，流露出对友人的真挚怀念。这个例子说明无论是诗的意境，还是画的意境，两者都是情景交融，景中有情，情中有景。

徐悲鸿画的《逆风》也很有意境，画面上偃伏的芦苇表现了风的动势，左侧的几只小麻雀正迎着狂风吃力地向前奋飞，画的右上方空白处画了一只麻雀正展翅冲在最前面。这幅画的构图也很有意思，偃伏的芦苇占去了画面的绝大部分，对这几只麻雀来说几乎是压倒的优势，画家以这种反衬的手法表现出麻雀奋进的精神。徐悲鸿画这幅画时曾说"鱼逆水而游，鸟未必逆风而飞……"，意思是借麻雀的形象表现自己精神

的寄托。正如艾中信在分析这幅画时所说:"徐悲鸿的国画创作,从麻雀身上可以看到他既重思想境界……又重形象的塑造……他的创作精神就在于既是写实主义而又富于文学情操……"[5] 徐悲鸿的另一幅画《风雨如晦》也是通过生动的形象,表现了画家在特定历史条件下对未来光明世界的向往。石鲁所画的《金瓜》,画面上题诗是:"何须衬绿叶,且看舞龙蛇。"枯劲的瓜藤,画得奔放有力,别有一种情趣。这既是画家对自然美的独特发现,同时又是借自然的特征抒发画家豪放的情感。这种意境能使人产生精神上的喜悦,否则把瓜藤画得再逼真,没有情趣,没有诗意,也就失去了真正感人的意境。

李苦禅的《落雨》,在湿漉漉的芭蕉叶下面画了几只避雨的家雀,这些家雀挤在一起,紧缩着身体,非常可爱,好像一些天真的孩子挤在屋檐底下躲雨。

齐白石的《荷花倒影》,画了一群蝌蚪在水中戏逐荷花的影子。画家从现实中的一些偶然现象,唤起自己的联想,并借蝌蚪的活泼形象,表现出画家在自然美面前所产生的愉快心境,使画面流露出一种生活情趣。

我们说情、意是主导,是肯定情、意在意境形成中的作用,但并不是说情、意是意境产生的源泉。意境的形成要有生活基础,这是前提。见景生情,再缘情而取景,这是在构思过程中情景的交互作用,然后在作品完成时才能寓情于景,达到在艺术形象中的情景交融。因此不能说意境只是"主观作用于客观","主观拥抱客观的结果"。

在音乐中同样有意境,有情与景的统一,不过表现的形式有区别,在音乐中不是以直观的形象来体现情感。音乐侧重于情中景,更善于直接表现情感,但不是说没有景,没有形象,而是通过欣赏者的想象达到

---

[5] 艾中信:《徐悲鸿研究》,人民美术出版社,1981年,第61页。

情与景的统一。例如白居易的《琵琶行》所描述的就是音乐中的意境。"间关莺语花底滑，幽咽泉流冰下难。冰泉冷涩弦凝绝，凝绝不通声暂歇。别有幽愁暗恨生，此时无声胜有声。银瓶乍破水浆迸，铁骑突出刀枪鸣。曲终收拨当心画，四弦一声如裂帛。东船西舫悄无言，唯见江心秋月白。"乐声直接表达了琵琶女的幽愁暗恨，同时唤起欣赏者的想象，如诗中所写的"莺语""泉流""银瓶""铁骑"都是想象中浸透了情感的景。

在园林艺术中所体现的诗情画意，也是经过艺术家精心设计创造出来的意境。如承德避暑山庄是把江南的秀丽与北国的雄伟结合在一起，湖区有"月色江声""云容水态"等，山区有"南山积雪""北枕双峰"等。这些题名都体现了某种意境，把景物的特点和游人的情怀很自然地结合起来。

天坛（图21）是中国古代文化的瑰宝，它具有一种独特的意境。天坛给人的感受，像读一首哲理诗，也像欣赏一幅写意画。它的意境不是停留在一般个人的情趣上，而是体现了天地间化育生机。天坛突出圆的造型，圆在中国古代美学中是一个重要的范畴，它不仅指外形圆，而且富有哲学意味。圆是一种生命的流转，蕴含着宇宙万物，具有循环往复、生生不已的运动。天坛主体建筑——圜丘、皇穹宇、祈年殿都是圆形。如祈年殿以圆形中浸宝顶为圆心，扩展为三层圆形琉璃檐，再扩大为三层圆形祭坛，使建筑中的圆形扩展与穹隆形的天空融为一体，把圆的形式和精神内涵设计高度结合，产生一种隽永的韵味。天坛的建筑不论是在整体布局上，还是造型、色彩上，都创造了一种崇高祥和的意境。

2. 意境为什么能引起强烈的美感

（1）意境具有生动的形象。"红杏枝头春意闹"，"细雨鱼儿出，微风燕子斜"，是春天的优美景象；"山中一夜雨，树梢百重泉"，"幽林一夜雨，洗出万山青"，是雨后清新景色的形象；"大漠孤烟直，长河落日

图 21　天坛

圆"，是写边塞的雄浑形象。"意境"首先就是通过它的生动形象引起人的美感。意境中的形象集中了现实美中的精髓，也就是抓住了生活中那些能唤起某种情感的特征，意境中的景物都经过情感的过滤，芜杂的东西都被过滤掉了，所以说是情中景。刘熙载在《艺概》中写道："'昔我往矣，杨柳依依。今我来思，雨雪霏霏'，雅人深致，正在'借景言情'，若舍景不言，不过曰春往冬来耳，有何意味？"这里所说的"借景言情"，就是用形象说话，当然不是说生活中任何一种形象都能引起美感，只有艺术家在自然形象中抓住那种富有诗意的特征，才能引起人的美感。周顺斌的摄影作品《升》（图22），意境清新、刚健，很有时代气息。作者在构图上采取仰视的角度，正中的建筑工人形象通过透视形成一个尖端向上的小三角形，两侧的楼房、塔架的斜线也形成一个三角形，有一种"升"的动感。特别是在工人的身后是一片蓝天白云，工人的手势和吹哨的动作，更增强了"升"的气氛，并显示了工人的崇高形象。通过这一生动场景，使人感受到祖国建设事业正欣欣向荣。

（2）意境中饱含艺术家的情感。有人说"以情写景意境生，无情写景意境亡"，这是有道理的。李方膺有两句诗："疏枝横斜千万朵，会心只有两三枝。"这会心的两三枝就是以情写景的结果，这两三枝是最能表达艺术家感情的。意境之所以感染人就是因为形象中寄托了艺术家的感情，形象成为艺术家情感的化身。情感溶化在形象中就像糖溶解在水中，香气扩散在空气中一样。所以意境特别富有美的情趣。意境中的形象来自自然，又能超脱自然，从属于表现情感。郑板桥画有一幅无根兰花。"昨来天女下云峰，带得花枝洒碧空。世上凡根与凡叶，岂能安顿在其中。"画面上几朵无根无叶的兰花，偃仰横斜，随风翻舞。这兰花的形象，正是艺术家自己的形象，表现了他的不满和孤高的性格。在这里自然的特征和艺术家情感的特征是统一的，而且前者从属于后者。当自然景物被反映在艺术中，它就不再是单纯的自然景物，而是一种艺术语言，表现了艺术家的思想感情。

图 22 周顺斌《升》

图 23　安康《当人们熟睡的时候》

安康的摄影作品《当人们熟睡的时候》(图 23)，表现了北京清洁工人在黎明前正进行清扫工作的情景，在黑暗中路灯显得晶莹而明亮，昏暗中隐约地呈现出几位工人的身影。画面很简洁，却蕴含着艺术家对清洁工人的崇敬，那晶莹的路灯仿佛变成了一些诗句，歌颂着这些默默无闻地为社会作贡献的工人。这件作品生动地说明"以情写景"在意境中的作用。

(3) 意境中包含了精湛的艺术技巧。意境是一种创造。"红杏枝头春意闹"的"闹"字，就体现了运用语言的技巧。这个"闹"字，既反映春天的景色，又表现了诗人的喜悦；春天杏花盛开，雀鸟喧叫，自然从寒冬中苏醒，一切都活跃起来。李可染画的《漓江雨》，题词是："雨中泛舟漓江，山水空濛，如置身水晶宫中。"没有笔墨技巧，只有思想感情，只有胸中对漓江的感受，也形成不了这幅画的意境。由于画家掌握了水墨渲染的技巧，把淡墨与浓墨结合使用，以淡墨渲染山水远景，又以浓墨勾出近景中的屋舍，表现出雨后空明和湿润的特点。岸上景物倒映在江心，明净有如水晶世界。意境是艺术家的创造，技巧则是实际创造的本领，通过技巧才能达到情景交融。赞赏意境，同时也是赞赏艺术家的技巧。在意境中所使用的语言、色彩、线条都富有表现力，既表现了情感，也描绘了景色的美。

(4) 意境中的含蓄能唤起欣赏者的想象。意境中的含蓄，使人感到"言有尽而意无穷"，"意在言外，使人思而得之"。意境的这种特性是和它对生活形象的高度概括分不开的,"意则期多,字则期少",这是说以最少的笔墨表现最丰富的内容。至于如何才能做到用以少概多的形式表现丰富的内容,关键在于抓住主要特征(唤起特定情感的特征),而不必罗列全部细节,要给欣赏者留有想象的余地。要相信读者是聪明的,可以根据形象提供的条件去掌握形象内容。所以在意境中既能做到形象鲜明,又不是一览无余。正像梅尧臣所说:"状难写之景如在目前,含不尽之意见于言外。"王国维也指出意境的这一特点:"语语明白如画,而言外有无穷之意。"例如19世纪俄国风景画家列维坦《符拉基米尔路》(图24),画中的意境能使读者产生丰富的联想。景色"是冷灰色调。画面取材只是一条平淡无奇通往遥远西伯利亚的土路。然而正是在这一条漫长的土路上,经过了无数戴着沉重的镣铐被流放到西伯利亚的政治犯。这种残酷的迫害不知还要继续到何时。一张普通的风景画,表现了这样一个深刻的主题。由于作者当时世界观的局限,看不到出路,只是表现了作者对当时反抗沙皇专制统治的革命者的深切的同情,以及对沙皇专制暴政的愤懑。画面上是一条刻满车辙和足迹的土路,荒原长

图24 列维坦《符拉基米尔路》

满了野草，充满着凄凉忧郁的感觉，沉闷压抑的天空恰似我国古代诗人的诗句——'愁云惨淡万里凝'。整个画面统一于冷灰色调，它像一曲低沉的囚歌，使观众一接触就受到强烈的感染。路是空荡荡的，但它把观众的思绪带到了遥远的天边，不由得对那些革命者产生深切的同情和敬意"[6]。这段分析说明画家通过对生活的深刻观察和体验，抓住了景物中那些能唤起特定情感的特征，就能够调动读者的想象，发挥意境的感人的力量。

意境是主观与客观的统一，是客观景物经过艺术家思想感情的熔铸，是凭借艺术家的技巧所创造出来的情景交融的艺术境界。这种艺术境界能调动读者丰富的想象力，使人受到强烈的感染。李可染曾说："意境是山水画的灵魂。没有意境或意境不鲜明，绝对创作不出引人入胜的山水画。为要获得我们时代新的意境，最重要的有几条：一是深刻认识客观对象的精神实质；二是对我们时代的生活要有强烈、真挚的感情。客观现实最本质的美经过主观思想感情的陶铸和艺术加工，才能创造出情景交融，蕴含着新意境的山水画来。"这虽然是谈山水画的意境，但是对掌握其他艺术中的意境也有普遍意义。

第二节　传神

传神在艺术中主要指通过人物的外部特征表现其内在精神，把对象的本质特征与艺术家的思想感情融为一体，体现了艺术家的创造，也是艺术中的一种美的境界。

在中国艺术中把"神似""神形兼备"作为衡量艺术美的重要标志，

---

[6] 李天祥、赵友萍：《写生色彩学浅谈》，天津人民美术出版社，1980年，第32—33页。

研究我国传神的理论可以丰富和加深对典型理论的认识。

关于传神的理论主要有以下四点：

1. 形似与神似的统一。形似是基础，神似是形似的升华。艺术创作如果停留在形似，还只是模仿，只有艺术达到神似，才能表现为创造。汉代《淮南子》一书中写道："画西施之面，美而不可悦；规孟贲之目，大而不可畏，君形者亡焉。"这是说画西施，只是画得漂亮，而没有画出她的惹人喜爱的性情；画孟贲（古代大力士）的眼睛只是画得很大，但没有刻画出他那使人畏惧的性格。这都是因为失去了"君形者"，即支配外部特征的内在精神。汉代画论中还批评了画者"谨毛而失貌"的倾向，提出绘画中细部与整体的关系问题，批评那种刻意追求无关紧要的细节描绘，强调在创作中要从整体上去把握对象的精神特征。到了东晋，顾恺之明确提出"以形写神"。所谓"以形写神"就是通过人物的外部感性特征去表现人的内在精神。在人的外部感性特征中最能体现人的内在精神的莫过于眼睛，因此顾恺之很重视眼神的刻画。所谓"四体妍蚩本无关于妙处，传神写照正在阿堵中"[7]。此外，顾恺之认为人物的动态、服装、背景等都有助于传神。例如他在《魏晋胜流画赞》中写"《醉客》：人形骨成而制衣服慢之，亦以助醉神耳"[8]，就是借衣服的飘动以表现人在醉后的恍惚神态。顾恺之为了衬托人物性格，还注意人物背景的选择。在《世说新语》中记载"顾长康（即顾恺之）画谢幼舆在岩石里。人问其所以。顾曰：谢云，一丘一壑，自谓过之。此子宜置丘壑中"[9]。南齐画家谢赫系统地总结了以往人物画经验，提出"气韵生动"等六法，中心要求也是表现人物的气韵，谢赫的"气韵说"实际上是"传神说"的继续。唐代朱景玄在《唐朝名画录》中曾讲到周昉、韩

---

[7] 北京大学哲学系美学教研室编：《中国美学史资料选编》（上），第175页。
[8] 同上书，第176页。
[9] 同上书，第175页。

幹为赵纵写真,"郭令公婿赵纵侍郎,尝令韩幹写真,众称其善。后又请周昉长史写之,二人皆有能名,令公尝列二真置于坐侧,未能定其优劣。因赵夫人归省,令公问云:'此画何人?'对曰:'赵郎也。'又云:'何者最似?'对曰:'两画皆似,后画尤佳。'又问:"何以言之?'云:'前画者,空得赵郎状貌;后画者,兼移其神气,得赵郎情性笑言之姿。'令公问曰:'后画者何人?'乃云:'长史周昉'。是日遂定二画之优劣"[10]。这个故事是讲唐代郭子仪的女婿赵纵曾先后请当时的名画家韩幹和周昉为他画像,郭子仪在欣赏这两张肖像画时,未能判断它们的优劣,有一天赵纵的妻子回来探亲,郭子仪便试探他的女儿,问她:这两张画画的是谁?他女儿回答画的是赵郎。郭子仪又问:哪张最像?他女儿回答:两张都像,后画的一张更好。郭子仪又追问:凭什么这样判断?他女儿回答:前一张画是外表像,后一张画才表现了赵郎的性情、神气。最后郭子仪得知后面一张是周昉画的,并对这两张画的优劣做出了判断。这个故事说明我国古代艺术鉴赏中认为神似高于形似,因为神似才能体现人的内在精神。张彦远在《历代名画记》中进一步发挥了谢赫六法的思想,并论述了人物画中形似与神似的关系。"今之画纵得形似而气韵不生,以气韵求其画,则形似在其间矣。"又说:"若气韵不周,空陈形似,笔力未遒,空善赋彩,谓非妙也。"这段话说明形似不等于神似,但神似却可以包含形似。因为神似并不离开外形,而是经过提炼使外在的真实和内在的真实统一起来,达到形神兼备。所以张彦远说:"以气韵求其画,则形似在其间也。"这里所说的"气韵",就是指神似。

在中国古代雕塑中也有许多神似的作品,如四川出土的汉代《说书俑》(图25)便是传神杰作,它刻画了古代民间说书艺人的生动形象。

---

[10] 北京大学哲学系美学教研室编:《中国美学史资料选编》(上),第287页。

这位民间艺人，眉飞色舞，手舞足蹈，体态肥胖，右手扬起鼓棒，左腋下挟着一面鼓，边击鼓，边演唱，充分表现了一个喜剧情节的高潮阶段。它使我们仿佛身临其境听到说书时的哄笑声。

再如《马踏飞燕》（图26），巧妙地表现了马的神态。奔马的一只蹄，踏在一只飞燕的背上，暗示奔马的快速，连敏捷的燕子也来不及躲闪。正好燕子

图25 《说书俑》

的扁平躯体变成奔马的基座，奔马升高，给人凌空飞驰的感觉。马的躯体圆实壮健，马尾上翘，马口微张，仿佛可以听到喘气的声音。奔马的这些外部特征，生动地表现了马的充沛生命力和美。

西方艺术史上一些优秀艺术家在刻画人物形象时也很注重人物神态的刻画。如荷兰17世纪画家伦勃朗所画的《戴金盔的人》，画面中荷兰一个老战士正沉浸在回忆中。光灿灿的金盔十分触目，表现出金属的质感，仿佛用手指弹敲便可以发出铮铮的响声。但是这幅画着重表现的并不是金盔，而是戴金盔的"人"。在金盔下面的阴影中是老战士的面部，阴暗的面部较虚，闪亮的金盔较实。从阴影中的面部表情上可以看出老战士的威武、坚毅的性格，由于面部处理较虚更能体现人物在回忆中的精神状态。至于人物在回忆什么，则由金盔做了注脚，那光灿灿的金盔暗示着人物过去光荣的战斗业绩。

图 26 《马踏飞燕》

《垛草》为19世纪法国画家巴斯蒂昂·勒帕热所作,表现了两位干垛草活的农村短工在辛苦劳作之后片刻喘息时的神情。农妇的身躯虽然健壮,但过度的劳累,已使她神经木然,黯黑的眼眶,茫然直视的目光,微张的嘴唇,直伸的两腿,僵硬的手指,人们仿佛可以听到她喘息的声音。农妇身后的男子,直躺在地上,从下肢的衣纹凸起的膝盖部分,可以看出他那瘦骨嶙峋的躯体,两只脚尖倒向左侧,上身用草帽盖住头部(只露出一点胡须),避开炽热的阳光,双手把上衣敞开。他的身体薄得像一张纸似的瘫在地上,身旁只有两棵小树、一些杂草和饭具,这幅画在松弛的动作中表现出人物的极度劳累。画面上几乎每一个细节都在说话,人物的精神特征很鲜明。

这里,还值得提到18世纪下半期法国雕塑家乌东。罗丹对乌东在表现人物性格上所取得的成就给予很高的评价。乌东的代表作品之一

《伏尔泰》，在人物神态的刻画上很成功。这座塑像深刻地表现了伏尔泰慧黠、机智、善辩，还带有几分刻薄的性格特点。从外形看上去伏尔泰像一个瘦弱的老太婆，但从动作、表情上却显示了人物的性格美。作品中，伏尔泰在辩论中抓住了对方的谬误，正要说出一句挖苦的话。他的头部偏向左侧俯视对方，显出一种优越感和蔑视、讥讽的神情，宽大而半秃的头顶系着一根缎带，象征法兰西艺术剧院送给他的光荣桂冠。伏尔泰的手放松地扶在椅子上，和面部的微笑配合，表现出一种胜利者的自信。他身上穿的袍子有点像古罗马人的服装。当时有不少法国进步人士以穿古希腊罗马服装来标榜不同凡俗的身份，这种服装具有时代特征和社会意义。服装的衣纹处理对性格起着烘托作用，表现了伏尔泰性格的开朗、沉着和力量，同时避免身体瘦弱给形象造成的不利影响。有人认为这件作品可以和达·芬奇的《蒙娜丽莎》（图27）相媲美，正像人们千百次对蒙娜丽莎的微笑做解释一样，曾千百次企图解释伏尔泰塑像的面部表情。

2. 对象的本质特征与艺术家思想感情的统一。在艺术中所表现的对象的"神"，实际上是艺术家所理解的和经过情感体验的"神"。所以顾恺之论传神，不仅提出"以形写神"，还提出"迁想妙得"。"迁想"就是指艺术家对客观对象

图27 达·芬奇《蒙娜丽莎》

的理解和情感体验，经过"迁想"才能"妙得"。所以，传神的作品既反映了对象的本质特征，也表现了艺术家的爱憎和审美评价，也就是客观与主观的统一。如果说意境是寓情于景，传神则是寓情于人。要做到传神，就要在实践中熟悉人、理解人。只有理解了才能更深刻地感觉它，理解了人物的性格才有依据去辨别人物外部的表现中哪些是本质的，哪些是非本质的。没有对人物的理解，仅凭感觉、印象，则只能反映现象，不可能去掌握体现人物本质的外部特征，在这种情况下最多只能做到形似。从认识论上看形似所体现的还是感性认识的水平。不少艺术家在创作中的体会说明当感觉为理性所指导时，感觉是敏锐的，作者的眼睛仿佛明亮起来，从混杂的现象中分辨出人物的本质特征及其内在联系。当感觉失去理性指导时，则是迟钝的，有时甚至把非本质的东西与本质的东西混淆起来，以致对人物性格不能做出正确的反映。要为对象传神，还离不开艺术家的情感体验。这里所说的情感包括两方面的内容：一是指对人物有了理解才能更好地体验对象本身的感情；一是指理解了对象才能激起作者对描写对象的感情。这些都是在艺术中实现传神的必不可少的主观条件。

　　李焕民所作的《换了人间》，表现了西藏农奴翻身后的幸福生活。人物形象神态生动，这位老农在罪恶的旧社会被奴隶主挖去了双眼，他那黝黑的深陷的眼窝、粗大的布满皱纹的手背留下了过去苦难岁月的痕迹。今天，新社会的生活给他带来了欢乐，老人抱着小孙女，小姑娘手里捧着一本小书，正在向爷爷讲述什么有趣的故事，老人高兴地倾听着，微微上仰的面部在颈部阴影的衬托下显得格外明亮，人物的神情被刻画得非常生动。这幅画不仅表现了对象的特点，而且体现了画家的思想感情，如果画家没有对西藏翻身农奴的深刻的理解和强烈的感情，是创作不出这种传神的作品来的。

　　珂勒惠支是对中国艺术界很有影响的德国女画家，曾受到鲁迅很高的评价。在她的作品中有两个主要特点：一是强烈地表现了艺术家的感情；二是以洗练、粗犷的线条表现对象的主要特征。她对德国劳苦的下层群众有深厚的感情。她有一幅画叫《面包》（图28），从这幅画我们看到了德国当时劳动者的饥饿。画面上两个孩子哭嚷着，一前一后向妈妈索食，母亲的心被撕碎了。有什么可给的呢？母亲背着身在抽泣，一只手在擦泪，一只手把仅有的一

图28　珂勒惠支《面包》

点面包屑塞给身后的一个孩子。在这幅画上母亲扭曲的背影，粗犷有力的衣纹，都表现了画家炽热的情感，这是对德国当时苦难现实的控诉。她曾说："每当我认识到无产阶级生活的困难和悲哀，当我接触到向我爱人（他是医生）及我求助的妇女时，我就是立志要把无产阶级的悲惨命运以最尖锐强烈的方式表达出来。"她有一幅自画像，一只手抚着额头，正在深沉思索，眼睛在阴影中闪着泪光，表现了她对当时德国劳苦大众的苦难和不幸有着极深切的感受。

上面这些例子说明艺术家的主观因素在为人物传神中所起的支配作用。艺术中所表现的人物的特点、神态，就是艺术家所理解的人物特点、神态，不同艺术家画同一人物，由于理解和情感体验不同，画出来的形象可能会出现不同的神态。甚至同一个画家对同一个对象由于前后理解和情感体验的不同，画出的神态也不同。例如钱绍武曾画过一位藏族舞蹈工作者，开始由于对对象不太了解，把人物画得有些像悲剧演

员。后来他对人物有了较深切的理解,发现这位舞蹈工作者很有事业心和理想,富有表演经验,善于思索,还知道她的妈妈是藏族人。第二次画出的神态就大不一样了。在钱绍武的教学笔记中他记下了第二次画这幅肖像的体会:"她受过芭蕾舞基本功训练,所以感到她的头颈好像比一般人长出那么一点点。因此这次有意识地在头颈的长度上稍为强调了一些。上次画她嘴的时候,由于不了解她的性格,所以画了半张半闭的样子,结果显得很不精神。而这次她的嘴很自然,隐约有点微笑,当然不是笑,是富有表演经验的同志所经常具有的那种有所控制的状态。好,正需要这样。而最重要的眼睛和眉毛的神态呢?由于了解她是很肯思索的人,所以注意到她的眉间略呈紧张,眼睛充满着向往的精神,体现了很有事业心的一面。而眉间、鼻子、眼睛的形态则充分说明了她的西藏血统。至于她头发的样子,是比较有修养的,搞表演艺术的同志经过精心设计的一种样式,看上去似乎是随意的一掠,其实决不是一般男同志想的那么简单的。总之一句话,由于了解了,就会对同一对象的认识和体会有所不同……画起来就能抓住要害……比较鲜明地刻画出人物的性格。"他还谈到在画肖像时还要在深刻理解的基础上充满感情地对待对象,在感情上和对象完全交融,要运用全部技巧来表现这种感情。就是说每一根线条、每一色块的运用都不仅是根据客观对象的特点,而且满含着画家的思想感情。在画面上使读者感到激动的东西,正是画家在创作中首先激动自己的东西。一个画家如果自己不激动,画出来的形象却要人家看后感到激动,那是绝对不可能的。

再如钱绍武所作《李大钊纪念像》(图29),是一座重达100余吨的大型石雕,它深刻地表现了革命烈士李大钊的崇高品质。雕像的头部浑厚方正,体现了烈士的坚贞、刚直的性格;面部的神情刚毅、沉着;开阔的额头、炯炯的目光充满了智慧,特别是在比例上加大了双肩的宽度,表现了一种"铁肩担道义"的精神。由于头与肩的横直对比,雕像

图 29 钱绍武《李大钊纪念像》

的主体部分——头部显得更有气势，有如"一座在中华大地上拔地而起，不可动摇的泰山"。头部又好像天安门高耸的城楼，双肩则好似天安门两侧舒展的平台。整个形象开阔、沉稳，呈现出一种大气磅礴的气势。这件作品在艺术表现上不事琐细，显得洗练、含蓄、粗犷、自然，既继承了我国雕塑艺术优秀的现实主义传统，也借鉴了西方现代雕塑的经验，成为当代雕塑中具有创新精神的杰作。

过去一些研究传神的文章常常侧重于分析被反映的对象，即客观方面，对艺术家主观方面的作用往往未给予重视，忽视了在创作传神的作品时艺术家思想感情的支配作用。

3. 个性与共性的统一。在传神的人物形象中都有自己的个性，都是通过鲜明的个性反映出人物的社会本质。既是典型，又是"这一个"，不仅对明显的不同性格特征（如勇敢与怯懦）做比较，而且要对近似的性格做比较。金圣叹曾写道："《水浒传》只是写人粗卤处，便有许多写法：如鲁达粗卤是性急，史进粗卤是少年任性，李逵粗卤是蛮，武松粗卤是豪杰不受羁鞠，阮小七粗卤是悲愤无说处，焦挺粗卤是气质不好。"[11]这些分析是否完全正确尚可研究，但是在《水浒传》中从近似的人物性格中找出差异却是事实。这体现了作者对现实生活认识的深度和广度。这种掌握人的本质特征的能力，也就是形象思维的能力。莱布尼茨曾说世界上没有两片树叶是相同的，人物的性格更是如此。清代沈宗骞在《芥舟学画编·传神》中曾说："传神写照，由来最古……以天下之人，形同者有之，貌类者有之，至于神则有不能相同者矣。"斯坦尼斯拉夫斯基也曾说，事实上天下没有一个无性格的人，那毫无性格也就成了他的性格特征。生活中人物性格既然是千差万别的，反映在艺术中就要多样化。李笠翁在《曲话》"曲词部"中曾说："说一人，肖一人，勿使雷同，弗使浮泛。"金圣叹在评点水浒时写道："《水浒》所叙，叙一百八人，人有其性情，人有其气质，人有其形状，人有其声口。夫以一手而画数面，则将有兄弟之形；一口而吹数声，斯不免再哄也。"[12]"别一部书，看过一遍即休，独有《水浒传》，只是看不厌，无非为他把一百八个人性格都写出来。"[13]

歌德认为艺术的真正生命正在于对个别特殊事物的掌握和描述，他还指出艺术创作真正的难点是对个别事物的掌握。一切杰出的艺术作品都体现了对个别事物的精细观察。昆明筇竹寺的五百罗汉，虽然是宗教题材的雕塑，实际上人物形象都是来自现实生活，可以说是一幅生动的清代风俗画。作者根据每一个罗汉的性格对体形、衣纹、动态、脸型、眼神、肤色都做了不同的处理。有的寺庙中的五百罗汉，虽然名为五百罗汉实则几个罗汉，大多雷同，仿佛都是从一个模子铸出来的。宗白华先生对筇竹寺罗汉像非常赞赏，认为这些塑像完全可

---

[11] 北京大学哲学系美学教研室编：《中国美学史资料选编》（下），第201页。
[12] 同上书，第200页。
[13] 同上。

以与欧洲文艺复兴时期那些大家的雕塑相媲美。

为了说明艺术家对人物个性的刻画,我们再举一件唐代画家阎立本的作品——《步辇图》。这幅画反映了历史上汉藏两族间的友好团结,表现了唐太宗接见迎文成公主入藏与松赞干布联姻的吐蕃使者禄东赞的情景。画家很注重对人物个性的刻画。唐太宗表情雍容、和睦、安详,流露出一种嘉许的神态。四边的宫女共九人,前后错落,相互顾盼。其中六人挽着步辇,特别是前面两名宫女双手紧握辇把,以带系于肩上,低头,表现出很吃力的样子,和唐太宗肥胖的身躯、平静安详的神态形成对比。使者禄东赞,上身略向前倾,腹部收缩,双手合在胸前,神情恭谨,额有皱纹,微须,像是远道而来。禄东赞前面着红袍的可能是礼官之类的人物,神态较肃穆。后面穿白袍的,手持一卷文书,可能是翻译人员。画面上的人物布置有疏有密,左侧三人较疏散,右侧人物较紧密,色彩也富有变化,呈现出一种亲切、融洽的气氛。

在艺术作品中人物形象雷同、概念化,千人一面,这表现了艺术家对生活认识的表面性和主观性。脂砚斋曾在《红楼梦》第三回的批语中写道:"可笑近之小说中有一百个女子,皆是如花似玉一付面孔。"[14]这就是批评作家在创作中概念化、公式化的毛病。歌德曾批评席勒的创作是从一般出发,把特殊作为一般的例证。歌德认为应该是在特殊中显示一般,不应为一般找特殊。要做到从特殊中显示一般,就需要对生活做精细的观察。

4.传神与技巧。艺术家认识了对象的本质特征,而且对人物产生了强烈的感情,这还不等于创造了传神的人物形象,要达到传神还需要艺术家的高超技巧。例如谢赫所讲的六法,要达到气韵生动,就离不开技巧,所谓"骨法用笔""应物象形""随类赋彩""经营位置"等,其中

---

[14]北京大学哲学系美学教研室编:《中国美学史资料选编》(下),第349页。

都包含着艺术家的技巧。张彦远曾说过："笔力未遒，空善赋彩，谓非妙也。"这也是讲画家缺乏技巧，便创造不出艺术美。一个优秀的画家总是善于根据对象的不同性格和自己的不同感受而采取不同的笔法，如表现豪放的性格采用粗犷的笔法，表现沉静的性格采用柔和的笔法，表现活泼的性格采用跳动的笔法，表现坚毅的性格采用沉着的笔法等。宋代梁楷的《太白行吟图》在人物传神上表现了纯熟的笔墨技巧，画家运用洗练的线条刻画出李白豪放和伟岸的性格特征。画面中的李白正在凝神构思，全身的衣襟只用了几笔短犷的线条，有如"飞流直下三千尺"，对人物豪放性格起着烘托作用。人物略微上仰的头部、额头和鼻梁用的方挺线条，表现了一种傲岸的神态，使人不禁联想起李白的诗句"松柏本孤直，难为桃李颜"，"安能摧眉折腰事权贵"。画家在人物的面部还突出了点睛，把凝神沉思的情状表现得很生动。这些细节的刻画都体现了画家在传神中的高度技巧。

思考题

1. 什么是意境，怎样理解意境中情与景的关系？
2. 意境为什么能引起强烈的美感？
3. 什么是传神，怎样理解神和形的辩证关系，在传神中怎样体现主观因素与客观因素的统一？

第八章
艺术的分类及各类艺术的审美特征

艺术分类是美学中的一个重要问题,因为分类的意义和目的,是寻找和发现各门艺术反映现实的审美特性和特殊规律,自觉地掌握它们、认识它们。这对于促进艺术的发展、繁荣艺术的百花园地有特殊意义,如果不按各门艺术的特殊规律办事,向雕塑提出连环画的要求,或向雕塑提出多幕剧的要求,或写舞剧堆砌话剧的情节等,都违背了各门艺术在反映生活时固有的审美特性和各门艺术发展的特殊规律。这会导致创作的失败,因此艺术分类不仅仅是美学理论问题,而且对各门艺术的发展与繁荣,都有着极其现实的意义。

第一节 艺术分类的原则

艺术分类的问题在美学史上早为人们所注意。如亚里士多德对艺术的分类问题就有很深刻的见解。他从艺术是"摹仿"现实的观点出发,将艺术加以分类。在《诗学》中,他认为史诗、悲剧、喜剧等都是摹仿现实的艺术,但它们之间又有三点不同。这就是"摹仿所用的媒介不同,所取的对象不同,所采的方式不同"[1]。就摹仿的媒介来看,"有一些人

---

[1][古希腊]亚里士多德:《诗学·诗艺》,罗念生译,人民文学出版社,1962年,第3页。原书作者为"亚理斯多德",本书为方便叙述,统一称"亚里士多德"。

(或凭艺术、或靠经验)用颜色和姿态来制造形象,摹仿许多事物,而另一些人则用声音来摹仿……另一种艺术则只用语言来摹仿"[2]。亚里士多德用摹仿的媒介不同来区分画家、雕塑家、歌唱家以及史诗的作者。就摹仿的对象来说,有好人、有坏人以及和我们相同的人,作为悲剧和喜剧的区分。他说:"喜剧总是摹仿比我们今天的人坏的人,悲剧总是摹仿比我们今天的人好的人。"[3] 就摹仿的方式来说,有的用叙述手法,如叙事诗;有的用动作手势来摹仿,如戏剧。亚里士多德关于艺术分类的观点虽然很朴素,但却是难能可贵的,对后世影响很大。

其后对艺术分类划分较有影响的是黑格尔的思想。黑格尔依据理念内容和感性形式相统一的原则,对艺术做出逻辑的历史的分类,即象征艺术、古典艺术、浪漫艺术三大类。象征艺术以建筑为代表,其特点是理念的感性形式压倒内容,即理念内容十分勉强地纳入感性形式里。古典艺术以古希腊雕塑为代表,其特点是内容和形式的和谐统一,即理念内容在雕刻中与感性形式达到完全的协调和统一。浪漫艺术以绘画、音乐和诗歌为代表,其特点是内容压倒形式,即理念内容超出或溢出感性形式,从而进入理想。黑格尔对艺术分类的方法,是从历史的逻辑上来划分,有一定的艺术史的理论价值,但分类的哲学基础是客观唯心主义的。

近代颇为流行的艺术分类方法,有的从艺术存在的外部状貌出发,把艺术分为时间艺术、空间艺术、时空联合艺术;有的从主体对艺术的感受出发,分为听觉艺术、视觉艺术、想象艺术等。这些分法的共同特点是只注意不同艺术的形式特点,而没有注意到与艺术内容的相互联系及其依存关系,故这种观点的片面性是很明显的。至于克罗齐根本否认艺术的分类,他认为一切艺术都是"直觉表现",都是心灵创造的同一

---

[2] [古希腊]亚里士多德:《诗学·诗艺》,第4页。
[3] 同上书,第8—9页。

事实，并没有审美上的界限。因此，他说："就各种艺术作美学的分类那一切企图都是荒谬的。"[4]这种否定艺术分类的美学意义的观点，显然不利于艺术的发展与繁荣。

艺术主要是人们的审美对象，是审美感受的物化形态。艺术之所以是艺术，就在于运用一定的物质手段、方式，把在客观现实中的审美感受表现出来，构成可以通过感官把握的艺术形象，可以欣赏的艺术作品。从内容上看，物化形态的内容是认识与情感的统一，也就是再现与表现的统一，这是艺术的一般特点。认识与再现是基础，情感与表现是主导，没有认识与再现，情感与表现则无以寄托，也就没有了艺术。没有情感与表现，则认识与再现只是依样画葫芦的摹仿，也不称其为艺术。认识与情感、再现与表现都是对客观现实的反映，不过在不同的艺术种类中有不同的融合而已。有的艺术侧重于认识与再现，有的艺术侧重于情感与表现。在侧重于认识与再现的艺术作品中，也有情感与表现在起主导作用；在侧重于情感与表现的艺术作品中，也有认识与再现把情感与表现的主导作用通过对再现的加工与提炼、夸张与虚构以便使它充分地发挥出来。从构成作品的形式看，在审美感受物化过程中，有的作品用声音和语言，有的作品用线条和色彩，有的作品用动作和形体，有的作品综合利用多种物质材料。根据作品的再现与表现和所用的物质手段的不同，艺术可分为：再现的艺术、表现的艺术、语言的艺术。再现的艺术有雕塑、绘画、摄影、戏剧、电影等，表现的艺术有工艺、建筑、书法、音乐、舞蹈等，语言的艺术有文学等。

下面我们就对各类艺术做一简要的说明。

---

[4][意]克罗齐：《美学原理·美学纲要》，朱光潜等译，外国文学出版社，1983年，第124页。

第二节　各类艺术的审美特征

先说表现的艺术。前面我们说过表现艺术包括工艺、建筑、书法、音乐、舞蹈等。就工艺来说，工艺是一种静态的表现艺术，它是美化日常生活的用品，如家具、瓷器，到各种玉器、牙雕、漆器、绒绣，以至剪纸、面塑、陶器等等，无不是工艺美术的体现。有人认为工艺品与人的生活直接相联系，不是专门供人们欣赏的，因而排除在艺术或美学之外，这是不对的。从我们对美的本质定义看，人们在物质生活中也要符合美的规律，产品的外在形式也应成为对自身情感的直接肯定，这就从根本上肯定了物质产品的美。当然物质产品并非都是工艺品，只有那些既满足了实用的需要，而又带有愈益增长的审美价值，才能叫工艺品。工艺品是实用与审美的结合，通过人们对产品自觉地美化而实现的。

工艺品的美就在于以实用造型、色彩和线条来表现或烘托出一定的情绪、气氛、格调、趣味等。在这里形式美的规律起着很大的作用，从工艺的造型上看，对称表现出更多的严肃、完整的情调；不对称的均衡显示了变化统一，使人感觉更活泼流畅。在色彩运用上，不同的色彩表现了不同的生活情趣，如红色表示热烈、蓝色则表示平静；黄色表示欢快、白色则表示纯洁。这种美不是明确的具体的思想的体现，而是洋溢着宽泛的、含蓄的感情。

工艺品是表现性的，具有一定的概括性、抽象性、夸张性、变形性，它体现了一定的趣味和格调，带有时代的烙印。今天是社会主义时期，与古代为少数人服务的工艺品在格调、趣味上是不一样的，它去掉那种繁文缛节的装饰，继承了工艺品的优良传统，在格调上更为符合广大群众的要求，以大方、明快、简朴等具有开拓性的情调、趣味，体现新时代的风格和美的特征。

建筑也是静态的表现艺术，它也是实用和美相结合，具有满足社会上物质需要与精神需要的两种功能。一般建筑都是在实用的基础上讲求美。根据各类建筑性质的不同，实用与审美所占的比重也有区别（如园林建筑与一般民居）。建筑美有自己的特点，它不像绘画、雕塑那样再现生活，而是通过建筑物的体积、布局、比例、空间安排、形体结构，以及各种装饰，如色彩、壁画、浮雕等，特别是空间的安排造成一种韵律、情调和气氛。比如，古希腊建筑精心推敲各部分比例的和谐，古罗马建筑则致力于表现巨大和豪华，哥特式建筑追求飞腾感和模糊感，而文艺复兴建筑又转而寻求肯定感与节奏感。[5] 这都侧重于表现的美。

中国建筑美同样是追求表现的，以故宫来说，充分表现了封建统治阶级的皇权至上的意识。北京颐和园，作为皇家离宫，"建筑规整，布局严谨，体现了皇家的气派"。"万寿山前以佛香阁、排云殿为轴心，形成大片建筑群，错落层叠于坡前林间，此起彼伏，自由中带着统一，富丽中又有轻巧。"[6] 颐和园的设计追求的是开阔、壮大，同时又有假山屏障、层层院落，曲折回绕，体现了典型的皇家园林思想。

建筑本身虽然是静止的、不动的，但由于形体变化却呈现出流动感，好像音乐中的节奏、旋律一样，有序曲，有高潮，有尾声，形体高低错落，空间大小纵横。就像歌德所说的，建筑是一种冻结的音乐，建筑所引起的心情很接近音乐的效果。贝多芬创作英雄交响乐时，曾从建筑中吸取养料，他认为建筑艺术像我们的音乐一样，如果说音乐是流动的建筑，那么建筑则可以说凝固音乐了。因为建筑和音乐艺术一样，有内在的有机联系，都需要节奏、变化与和谐，也就是都需要表现了。

---

[5] 参见杨辛主编《青年美育手册》，河北人民出版社，1987年，第234页。
[6] 同上书，第271页。

书法也是一种静态的表现艺术。中国书法是以汉字为基础，是中华民族审美经验的集中表现，是一种民族艺术。书法不仅本身具有悠久的历史，形成了各种书体、流派，并产生了许多独具风格的书法家，而且在书法的发展中吸收了姊妹艺术（如绘画、音乐、建筑等）的经验，丰富了自身的表现力；它的美在于整体和谐，通过点画运动和用笔、用墨等，在整体结构中来表现一定的情感和意蕴，给人精神上的美的影响，正如近代书法家沈尹默所说，它是无色但具备画的灿烂，无声但有音乐的和谐。特别是书法与文学的结合，更加深了书法的精神内涵，使它在中国艺术史上占有特殊的地位。

书法艺术的语言是用笔、用墨、结构、布局。用笔指行笔的方式、方法，如运笔的刚柔、急缓、轻重、藏露、提按等。历代书家都重视用笔，因为用笔直接涉及情感、意蕴如何转化为点画形式。以中锋为主，侧锋为辅的用笔方法，主张用笔"逆入、涩行、紧收"，也就是落笔要藏，运笔要涩，收笔要回。中锋取劲，侧锋取妍，可以使点画达到刚柔结合，直接体现了情感节奏。在书写过程中运用涩笔，仿佛笔下有一种阻力，如逆水撑船，这样写出的字显得含蓄、沉着。中锋用笔可以使点画圆劲，气脉通畅，心中的情感好像浸入笔墨，笔墨也好像浸透到纸背。

用墨指墨的着色程度及变化，如浓淡、枯润等。墨色对于烘托书法的神采、意境和情趣有重要的作用。所谓"润含春雨，干裂秋风""润取妍，燥取险""带燥方润，将浓遂枯"，都是指描述用墨的审美特性。墨色处理得当，可以产生血润骨坚的艺术效果。

结构是指字的分间布白、经营位置。如果说用笔体现书法的时间特征，结构则体现了书法的空间特征，如大小、宽窄、奇正等。线条美是在字的结构中表现出来的，结构对于表现情感也很重要。明代祝枝山曾说："喜即气和而字舒，怒则气粗而字险，哀即气郁而字敛，乐则气平而字丽。"这里所说的"舒""险""敛""丽",里面都包含了结构因素。可以看出,结构不同,产生的艺术效果也不同。

布白亦称章法,体现了作品的整体布局和效果。布白重要的是处理好虚实关系,实是"黑",虚是"白"。在点画运动中形成各种空间,在布"黑"中同时也在布"白",这种"白"并不是没有意义的空白,"白"本身也包含了某种意味。书法创作中的"计白当黑",就是把空白作为一种表现因素,它和点画的实体具有同等美学价值。潘天寿曾说,他落墨处为黑,着眼处却在白。虚实、黑白的处理是作品意境的结构,它使作品具有一种空灵、含蓄的魅力。

在书法创作和欣赏中,用笔、用墨、结构、布白,不是分散的,而是化为有机统一,在整体结构中显示出不同风格。例如,欣赏王羲之的书法就是如此。王羲之是古代书法大家,他的行、草更是显示了一代书风。欣赏他的《兰亭集序》(图30)这一书法作品时,我们感到很有特

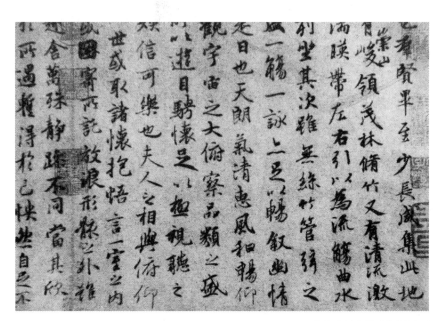

图30　王羲之《兰亭集序》(局部)

色。笔与笔之间有俯仰、有牵丝、有顾盼、有弛张，似断还连，显示了纯熟的笔法和清丽的笔调，也充分表现了优美的韵律。在俊秀妩媚之中含有强健，笔势起伏流动，淋漓畅快，姿态飞扬，分布有对称，体势有变通，初看引人，百看不厌，变化莫测而有法度，达到尽善尽美的艺术境地。

张旭是唐代著名书法家，被誉为"草圣"，他的书法是在强烈的感情驱使下，尽情挥洒，开拓了一派狂放浪漫的书风。欣赏他的《古诗四帖》时，我们的感受是：行笔迅疾，纵横驰骋，气势磅礴，从头至尾没有一丝懈怠之意，字字之间，行行之间，气势连贯。笔画连带之中，其字忽大忽小，忽轻忽重，忽虚忽实，出乎意料。线条的飞腾跳跃之中，笔画丰满、敦厚、淋漓、畅快，富有自然的起伏波动，急中有缓，动中有静，韵律特别生动，给人以豪放激昂的美感。

书法艺术的特征是：1. 书为心画，书法是一种心灵的艺术，是人的精神美的表现。2. 书肇于自然，书法是自然的节奏化。唐张怀瓘论书法与自然的关系是："囊括万殊，裁成一相。"这里包含两层意思：一是指书法艺术的形式根源于现实。所谓"囊括万殊"，就是指对万物的高度概括。二是把"万殊"裁成"一相"，就是把万物化作"点""线"来反映现实。书法这种高度概括与特殊反映，为欣赏者提供了想象的广阔天地。3. 鲜明地体现了形式美的基本法则——多样统一。孙过庭在《书谱》中提出"违而不犯，和而不同"，意思是指变化而不杂乱，统一而不单调。书法艺术是在点画运动变化中达到统一，在书写过程中各种形式的对立因素相反相成，使作品成为和谐整体，生动地体现了形式美的基本法则——多样统一。这和自然中普遍存在的对立统一规律相通。它是一门富有哲理的艺术，充满了艺术辩证法。

音乐是一种动态的表现艺术，也叫表情艺术。音乐表现手段，如节奏、旋律、和声与复合声等，都是按一定的规律组织起来，发出美的音响构成音乐形象的。

音乐必须有表演者进行第二次创作，才能把音乐形象展现出来，欣赏者才能欣赏，获得赏心愉情的美感。因此，音乐表演艺术家必须根据作者的创作意图和蓝本，充分发挥自己的主观能动性及表演才能，全神贯注地进行表演，把对作品的感情体验深入地表达出来。不同的表演者由于生活、经历、情感的不同，对同一作品的表演效果和风格，也大为不同。

音乐形象是最活跃的、流动的，它可以运用最富有特色的声音来摹拟现实中的声音，如钟声、马蹄声、鸟鸣声、松涛声、流水声等。还可以运用象征、比拟手法将平静的湖水、蔚蓝的天空等现象，化为带有情感的声音表达出来。音乐对现实音响虽有摹拟作用，但不是摹拟艺术，不是再现艺术。它虽有摹拟作用，但在音乐的旋律中只占很小的一部分，而且是为了表现人的情感。音乐中大多数旋律、音响所代表的含义是不明确的、含蓄的，有时只可意会不可言传。它不像绘画艺术那样具有明确清楚的形象，反映或再现现实生活中的图景，也不像文学那样用文字明确地表现一定的观点和生活图景，而是通过生活中的音响、节奏加以提炼、改造，使之与人的思想感情相一致。音乐美最大的特点，是表现宽泛的、含蓄的感情，起伏激荡的情绪，如欢庆时的热烈，悲哀时的低沉。这种情绪和感情，可以说不代表什么，又可以说代表很多东西，只能意会不能言传。如《二泉映月》，调子很高昂，有苦难、有斗争、有理想、有追求，蕴含着许多东西，但我们欣赏时一时又说不清，只能感觉到感情在起伏、激荡。从这个意义上说，音乐是最具概括性的艺术，是最能激励人心、振奋精神的艺术，也是表现性最强的艺术。

舞蹈和音乐一样，也是动态的表情或表现艺术。舞蹈美是用规范化了的有组织、有节奏的人体动作，来表现人的感情。它把人体作为表现的手段，通过有组织、有变化的节奏、动作和姿态等来构成舞蹈美的形象。

舞蹈虽然也能模仿动物、植物，但都是为表达人物的生活和感情而设置的，它长于抒情而拙于叙事，是与表现特点分不开的，它最根本的特点，一个是虚拟性，一个是抒情性；它不用语言，完全以不断运动中的人体，做出种种舞蹈动作和优美的姿态来抒发人的内心情感。关于舞蹈的抒情性，中国古代已有很好的说明，在《毛诗序》中说："言之不足，故嗟叹之；嗟叹之不足，故咏歌之；咏歌之不足，不知手之舞之，足之蹈之也。"古人已深刻理解舞蹈是发之于内而形于外，是以人体动作直接表现内心强烈感情的艺术形式。

舞蹈也是最古老的艺术形式之一。在原始社会里，舞蹈模仿动物，再现狩猎、战争等过程，是与人的生活密切相连的。随着社会的发展，舞蹈的摹拟成分逐渐减少，从单纯的模仿具体事物，逐渐过渡到以抒发情感为主。概括抽象的虚拟动作程式，就是说表现成分越来越压倒再现的成分。舞蹈通过各种动作的节奏、夸张、变形等来抒发人的情感，引起欣赏者的广泛联想和审美享受。如民间集体舞蹈《安塞腰鼓》以龙腾虎跃的形式，把人们内心一派欢快的情绪和火一样炽热的感情淋漓尽致地表现出来。现代三人舞《担鲜藕》，也充分表现了轻盈、欢快拟人的鲜藕与赶集姑娘的欢喜、雀跃，映衬出对美好生活的情趣。再如芭蕾舞是虚拟和抒情的集中表现，你什么时候、在什么地方，见过少女用脚尖站在马路上走路，小伙子用托举抒发对恋人倾心爱慕之情？这在生活里是见不到的，在芭蕾舞中却比比皆是，应用得好，可以产生强烈的效果，引起观众的美感。

舞蹈与音乐是密不可分的。虽然舞蹈是视觉形象，但如果没有音乐的配合，视觉形象与听觉形象不能融合为一体，就难以取得动人的效果。舞蹈动作高低起伏、动静缓急，也带有音乐的节奏、旋律的效果，表现出某些音乐的特点。舞蹈与雕塑有相似之处，雕塑贵在抓住人物刹那间留下的印象，表现感情顶点前的瞬间；舞蹈则是流动的雕塑，它表现的情感也是高度的集中，所不同的是雕塑是静止的，舞蹈是流动的。舞蹈通过虚拟的动作，使观众联想起生活中的情感内容。这是对舞蹈形象的补充、充实、丰富和再创造。

总之，表现艺术也是来源于生活，来源于实践，不过它在整个创作过程中侧重于表现主体的情感、心灵和精神境界。

现在，我们再谈再现艺术。再现艺术的特点在于再现生活。再现生活并不是机械地模仿生活或幼稚地反映生活的表层，而是通过对生活的加工、改造、提炼，通过想象和幻想，将主观渗透于客观来反映生活的本质。所谓再现艺术主要是就其表现形式来说，实际上一切艺术作为精神产品都渗透着表现。

雕塑是静态的再现艺术，首先以形体的造型来反映生活、再现现实，它适合于表现有崇高理想的正面形象，宜于观赏者从不同角度和距离进行欣赏和领悟。雕塑形象对于观赏者来说，由于所处的位置、角度和远近不同而有不同的感受，它能直接感染、陶冶和激发观赏者的心灵。

雕塑创作反映生活的能动性主要表现在作者对素材的提炼、取舍，能够在人物个性、阶级性、时代性和具体情景的描写中，使人联想到没有被直接描写的人的行动和态度等，从有限形体中看到更为广阔的艺术境界。雕塑不仅是生活的再现，还是精神交流的手段，以及教育的工具。它有特殊的词汇和语言结构，特殊的表现方法，它的特长不是记述，至少不是详尽的资料性的叙述，而是把丰富性的内容缩为一个形象鲜明的塑像。在富于概括性的雕像中，能够借有限的动作、姿态、脸型、服饰和整个风度、风貌的描写，使观赏者感觉、联想和想象更多的生活内容，以少概多，以有限概括无限。

雕塑是一个立体，占有一定的空间，这是雕塑最基本的概念。但有体积占有一定空间的不一定是雕塑，要使体积表现思想感情，再现出一定的生活内容，才能成为雕塑艺术。雕塑艺术由于所使用的物质材料（如大理石、金属、木料、泥土等）不同，不仅使我们看到，而且能够让我们摸到不同材料的质感。优秀的雕塑作品能够给我们真实的生命感，使那些无生命的物质材料，在雕塑家的雕刻刀下好像活了起来，具有了生命，在观赏者的想象里会感到肌肤的温暖。法国著名雕塑家罗丹说，古希腊雕像维纳斯不仅能给我们肌肤的温暖，而且还能给人真实的生命感。雕塑就是要从某种体积变化、转折当中的韵律，来体会一种生命、情绪、情感，甚至一种思想。

雕塑是再现艺术，再现艺术的特点就是要有真实感。古希腊菲迪亚斯的雕像虽然动作表现很小，但稳定，给人以舒展、流畅的感觉，表现了黄金时代的稳定、含蓄，让人感觉很有力量、很有信心。古希腊传说：雕塑家米隆一次雕了一头牛，引来了一头小牛走来向它吸乳，又有一群牛要随着它走，一个牧童向它扔石头，以便把它赶开。米开朗基罗的雕塑《挣扎的奴隶》，反映了奴隶的反抗和愤怒，充分体现"巨人的悲剧"，产生强烈的真实感。再如，汉代霍去病墓前的卧虎石雕，把老虎这个庞然大物的勇猛神态塑造得那么生动、单纯，有一种稚拙的美，体现了歌颂霍去病创立功业的意图，也很有真实感。从这些例子中可以看出，雕塑美必须与一定的时代精神合拍，融为一体。

雕塑在表达思想情感时，要有概括性、凝练性和普遍性。如爱神维纳斯之所以能引起人们的喜爱，就在于它有一种情感、一种爱的表情，充分体现了温柔、典雅。有人说，维纳斯雕像甚至比1789年法国资产阶级革命的原则更不容怀疑。意思是说，在保卫人性的尊严方面，它更有力量。这个半裸体的女人塑像，优美动人，充满活力，却不给人柔媚和肉感的印象。这种表情是理想的和概括的，不是哪一个阶级所独有。我国很注意雕塑艺术的发展，在城市建设规划中，雕塑已成为美化城市不可缺少的元素，特别是对建筑环境的创造，具有画龙点睛的作用。雕塑与水池、喷泉结合起来，更为吸引人，增加了空间动态美，它打破了环境的宁静，却使环境更为幽静。

绘画和雕塑一样，是静态的再现艺术，它是通过线条、色彩、构图在二度空间范围内以动人的造型，来再现现实，反映生活，表达画家的审美感情和审美理想。绘画所描绘的对象十分广阔，从自然的山川、虫鱼、鸟兽到社会生活、人物的精神风貌、性格特征等，都是绘画的内容；它长于捕捉生活中的一刹那，撷取运动中的一瞬来塑造生动的典型形象，陶冶人的性情，提高人的思想境界。所以，绘画历来为人民大众所喜爱和重视，是一门有着悠久历史的艺术。

绘画的审美特征是由绘画词汇组成的。绘画的最基本词汇是线条、色彩和构图，特别是线条是构成绘画最主要的手段和词汇。我们所说的线条不存于自然界中，而是指存在于形体与形体、色块与色块之间，用来表达画家的感觉和情感。

线条的硬软坚柔、轻重缓急、光华滞涩等品格，线条的长短、粗细、疏密、干湿、曲直、快慢等节奏的变化，都表现出无限丰富的感情层次。一般来说，表现宁静使用平行线，表现欢乐用上升线，表现抑郁用下降线，介于三者之间的线条则给人无穷变化的感觉。中国绘画中的线条更丰富地表现了感情意味，例如山水中的披麻皴，由近于平行的线条所组成，运动徐缓，延绵层叠，给人以宁静、谐和、淡远的感受；斧劈皴，由粗壮的短线和断线组成，运动急速，锋芒逼人，给人以激越兴奋的感觉。

线条的品格，即画家的笔墨情趣，也即他的品格。如元代大画家倪云林的线条，"枯涩中见丰润，疏荡中见遒劲"，表现了他的飘逸和空灵。

东晋顾恺之的线条,简约娴静,反映了画家内向、深思的性格。唐朝吴道子的线条,豪放飘洒,用力不一,迅速不一,反映了他的奔放、雄浑的气质。

绘画的色彩是来自客观世界的光与物体,也是表现艺术家的思想情感的。例如耀眼的红色意味着热烈和欢庆,绿色包含着平静和新鲜,黄色暗示温暖与喜悦,黑色常常给人以恐怖的感觉。不同的人对色彩有不同的联想,因此,色彩的情调不仅因人而异,在不同时代、地区也是不同的。如中国画家笔下的红色,往往不是危险的感觉,而是富贵、喜庆、欢乐的情感。

绘画的构图是物体的空间组织与安排,以及物体的加工、取舍等错综复杂的形式方面的因素,它也体现着画家的感情。如横向线式构成常常暗示着安闲、和平、宁静,斜线式构成常包含着运动和力量,金字塔式的构成常暗示着稳固、持久等。如果在进行构思时,再进行交错、对比的处理,就更能唤起人的崇高、扩张、升腾、逼迫、悲壮、庄严、坚实、挺拔、温柔、舒展、优美等情绪。

绘画的审美本质,即线条、色彩和构图的情感意味,至于在此基础上所形成的意境与传神前面已经讲过了,这里不再赘述。

摄影也是静态的再现艺术,它是通过真实、优美的造型再现现实、反映生活。它不像音乐、舞蹈、绘画等艺术种类那样,在远古时代就开始了自身的历史,而是随着物理学、光学、化学的进步,随着科学技术的发展而出现的,至今不过一百多年的历史。法国人尼普斯在 1826 年用白蜡板摄制出世界上第一张照片,也是最早的照片。从那个时候起,随着科学技术迅速发展,摄影技术也随之日新月异地发展起来。在今天,我们掌握了崭新的技巧、手段,摄影艺术更具备了蓬勃发展的局面。可以说,没有近代科学技术,就没有摄影的诞生;没有科学技术的发展,也就没有摄影艺术的大发展。

摄影家根据自己的艺术构思，运用摄影技巧，经过暗室的加工，制作成富有感染力的、典型的艺术作品。摄影艺术作品以形象逼真见长，并在再现中表现艺术家的思想情感和审美理想。摄影艺术所表现的对象，如新闻、人物、风景、事件等都必须是真实的，纪实性是摄影艺术的一个特点。

摄影艺术通过画面构图、光线的明暗和对比、影调等手段创设艺术形象，还可以通过选择拍摄的距离、方向、角度、速度，或仰拍、或俯拍等，来组织、安排画面以及各部分景物的位置及关系，以取得满意的效果。作为美的存在方式，摄影是静态的，不受时间因素的影响；作为语言材料，存在又都是动态的，对具体作品来说，稍纵即逝，不可复得，因此，摄影艺术又被称为"瞬间艺术"，这是摄影艺术的又一特点。

摄影艺术可以通过摄制好底片进行特殊加工，具有绘画一般的感染力与表现力。香港著名的摄影家简福庆的作品《水的旋律》就是追求绘画的意味，表现了蒙蒙海面富有节奏和曲线的美，宛如音乐的旋律。画面上那浮动着的轻舟的位置，恰到好处，使构图更趋丰富，富有诗意。这种富有诗意的构图和景物位置，更具有绘画的表现力和意境，从而突破了实物局限，使之具有很强的表现力和深邃的意境。

戏剧是动态的再现艺术，它是文学、音乐、舞蹈、美术、工艺等多种艺术成分综合而成，所以又称综合艺术。戏剧的美主要在于演员的表演。演员通过扮演角色，运用形体动作、语言、演唱等手段来塑造舞台形象，表演戏剧情节和典型的人物性格，能动地再现和反映社会生活。演员的表演实际上是演员审美感受的"外化"，是"感性的显现"。所谓演员进入角色，就是指演员与角色融为一体。这样的表演就是美的。戏剧是形象性与过程性的完美结合，是其他艺术所不能代替的。

戏剧虽然是多种艺术的综合，但主要包括两个部分，即演出形象和物质形象。演出形象包括演员的表演、导演的艺术处理、舞台美术等，物质形象指布置、灯光、服装、道具、音响效果等。物质形象要服从演出形象，与演出形象结合为一个和谐的整体。

作为舞台演出的剧本是戏剧的文学成分，可供阅读，但主要供演出使用，是戏剧表演的根据。剧本要求把生活矛盾集中化，变为戏剧冲突，因而剧中的人物、事件、时间、场景等，都要经过剧作家精心选择与安排，使之围绕戏剧冲突发生、发展直至高潮。所以说没有戏剧冲突就没有戏剧，戏剧冲突是戏剧的根本。戏剧冲突是靠人物的言语、行动来展开的，因此，剧本要求人物语言、行动有明确的目的和个性化。

演员的表演是在导演的艺术构思指导下进行的。演员是通过体验导演的意图、角色的性格，借助各种艺术表演手段而塑造形象。演员的表演是对剧本角色的再创造。演员必须充分发挥自己的才能、演技，对角色做富有情感的深入分析和理解，根据戏剧冲突和情节的需要，自觉地进行创造，才能塑造出生动感人的、富有个性化的舞台形象。通过对不同人物的刻画和情节的发展，反映出生活的本质特点和美，才能给人强烈的审美享受和巨大的教育作用。

戏剧以舞台为演出中心，这就表现了戏剧的长处与不足：由于戏剧是以舞台作为演出的中心，戏剧的矛盾冲突不可能有许多线索，而必须是非常集中、非常突出的，因而反映生活中的矛盾也就非常突出、集中和鲜明，给人以身临其境的体验，这是它的长处；它的不足是，由于舞台的限制，在表演空间和时间的形式上受到一定的约束。

演员在戏中，既是角色，又是演员，这就构成了演员的内在矛盾。在近代戏剧史上曾发生过"表现派"与"体验派"的争论。"表现派"即演员进入角色时，应与角色有一定距离，冷静地运用技巧，有清醒的自控能力，知道自己是在演戏，力求创造出符合理想的角色和人物的性格。"体验派"，即演员进入角色时，要如实地反映角色的世界和精神面貌，做直接的活生生的体验。"体验派"演员的表演是把演员和角色融为一体，深入体验，因此这类演员表演时，往往沉醉在角色而忘却自己是在演戏，没有清醒的自控能力。"表现派"与"体验派"的争论一直到现在还没有结束，简单定出二者在演出时的优劣是困难的。真正的表演家，我们认为是把"表现派"与"体验派"结合起来，恰到好处地创造出感人的角色。

戏剧形式包括许多种，如话剧、歌剧、戏曲等。在戏曲艺术中，中国戏曲占有独特的位置，它追求虚拟，这种虚拟性通过夸张地唱、念、做、打表演出来，演员的唱、念、做、打能充分调动观众的想象，产生亲临其境的意境。如戏曲《打渔杀家》中，扮演萧恩父女的演员，手中并无桨，脚下也无船，可是他们的表演，使观众想象到好像他们手中真有桨，脚下真有船，连舞台都荡漾在湖水中。戏曲中的程式化动作虽有相对稳定性、类型性，但一经用到戏曲里，便由演员根据具体的情景和角色的需要创造性地运用，就可体现出人物个性，强化了内容的表达，引起观众的共鸣。

电影和戏剧一样，是动态的再现艺术。电影的美也和戏剧一样，在于塑造活生生的典型的艺术形象，在更广阔的范围内反映和再现生活的本质。

摄影技术是在物理学、光学、化学发展的基础上产生的，电影则是在摄影基础上发展起来的。法国人卢米埃尔兄弟于1895年12月，在巴黎第一次放映了他们摄制的影片《墙》《火车到站》《婴儿的午餐》《园丁浇水》等，虽然这些影片的内容十分简单，但却使人们第一次在银幕上看到了活动的人物，让人们大为惊叹。电影从黑白默片（无声片）、有声片到现今的彩色片和立体电影，都是与技术的发展分不开的。由于电影综合和吸取了各种艺术的特长,以银幕形象广泛地反映生活,吸引观众,因此它又是具有广泛性、群众性的艺术。正如列宁所说:"一切艺术部门中最最重要的便是电影。"[7]

电影之所以是最重要的,首先就在于它可以吸引更多的观众进行审美娱乐和教育;其次,电影是最接近生活、反映生活的综合艺术,它把绘画与戏剧、音乐与雕刻、建筑与舞蹈、风景与人物、视觉形象与语言联成统一体。其中最重要的因素是视觉形象。电影中的视觉形象不是静止的,而是富有动作性的,是不断运动着的。电影一定要求有戏剧冲突,电影故事要有开端、发展、高潮、结尾。从这一个意义上来说,电影是近似戏剧的,但电影又不是戏剧。戏剧由于受舞台的限制,它反映生活的能力是有局限性的;电影由于不受舞台的限制和时间、空间的约束,它在反映生活上则比戏剧自由得多、广阔得多。电影是通过一个一个的镜头来反映生活。这种镜头可以是特写,可以是全景,可以是事物发展的一瞬间,可以是一个较完整的情节,这就极大地丰富了电影美的表现力。镜头的推、拉、摇以及"化入""化出"等运用,使电影极其细微地深入人物内心世界,使人物性格更富有感人的魅力。如一个成功的特写镜头,可以通过演员的面部表情把人物复杂的内心世界表现出来,再加以巧妙的烘托和明朗而有力的动作,可以更加清晰地表达人物复杂的内心活动,这是戏剧在反映生活时所无法比拟的。

蒙太奇是电影的一种特有的手段,来自法语(mantage)的译音,原意是构成、装配的意思,借用在电影艺术上指的是镜头组接和剪辑,指按照总的构思把一个一个镜头连接成影片,使之产生叙述、对比、联想等作用,从而形成一部完整的影片。一个单独的镜头、画面往往说明

---

[7] 中国社会科学院文学研究所文艺理论研究室编:《列宁论文学与艺术》,人民文学出版社,1983年,第430页。

不了多少问题，只有把许多不同的镜头和画面有组织地联结起来，使其在变化、流动中，在时空交错中，才能说明更多的问题。蒙太奇的运用使电影获得新的自由、新的美，有了巨大的变化和升华。如《战舰波将金号》有名的"敖德萨阶梯"中，将沙皇士兵的脚和举枪齐射的镜头，与群众相继倒下、血迹斑斑的阶梯上、一辆载着婴儿摇篮车滚下阶梯等镜头交错剪辑在一起，给观众造成久久不能忘怀的大屠杀的悲剧场面，引起对沙皇的统治无比愤慨和仇恨的强烈情绪。

再如，电影《青春之歌》中有两个镜头，一个是余永泽和林道静结婚的场面，另一个是结婚以后的琐碎的家庭生活场面，通过这两个镜头的组接，使人一看就明白了余永泽在生活中的庸俗追求。卢嘉川就义时，高呼"中国共产党万岁"，紧接着是林道静张贴"中国共产党万岁"标语的镜头，从这两个镜头组接中使人理解到中国共产党是不可战胜的，一个战士倒下去，千百个战士会站起来。通过蒙太奇镜头转换，可以给人巨大的审美享受。例如在普多夫金的著名影片《母亲》中有这样一组镜头，春天里工人在大街上举行第一次革命示威游行，与游行场面并列出现的是描写河水解冻的镜头。画面上先是一股细流，后来是一片波涛汹涌的洪水。这组河水解冻的镜头被反复切入游行的场面，使我们理解到游行队伍像解冻河水一样，先是一股细流，也一定能发展为波涛汹涌的巨流，给人以巨大的感染力。这种蒙太奇的例子说明了与主题相联系的细节、场景有机地组接在一起，使电影具有独特的感人魔力，能深刻地反映生活，给人以审美享受。

电视连续剧则是在电影的基础上发展起来的，保留了电影的优点，它突破电影在时间上的限制，充分发挥它在时空上自由的优势，以多集的形式，多侧面、多层次、多线索地展开故事情节和塑造人物形象。一部好的电视连续剧，可以向人们展示更广阔、更细致、更全面的历史性的生活画卷。

文学是语言的艺术，它的美是借助语言塑造典型的艺术形象或意境，深刻反映生活和丰富的情感。文学大体上可分两类：一类是诗歌、散文等，主要偏重抒情性的表现艺术；一类是小说，主要偏重于叙事性的再现艺术。这两类艺术都是以语言为表现手段，塑造艺术形象，反映生活，表达作者的思想情感和对生活的评价。文学语言与生活语言不同，日常生活中的语言虽然也有形象性与表现性，但往往很粗糙，很芜杂。文学语言是在日常生活用语中经过提炼加工，形象而生动，着重语言的塑造形象与表现情感的功能。

文学语言的优点在于它能同时诉诸听觉和视觉，并通过它们唤起生动的表象，作用于欣赏者的再创造。语言艺术在描绘一种生动的图景时，必须是通过欣赏者的想象和再创造，才能呈现于欣赏者的面前。它永远是一种语言的艺术，它所创造的艺术形象，给欣赏者提供了想象和再创造的广阔天地，充分发挥欣赏者的主观能动性，才能得到意味无穷的审美享受。中国古代诗歌中一向讲究意境，追求"诗中有画，画中有诗"，这种意境是作家的创造，也是通过欣赏者的想象和再创造呈现出来的。

文学具有描写现实、表达思想的广阔可能性，在内容上较之仅仅局限于视觉或听觉形象的艺术有较大的优势。"语言的艺术在内容上或表现形式上比其他艺术都远较广阔，每一种内容，一切精神事物和自然事物、事件、行动、情节、内在的和外在的情况都可以纳入诗，由诗加以形象化。"[8] 其他艺术难以表达的嗅觉和味觉的感受，文学都可以表达出来。它既可描写现实，表达感情，也可以概括时空范围很广的事物、人内心的细微的变化。文学在所有艺术中既是自由的，又是富于思想性的。

---

[8][德]黑格尔：《美学》（第3卷下册），第10—11页。

在语言运用方面，小说最能发挥语言的长处，它运用灵活多变的和富有个性化的语言，多方面地刻画人物，表现出典型环境中的典型性格，能够广阔地描绘社会生活，深刻地描述历史画卷和反映历史发展进程。它与戏剧、电影又有些近似，但又超越它们。这是因为戏剧、电影往往受到篇幅的限制，欣赏者必须在两小时左右时间内完成，而小说则不受此种限制，特别是反映一个时代的长篇巨著，其优点更为突出。

表现性的文学，特别是诗歌语言具有音乐美的特性。诗歌和音乐有着类似的美学规律，在古代，诗歌和音乐本来就是统一的，诗歌最早的作用是唱和，就是与音乐密不可分的。诗歌运用平仄、四声、叠韵等手段，为人们一代一代地反复吟咏，就是因为它具有音乐美。现代诗歌创作在语言上的长短、高低、快慢、轻重等，一方面服务于表现情感，一方面也具有音乐的节奏、旋律。即使"自由诗"，也不能否定它的形式节奏和韵律，就是说在语言上也要有音乐的美和特性。

我们这样为艺术分类，以便找出各门艺术的特殊规律和美，为提高和发展各门艺术创作，为提高和丰富各门艺术欣赏的能力，为艺术的百花园地更多姿多彩而努力。我们这样分类绝不是把各部门艺术对立起来、割裂开来。艺术的各个部门是相互联系、相互渗透、相互作用的，都是认识与情感、再现与表现的统一。各门艺术的相互联系是绝对的，相互分类则是相对的。因此，各门艺术不仅不是相互对立的，而是必须相互学习，才能取得共同的繁荣与发展。

思考题

1. 艺术为什么要分类,分类标准是什么?
2. 怎样理解各类艺术的美的特征?
3. 试举例说明电影蒙太奇的应用。

第九章 形式美

形式美是指自然、生活、艺术中各种形式因素（色彩、线条、形体、声音等）及其有规律的组合所具有的美。它的特点是：1.形式美具有相对独立的审美意义。形式美与美的形式既有联系又有区别，美的形式不能脱离美的内容，而形式美对美的具体内容带有相对独立性。2.形式美概括了美的形式的某些共同特征，具有一定的抽象性，形式美所体现的内容是间接的、朦胧的。3.形式美和自然的物质属性、规律有着紧密联系。

第一节　形式美的特征

形式美的法则是人类在创造美的过程中关于形式规律的经验总结。人们对美的感受都是直接由形式引起的，在长期的审美活动中人们反复地直接接触这些美的形式，从而使这些形式具有相对独立的审美意义，即人们接触这些形式便能引起美感，而无须考虑这些形式所表现的内容，仿佛美就在形式本身，而忘掉它的来源。其实，形式美的法则不过是人们在审美活动中对现实中许多美的形式的概括反映。例如"对称"的法则是对大量具有对称特征的事物的概括反映，在研究这些形式美的法则时可以暂时撇开事物的其他特征。恩格斯在分析数和形的概念的来源时曾经指出"数和形的概念不是从其他任何地方，而是从现实世界中得来的"，还指出人们在实践中具有"一种在考察对象时撇开对象的其他一切特性而仅仅顾到数目的能力，而这种能力是长期的以经验为依据的历史发展的结果。和数的概念一样，形的概念也完全是从外部世界得来的"[1]。这些论述虽然是指数学中的数和形的概念，但对于了解形式美法则的来源也是有意义的。形式美法则来源于客观事物，而研究这些法则是为了创造更美的事物。形式美法则体现了人类审美经验的历史发展。在人类创造美的长期活动中，逐渐发展了人对各种形式因素的敏感，例如对线条、色彩、形体、声音等形式因素的敏感，并逐渐掌握了这些形式因素的特点。由于其他相联系的条件发生变化，这些形式因素的特点、意义也相应地发生变化，例如色彩是形式美的重要因素，也是美感的最普及形式。一般人认为红色是一种热烈兴奋的色彩，黄色是一种明朗的色彩，绿色是一种安静的色彩，白色是一种纯洁的色彩。人们对不同色彩所产生的不同感受是有一定生活根据的，因为在生活中红色常常使人联想到炽热的火焰、节日的彩旗、红润的笑脸……而绿色常常使人联想到幽静的树林、绿茵的草地、平静的湖水……黄色则使人联想到明亮的灯光、耀眼的阳光等。但是这些特性并不是凝固不变的。因为红色除了象征热烈，还包含着警惕等，在一定条件下红色还可以反衬环境的寂寞、寥落，如古诗云："寥落古行宫，宫花寂寞红。白头宫女在，闲坐说玄宗。"白色除了象征纯洁，还象征悲哀，所以确定某种色彩的特性不能脱离具体的条件。例如红色在一个姑娘的面颊上表现了一种健康的美，但是出现在鼻尖上就成为丑了。从色彩本身看，各种色彩的配

---

[1]《马克思恩格斯选集》(第3卷)，第77页。

合也会产生不同的效果。如白底上的黄色便显得黯淡无光,就像在白昼看见的一盏忘记关掉的路灯,完全失去了路灯在黑夜中所显示的明亮的效果。在红底上的黄色则显示出一种欢乐和明朗的特性。在文学艺术作品中还可以借色彩来象征、暗示人物的性格、品德等,如《红楼梦》中贾宝玉、林黛玉、薛宝钗各有自己的色彩。贾宝玉喜爱红色,是怡红院的主人,又是整个《红楼梦》的中心人物。林黛玉的"黛"有墨绿的含意,潇湘馆一片翠竹是她的性格的象征。薛宝钗含有金钗之意,她有一个金玉良缘的幻想,她特别看重金锁,金色是薛宝钗的色彩。不同的色彩体现了人的不同身份和个性。

在形体方面也存在一些不同的特性。如圆形柔和、饱满;方形则使人感到刚劲;立三角有安定感,倒三角有倾危感,三角顶端转向侧面则有前进感,高而窄的形体有险峻感,宽而平的形体有安稳感等。

在线条方面直线表现刚劲,如商代后母戊鼎。曲线表现柔和,如永乐宫壁画中仙女的衣纹。波状线表现轻快流畅,辐状放射线表现奔放,交错线表现激荡,平行线表现安稳等。荷加斯曾认为一切线条中最美的是曲线。实际上线条美不美要看它所处的条件,如果在一幅图画中表现挺拔的劲竹,用直线才能表现它的气势和力量,因此直线在这里就很美,如果用柔和的曲线来表现劲竹就不美了。人们对不同形式因素的感受不仅有一定的生活根据,还有其生理基础,如在声音的领域中人的感受与生理条件有着密切的联系。在音乐疗法中,不同乐曲的节奏旋律可以对人的心理和生理起调节作用。听优美、柔和、愉快、流畅而富有变化的乐曲(如《春江花月夜》《梅花三弄》),可以治疗心情不安、思绪紊乱。听乐观向上、热情自信、流畅舒展的乐曲(如《光明行》《喜相逢》),可以治疗精神忧郁。朱光潜曾以戏曲节奏为例说明艺术的形式美与人的生理活动的关系。

对上面这些形式因素的特性，一般人都能感受得到，特别是艺术家是非常敏感的。例如油画家对色彩的敏感，雕塑家对形体的敏感，音乐家对音响的敏感，他们非常熟悉这些形式因素，并将它们有规律地组合在一起，放出美的异彩。

第二节　形式美的主要法则

人类在创造美的活动中不仅熟悉和掌握了各种形式因素的特性，而且对它们之间的联系加以研究，总结出各种形式美的法则。这些形式美的法则并不是凝固不变的，形式美的发展有一个从简单到复杂，从低级到高级的过程。在各种形式美法则之间既有区别又有密切联系，现列举以下几种主要形式美法则加以说明：

1. 单纯齐一。或者叫整齐一律，这是最简单的形式美。在单纯中见不到明显的差异和对立的因素，如色彩中的某一单色，蔚蓝的天空，碧绿的湖面，清澈的泉水，明亮的阳光等，单纯能使人产生明净、纯洁的感受。齐一是一种整齐的美，如农民插秧，秧苗插得很整齐，保持一定的株距，首先是便于植物生长，同时也呈现出一种整齐的美。再如部队的游行行列，士兵的身材、服装、敬礼动作都很一致，加上每一个战士的精神状态都高度集中，这些特征也表现出一种整齐的美。反复即同一形式连续出现，反复也是属于整齐的范畴，反复是就局部的连续再现来说的，但就各个局部所结成的整体看仍属整齐的美，如各种二方连续的花边纹饰。齐一、反复能给人以秩序感，在反复中还能体现一定的节奏感。

2. 对称均衡。这里面出现了差异，但在差异中仍然保持一致。对称指以一条线为中轴，左右（或上下）两侧均等，如人体中眼、耳、手、足都是对称，但既是左右相向排列，也就出现了方向、位置上的差异。古希腊美学家曾指出："身体美确实在于各部分之间的比例对称。"[2]不少动物的正常生命状态也大都如此。人类早期的石器造型，表明当时从实用的需要出发已掌握了对称的形式。对称具有较安静、稳定的特性，对称还可以衬托中心，如天安门两侧对称的建筑，可以衬托天安门的中心地位。许多器皿的造型也是采取对称的形式。普列汉诺夫分析原始民族产生对称感的根源，指出人的身体结构和动物的身体结构是对称的，这体现了生命的正常发育，只有残疾人和畸形者的身体是不对称的。他还举出原始的狩猎民族，由于它们的特殊生活方式，形成"从动物界汲取的题材在他们的装饰艺术中占着统治的地位。而这使原始艺术家——从年纪很小的时候起——就很注意对称的规律"[3]。他举出"野蛮人（而且不仅野蛮人）在自己的装饰艺术中重视横的对称甚于直的对称"，这说明人所固有的对称感觉正是由人和动物的对称样式养成的。"武器和用具仅仅由于它们的性质和用途，也往往要求对称的形式。"[4]这一点对于说明形式美如何在实践中产生和发展有重要的意义。但是普列汉诺夫在分析形式美的根源时，主要归结为生物学上的原因，而没有从社会实践中深入探索形式美的根源。

均衡的特点是两侧的形体不必等同，均衡较对称有变化，比较自由，也可以说是对称的变体。有人把对称比作天平秤，两边相等；把均衡比作常用秤，一头挂锤，一头挂物，形体位置可以不等。均衡在静中倾向于动。如盆景五针松，左侧松枝略低并向外延伸，右侧两重松枝略高。左右松枝虽不同型，在量上却很接近，给人以均衡感。在云南省昆明市晋宁区石寨山出土的"西汉盘舞铜器"（图31）表现双人盘舞，昂

---

[2] 北京大学哲学系美学教研室编：《西方美学家论美和美感》，第14页。
[3] [俄] 普列汉诺夫：《没有地址的信 艺术与社会生活》，第42页。
[4] 同上书，第43页。

图 31　西汉盘舞铜器

首屈身,足踏巨蟒,体态生动、节奏强烈,在变化中又能保持均衡,呼应更为自由。如盆景一侧的山石较大,另一侧的山石较小,虽然形体大小悬殊,却相互照应。

3. 调和对比。调和与对比反映了矛盾的两种状态。调和是在差异中趋向于"同"(一致),对比是在差异中倾向于"异"(对立)。调和是把两个相接近的东西并列,例如色彩中的红与橙、橙与黄、黄与绿、绿与蓝、蓝与青、青与紫、紫与红都是邻近的色彩,在同一色中的层次变化(如深浅、浓淡)也属于调和。调和使人感到融和、协调,在变化中保持一致。如天坛的深蓝色的琉璃瓦与浅蓝色的天空和四周的绿树配合在一起,显得很调和。杜甫诗中有:"桃花一簇开无主,可爱深红爱浅红。"深红与浅红在一起也属于调和。对比是把两种极不相同的东西并列在一起，使人感到鲜明、醒目、振奋、活跃，如色彩中的红与绿、黄与紫、蓝与橙都是对比色。"接天莲叶无穷碧，映日荷花别样红"（杨万里），"万绿丛中一点红"这是红与绿的对比。黑与白也是一种强烈的对比，"白催朽骨龙虎死，黑入太阴雷雨垂"（杜甫），"黑云翻墨未遮山，白雨跳珠乱入船"（苏轼）。在这些诗句中运用黑白对比加强了意境中的色彩效果。有的画家利用白纸底色表现白鸡，由于巧妙地运用黑白对比，使人产生一种错觉，仿佛白鸡比白纸还要白。京剧中包公的脸谱在色彩上采用黑白对比，烘托了包公刚正不阿的性格。声音的对比如"蝉噪林愈静，鸟鸣山更幽"（王籍），最寂静的环境，是靠声音来烘托的。深夜的寂静往往靠室内的钟摆声，或窗前的虫鸣烘托出来的。还有形体大小的对比，如"会当凌绝顶，一览众山小"（杜甫）。

4. 比例。比例指一件事物整体与局部以及局部与局部之间的关系。例如我们平时所说的"匀称"，就包含了一定的比例关系。古代宋玉所说"增之一分则太长，减之一分则太短"（宋玉《登徒子好色赋》）就是指的比例关系。中国南朝的戴颙，是古代著名雕塑家戴逵的儿子，他年轻时就跟他父亲塑造佛像，精通人体的造型、比例。传说有这样一个故事："宋太子铸丈六金像于瓦棺寺，像成而恨面瘦，工人不能理，及迎颙问之。曰：'非面瘦，乃臂胛肥'。既铝减臂胛，像乃相称，时人服其精思。"（张彦远《历代名画记》）这里所说的形象的肥瘦，也就是宽窄的比例。为什么面部本来不瘦，而使人感觉瘦呢？这是由于臂胛过宽，相形之下面部才显得瘦。经过修改，把臂胛宽度削减，各部分的比例就合适了。所以人体各部分之间的比例关系，不仅影响整体形象，同时在局部之间也相互影响。突出的比例失调，便会产生畸形。在艺术创作中不能掌握正确的比例往往会产生形象的不真实。鲁迅曾批评一位画家石友如把工人的拳头画得比脑袋还大，形象不真实。鲁迅说："我以为画普罗列塔利亚应该是写实的,照工人原来的面貌,并不须画那拳头比脑袋还要大。"[5] 这里面除了反映画家对工人形象的理解上的问题外,也包含了掌握比例上的错误,所以使人感到形象不真实。徐悲鸿在画马时也重视躯体各部分的比例关系,他认为马颈不可太长。

什么样的比例才能引起人的美感呢?西方蔡辛认为黄金分割的比例最能引起人的美感。所谓黄金分割,即大小(宽长)的比例相当大小二者之和与大者之间的比例。列为公式是 a:b=(a+b):a,实际上大约是 5:3。书籍、报纸大多采用这种比例。蔡辛克还以黄金分割的定律来说明人体各部分的比例。他认为以肚脐为界把人体分成上下两部分:上部从头顶到咽喉,从咽喉到肚脐;下部从肚脐到膝盖,从膝盖到脚掌。这上下两部分中所包含的比例关系,都是黄金分割的关系。

我们认为在美的事物中所包含的比例关系是有条件的。因为人们在美的创造活动中都是按照事物的内在尺度来确定比例关系。黄金分割的比例里面虽然包含了一定合理的因素,因为这种比例关系较之正方形有变化,还具有安定感,但是也不能把这种比例硬搬到一切事物的造型中去。事实上人们在制造许多产品的时候,都是和人的一定目的、要求结合在一起的。例如在住宅中门的长宽比例便不一定符合黄金分割比例,而是和人体的比例大体相适应的。人在设计门的时候很自然地要考虑到人的活动要求,门太窄或太矮出入就不方便。在不同性质的建筑中对门的尺度要求也不完全相同,例如剧院的门往往在宽度上大大超过它的高度,因为这样便于人群的进出。

人体的匀称在比例关系上也不是绝对不变的。"增之一分则太长,减之一分则太短",这是就某一个人身材的匀称来说的,并不是说衡量一切人的身材是否匀称只有一个标准。正常发育的人体,各部分之间大体

---

[5] 鲁迅:《鲁迅论美术》,张望辑,人民美术出版社,1956 年,第 37 页。

保持一定的比例关系,如身高与头部的比例大约为7∶1,人在不同姿态中头部与身高的比例也在变化。如中国古代画论中有"立七、坐五、盘三半"的说法,这些都是一般的分析。在衡量每一个具体人的时候,还要结合他的体型、年龄等条件来考虑,矮而胖的人和瘦而长的人,他们在身体各部分的比例关系上是有区别的。

古代山水画中所谓"丈山、尺树、寸马、分人",也体现了对各种景物之间的比例关系的合理安排。

5. 节奏韵律。节奏韵律指运动过程中有秩序的连续。构成节奏有两个重要关系:一是时间关系,指运动过程;一是力的关系,指强弱的变化。我们把运动中的这种强弱变化有规律地组合起来加以反复便形成节奏。

在生活和自然中都存在节奏。普列汉诺夫曾说:"对于一切原始民族,节奏具有真正巨大的意义。"[6]他分析了原始民族觉察节奏和欣赏节奏的能力,这是在劳动过程中形成和发展起来的。原始人所遵照的节奏"决定于一定生产过程的技术操作性质,决定于一定生产的技术。在原始部落那里,每种劳动有自己的歌,歌的拍子总是十分精确地适应于这种劳动所特有的生产动作的节奏"[7]。非洲黑人对节奏有惊人的敏感,"划桨人配合着桨的运动歌唱,挑夫一面走一面唱,主妇一面舂米一面唱"[8]。他还引用巴苏托族的卡斐尔人的材料,"这个部落的妇女手上戴着一动就响的金属环子。她们往往聚集在一起用手磨自己的麦子,随着手臂有规律的运动唱起歌来,这些歌声是同她们的环子的有节奏的响声十分谐和的"[9]。原始音乐中的节奏往往是伴随劳动,为了协同动作,使劳动具有准确的节奏,还能起到减轻疲劳的作用。

---

[6][俄]普列汉诺夫:《没有地址的信 艺术与社会生活》,第38页。
[7]同上书,第39页。
[8]同上书,第37页。
[9]同上书,第37—38页。

在自然界中同样存在着节奏。郭沫若曾说:"本来宇宙间的事物没有一样是没有节奏的:譬如寒往则暑来,暑往则寒来,寒暑相推,四时代序,这便是时令上的节奏;又譬如高而为山陵,低而为溪谷,陵谷相间,岭脉蜿蜒,这便是地壳上的节奏。宇宙内的东西没有一样是死的,就因为都有一种节奏(可以说就是生命)在里面流贯着的。做艺术家的人就要在一切死的东西里面看出生命来,一切平板的东西里面看出节奏出来。"[10]郭沫若还具体分析了节奏的两种情况:一种是鼓舞的节奏,先抑后扬,如海涛起初从海心卷动起来,愈卷愈快,到岸边啪的一声打成粉碎。"立在海边上,听着一种轰轰烈烈的怒涛卷地吼来的时候,我们便禁不住要血跳腕鸣,我们的精神便要生出一种勇于进取的气象。"[11]郭沫若还引了他自己写的一首诗《立在地球边上放号》歌颂这海涛的有力的节奏,其中有这样的句子:

无限的太平洋提起他全身的力量来要把地球推倒,
哦哦,我眼前来了的滚滚的洪涛哟!
啊啊!不断的毁坏,不断的创造,不断的努力哟!
啊啊!力哟!力哟!
力的绘画,力的舞蹈,力的音乐,力的诗歌,力的Rhythm哟![12]

这诗的节奏同海涛的节奏一样有力,给人以鼓舞。

除了鼓舞的节奏外,还有沉静的节奏,先扬后抑,如远处钟声初扣时很强,曳着袅袅的余音渐渐地微弱下去,这种节奏给人以沉静的

---

[10] 郭沫若:《文艺论集》,人民文学出版社,1979年,第229页。
[11] 同上书,第232页。
[12] 同上书,第233页。

感受。

在艺术中节奏感更鲜明，特别是在音乐舞蹈中的节奏感更为强烈。在音乐中由于音响的运动的轻重缓急形成节奏，音乐的节奏一是指长短音的交替，一是指强弱音的反复。冼星海的《黄河船夫曲》，贺绿汀的《游击队之歌》，都有鲜明的节奏感。节奏感不仅存在于音乐之中，还存在于绘画、建筑、书法等艺术中。在绘画中节奏感表现在形象排列组织的动势上，如《清明上河图》在形象排列上由静到动，由疏到密，便形成一种节奏感。建筑中也是如此。梁思成分析过北京广安门外的天宁寺塔的结构，月台、须弥座、塔身、塔檐、尖顶都有节奏感。

在节奏的基础上赋予一定情调的色彩便形成韵律。韵律更能给人以情趣，满足人的精神享受。郑板桥所画的无根兰花，在形象的排列组合中所表现的那种充满情感的节奏，也就是韵律。

6. 多样统一。多样统一是形式美法则的高级形式，所产生的整体效果也就是和谐。从单纯齐一、对称均衡到多样统一，类似一生二、二生三、三生万物。多样统一体现了生活、自然界中对立统一的规律，整个宇宙就是一个多样统一的整体。多样体现了各个事物的千差万别，统一体现了各个事物的共性或整体联系。

多样统一是客观事物本身所具有的特性。事物本身的形具有大小、方圆、高低、长短、曲直、正斜，质具有刚柔、粗细、强弱、润燥、轻重，势具有疾徐、动静、聚散、抑扬、进退、升沉。这些对立的因素统一在具体事物上面，形成了和谐。布鲁诺认为整个宇宙的美就在于它的多样统一，这个物质世界如果是由完全相像的部分构成的就不可能是美的了，因为美表现于各种不同部分的结合中，美就在于整体的多样性。

多样统一法则的形成是和人类自由创造内容的日益丰富相联系的，人们在创造一种复杂的产品时要求把多种因素组合在一起，既不杂乱，又不单调。多样统一使人感到既丰富，又单纯；既活泼，又有秩序。这一基本法则包含了变化以及对称、均衡、对比、调和、节奏、比例等因素,所以一般都把多样统一作为形式美的基本法则。

多样统一的法则是美学中的一个重要问题,在中外美学史上一些人甚至把多样统一所造成的整体和谐视作美的定义。早在两千多年以前,中国古代乐论就提出了以和谐为美的思想。如《国语》中提到"声一无听,物一无文",这里所说的"一",有"单一""单调"

图32 米芾书"第一山"

的意思,就是说单调的声音和色彩引不起音乐的美感、色彩的美感。当声音的长短、高低、轻重等对立因素结合在一起,才能有音乐的美感。各种色彩相协调,"五色成文而不乱",才能引起色彩的美感。中国古代书法理论中的"违而不犯,和而不同",意思是统一而不单调,变化而不杂乱。如果在书法中过于整齐,失去变化,如同"算子"般划一,便失去了意趣。所以王羲之在书论中提出:"若平直相似,状如算子,上下方整,前后齐平,此不是书。"[13]因此艺术家往往追求"不齐之齐",在参差中求整齐。在泰山岱庙内有一块石碑,上刻米芾书写的"第一山"(图32)三个大字:"第"字写得长而狭窄,是纵势,用笔较瘦劲,有如

---

[13] 北京大学哲学系美学教研室编:《中国美学史资料选编》(上),第173页。

高耸入云的山峰；"一"字则变为横势，显得很开阔，用笔较雄浑、厚重；"山"字则写得对称、平正，使人有"稳如泰山"之感。每个字在结构和用笔上都富有变化，但又能保持统一，取得整体和谐的艺术效果。明代袁宏道曾讲花的整齐在于意态天然，又说诗文的整齐也是如此。"如子瞻之文，随意断续，青莲之诗，不拘对偶，此真整齐也。"[14]在古希腊也提出过类似的思想，"和谐起于差异的对立"（毕达哥拉斯派），"自然是由联合对立物造成最初的和谐……艺术也是这样造成和谐的……绘画在画面上混合着白色和黑色、黄色和红色的部分，从而造成与原物相似的形相。音乐混合不同音调的高音和低音、长音和短音，从而造成一个和谐的曲调"（赫拉克利特）。文艺复兴时期阿尔伯蒂在论述建筑艺术时也曾说，美就是各部分的谐和。

　　多样统一的法则在艺术创作及现实生活中被广泛地运用，特别是在艺术美中起着重要作用。例如五代顾闳中的《韩熙载夜宴图》就是运用多样统一法则的例子。画中琵琶演奏部分，人物表情都集中在"听"上，但每个人听的表情、姿态、服饰各有不同，有的侧首，有的回眸，有的倾身，有的凝神。不但面部表情不同，每个人的手的动作也不同。韩熙载的手自然下垂与他凝神静听的面部表情协调一致，表现了贵族的雍容沉静。与韩熙载同坐在床上穿红衣的青年，看来是一个感情易于激动的人，右手支撑向前倾斜的身体，左手抚膝，表现出演奏对他的强烈的吸引。正中的中年人完全沉醉在音乐的意境中，头微侧，双手合在胸前，仿佛在内心发出赞叹。左侧靠近演奏者的一人，蓦然侧首回顾演奏者，表现出惊赞的神情。他的右侧看来像是三个艺人，全是侧身回顾，依人物高矮，从上而下，形成一个斜坡，把注意力都倾注到演奏者的手上。屏风后面的侍女，手扶屏风半遮面，也在暗自欣赏这美妙的音乐。所有

---

[14] 北京大学哲学系美学教研室编：《中国美学史资料选编》（下），第158页。

图 33　达·芬奇《最后的晚餐》(局部)

这些细节表现都统一在倾听上,但根据每个人地位、身份、性格的不同,都有不同的特点。个性是多样的,所以画面上丰富而不杂乱,统一而不单调,给人以真实感。

达·芬奇《最后的晚餐》(图33),也是运用多样统一法则的例子。这幅画借宗教题材反映了文艺复兴时期人文主义者在反封建斗争中对善的赞美。耶稣是作为"善"的化身,这幅画表现了耶稣在殉难前的崇高精神。画面上耶稣坐在中心,这是他生前和门徒一起最后一次进晚餐,耶稣对在座的十二个门徒说:"你们中间有一个人将出卖我。"这句话就像一块石头投入平静的水面,掀起了波澜,引起了每个人的不同反应。有的关心,有的同情,有的悲伤,有的愤慨,有的痛惜,有的追究,有的震惊。叛徒犹大表现出畏缩和恐慌,侧身一手紧握钱袋,面部隐藏在阴影中,由于紧张碰翻了案上的罐子。从构图上看耶稣的左右两侧,各安置了两组人,每组三人,姿态表情都不一样,并把各种人物性格统一在一个具体的情节中。在构图上也体现了多样统一,如动与静的统一,耶稣倾向于静，两侧人物倾向于动。还有明与暗的统一，耶稣背后是一面明亮的门窗，由于明暗对比，耶稣的形象很醒目。两侧门窗都是对称的，增强了耶稣所处的中心位置，并使得动荡的画面有一种安定感。

从这幅画的创作可以看出，要在创作中真正做到多样统一，并不是一个简单的画面安排的问题，画家不仅需要对主题有深刻的理解，还需要有坚实的生活基础。达·芬奇为了画这幅画曾深入生活，研究了多种人的身姿、面貌，为了画犹大他差不多用了一年的时间，经常到无赖汉聚集的地方去观察，寻找类似犹大性格特征的人做模特儿。

过去一些画家也选用"最后的晚餐"的题材，但是在思想性、艺术性上都远不如达·芬奇的作品。例如有的画家所画的《最后的晚餐》，每个门徒漠然地坐着，缺乏激情，人物表情姿态缺少变化。背景与人物也缺少有机联系，为了区别犹大和其他十一门徒，有的画家不是在性格刻画上下功夫，而是采用贴标签的办法，在犹大头上不画圣光，在其他十一个门徒头上画了圣光，并且把犹大坐的位置，放到餐桌的另一侧。这样的作品缺少多样统一，显得很死板，也不真实。

北京颐和园前山富丽，开阔，多人工雕琢之美；后山幽静，深远，多天然野趣。在局部的建筑中也体现了多样统一，梁思成认为颐和园长廊（图34）在美学上体现了"千篇一律与千变万化"的结合。千篇一律是指统一，千变万化是指多样。长廊全长728米，有如系在昆明湖与万寿山之间的一条彩带。它的结构和装饰都是在变化中求统一，最明显的是廊内梁枋上的油漆彩画，共有14000多幅，但没有一幅是重复的。里面有人物画、山水画、花鸟画，都做了有秩序的相间的安排，随着长廊空间的变化，画的大小样式也相应地变化，游人在长廊一边漫步，一边欣赏，不时还可坐下歇歇，眺望昆明湖的风光，使人乐而忘倦。长廊的道路还存在微妙的起伏和曲直的变化，但长廊在变化中又能保持统一，如廊内等距离的柱和枋，一纵一横，在廊的两侧和上方，有秩序地

图 34　颐和园长廊

反复,形成一种轻快的节奏,通过透视关系柱与枋、路面在远方融会在一起,使人产生一种柔和的音乐感。长廊的精心设计使人感到变化而不杂乱,统一而不单调。梁思成还画过一幅《长廊狂想曲》,长廊的柱子一根方,一根圆,一根直,一根曲,有的还饰以蟠龙……五花八门,虽多变化,又无条理,这幅画可以理解为对长廊整体和谐的一种反衬。

故宫是我国劳动人民智慧的结晶,庞大的建筑群也显示了整体的和谐。在形体、空间、色彩等方面采用了一系列的对比手法,造成了一种多样的统一。例如:

1. 大与小对比。如在宏伟的天安门城楼下,巧妙地安置了两间火柴盒子式的小屋,这小屋除了特定的用途外,在艺术上起着对天安门的烘托作用。在高耸的午门前也安置有类似的两间小屋。这种对比虽然并不改变天安门原有的体积，但是可以使人对天安门的宏伟产生更强烈的感受，就像在巨大的金字塔旁边衬托几个芝麻大小似的游人，经过大小对比更显出金字塔的巨大。

2. 高与低对比。为了烘托太和殿的崇高，周围采用了低矮连续的回廊，这种回廊是由汉代的廊院、唐代的廊庑逐渐演变而来。在建筑中通过高低对比可以使主要建筑物表现突出。

3. 宽与狭对比。这是一种欲放先收的手法。从正阳门到太和殿所形成的狭长空间与太和殿前广阔的空间形成强烈对比。在中国的草书中经常运用这种欲放先收的手法。例如草书《自叙帖》中，怀素开始叙述他的身世，用笔平缓，字形较小，写到后面随着情感的变化，字形愈来愈开展奔放，表现高潮的地方一个字所占的空间比几个字加在一起都大。

4. 明与暗对比（或冷色与暖色的对比）。故宫在色彩上给人的强烈印象是金碧辉煌。金黄色的琉璃瓦与以青绿色为基调的檐饰相对比，在蓝天、白云的辉映下显得非常辉煌。

5. 繁与简对比。雕梁画栋，镂金错彩，这就是繁。在太和殿内的各种陈设都是精雕细刻，屋顶藻井的各种图案更是细密繁复。这和殿外大面积的单色红墙以及黄色琉璃瓦屋顶形成一种繁简的对比。

6. 动与静对比。建筑本身是静止的，但由于形体的变化却呈现出流动感，有序曲、有高潮、有尾声。正阳门是序曲，太和殿是高潮，景山是尾声。形体高低错落，空间大小纵横，好像音乐中的节奏和旋律。从景山顶上眺望故宫，屋顶高低起伏好像一片金黄色的波涛。

7. 方与圆、曲与直的对比。在造型上注意方圆变化，如天安门、端门的门洞是圆形，而午门南端的门洞是方形。这种方圆的变化又是与建筑的特定性质相联系（午门较威严，用方门与整个建筑的气势很和谐)。

在故宫笔直的中轴线上穿插了弧形的金水河，环绕于太和殿南边。

上面所说的这些大与小、高与低、宽与窄、明与暗、繁与简、动与静、方与圆等对立因素的统一，造成了一种和谐的美。

关于多样怎样才能达到统一，而不致产生杂乱，以及多样统一需要什么条件，这里想说明两种情况：

1. 主从关系。在许多形式因素中有一个中心，各种形式因素都围绕这个中心组织安排，形成一种秩序。最明显的例子是敦煌石窟中的图案，在石窟中从窟顶到墙根，都画满了各种图案，真是灿若铺锦。但是这种繁密的图案装饰却一点也不显得杂乱。因为它的色彩、形状是有规律地组合在一起的，在窟顶有一朵莲花作为中心，其他图案都是环绕这个中心由内向外一圈一圈地扩大，每一圈图案的造型和色彩都有变化，使你感觉四面的图案在由外向内收缩，把你的注意力引向窟顶的莲花形象。这种有规律的组合，能在变化中显出秩序，使人感到多而不乱。

2. 生发关系。这种关系就像树根和树干、树枝、树叶的关系，很多东西都是由一个形象生发出来的。例如前面所举的顾闳中《韩熙载夜宴图》，其中不同人物的表情、姿态，都是由听弹琵琶这个情节引发出来的。

多样统一形成了整体的和谐，一切局部都从属于整体，局部的魅力是在整体中显示出来，同时在整体中又保持了局部的相对独立性。

上述形式美法则说明，人类在长期实践中自觉地运用形式规律去创造美的事物，并在美的创造中积累愈来愈丰富的经验。形式美的法则概括了现实中美的事物在形式上的共同特征，研究形式美是为了培养我们对形式的敏感，推动美的创造，以便使形式更好地表现内容，达到美的形式与美的内容高度统一。

这些法则不是凝固不变的,随着美的事物的发展,形式美的法则也在不断发展。特别在形式美的运用上,形式美应当有助于美的创造,而不是束缚美和艺术家的创造。《石涛画语录》曾说:"至人无法,非无法也,无法而法,乃为至法。"这是说高明的艺术家不是把形式法则看作凝固不变的东西,而是善于根据创作的具体要求灵活运用形式法则。例如在绘画构图上,一根横线使人感到开阔、平静。东山魁夷的《湖》,一根平行线横贯画面,加上湖面的倒影,显得特别安静、开阔、明净。版画《万水千山只等闲》,在崇山峻岭间加上几条平行的横线,显出铁路的平稳和安定感。一根竖线则使人感到挺拔,挺直的古松劲竹使人感到一种顶天立地的气势,如管桦画的一幅挺直的劲竹,艾青在画上有一段题词:"我喜欢管桦的诗,也喜欢管桦的画,不论他的诗和画都给人以豪爽的感觉,这是他的性格。"一条扭曲的线,可以表现出一种挣扎的动势,如米开朗基罗的雕塑《挣扎的奴隶》。扭曲的线也可以表现内心极度的痛苦,如珂勒惠支的作品《面包》中的母亲形象,古希腊的雕塑《拉奥孔》等。波状线使人感到流动,柔和的曲线使人感到优美,如维纳斯的体态成S形。大足石刻水月观音又叫"媚态观音",媚态也是靠体态的曲线来表现的。一束放射线使人感到奔放,如董希文的《千年土地翻了身》。一组交叉线可以增强激荡感,如王式廓的《血衣》,在总的构图上群众的排列是采用交错线。等腰三角形,侧重于底线可以表现稳定(如金字塔),侧重于顶端可以表现升腾,如席里柯的画《梅杜萨之筏》(图35)的构图。一个横放的三角形可以表现前进(如珂勒惠支的版画《农民暴动》),一个倒置的三角形则表现出不稳定。

　　这说明艺术美离不开艺术形式,而创造完美的艺术形式是需要自觉地运用形式美的法则,但又不能乱套僵死的"法规"。

图35　席里柯《梅杜萨之筏》

思考题

1. 什么是形式美，怎样理解形式美的根源及其相对独立性？

2. 什么是形式美的法则，在美的创造中有什么意义，如何灵活运用这些法则？

第十章
优美与崇高

优美与崇高是美的两种不同形态,即美的两种不同种类。如风和日丽与狂风暴雨,这是两种不同形态的美。这两种不同形态的美,给我们的审美感受也是不同的。前者给我们心旷神怡的审美愉悦,后者给我们的却是无限的力量感觉,可以扩大我们的精神境界和审美享受。前者叫优美,后者叫崇高(或壮美,或伟大)。中国的传统美学亦分为阳刚之美与阴柔之美。

第一节 优美与崇高的对比

我们平时所说的美,一般指的是优美。优美的特点是:美处于矛盾的相对统一和平衡状态,优美在形式上的特征表现为:柔媚、和谐、安静与秀雅。从美感上看,优美能给人以轻松、愉快和心旷神怡的审美感受,如风和日丽、鸟语花香、莺歌燕舞,或是山明水秀、湖平如镜、倒影清澈的自然景色,或是夕阳西下,一脉金晖斜映在山头水面,或是在蔚蓝的天空里略微闪耀着一点淡淡金色。这些都是优美,给人以和谐、安静的审美享受。杜甫有诗句:"细雨鱼儿出,微风燕子斜。"

春天下着毛毛细雨,鱼儿都游到水面上来了;微微的春风里,燕子在轻快地飞翔。这景色表现出诗人愉悦的情感,充满了优美的诗情画意。再如,晏殊的《寓意》诗:"梨花院落溶溶月,柳絮池塘淡淡风。"在一个春风和煦的夜晚,"溶溶月"和"淡淡风"多么柔和与优美呀!韩愈咏桂林山水的诗有两句是:"江作青罗带,山如碧玉簪。"韩愈用"碧玉簪"和"青罗带"来形容桂林山水的优美再恰当不过了。

在人物形象方面,如刀美兰在舞蹈《水》中,塑造了一位西双版纳的傣族妇女的优美形象,表现了傣族姑娘在劳动后的汲水、戏水、沐浴的情景。舞蹈通过一些生动的细节,表现出浓郁的生活气息和东方色彩,抒发了舞中人物的喜悦、欢快的感情。

在西方古代艺术中的不少艺术形象,如古希腊的雕塑维纳斯,文艺复兴时期的达·芬奇《蒙娜丽莎》、拉斐尔《椅中圣母》中的人物也都是属于优美形象。总之,优美的特点是主体与客体处于相对统一的宁静、柔和的状态。

如果说优美是主客体处于相对统一状态的话,那么,崇高的特点是:美处于主客体的矛盾激化中。崇高具有一种压倒一切的强大力量,是一种不可阻遏的强劲的气势。崇高在形式上往往表现为一种粗犷、激荡、刚健、雄伟的特征,给人以惊心动魄的审美感受。在社会生活中,崇高通过艰苦的斗争和实践,展示出人在改造社会中的巨大力量。由于斗争的艰苦性,在矛盾的激化中显示出英雄人物的坚强性格和人的本质力量,特别是为了社会的进步,主体实践发挥着巨大的威力。对象愈加惊人得可怕,愈加阻碍着实践力量的发挥,愈加考验实践主体力量的伟大。如"七七"事变后,日本侵略军对坚持东北游击战争的抗日武装力量施加了更大的压力,杨靖宇将军率领的一方面军在长白山区坚持抗日。由于叛徒告密,暴露了部队活动方向,日军满山遍野疯狂追袭,日夜搜索,大小路口都为日军封锁,杨靖宇将军在森林里坚持奋战五昼夜,他几处受伤,加上腹中饥饿,精疲力竭,又与跟踪而至的日伪军相遇,但他毫无惧色,倚着大树,双手开枪,顽强抵抗。敌人狂喊:"放下武器,保留性命,还能富贵。"杨靖宇将军却挺身高呼:"最后胜利是中华民族的!"这样光辉的民族英雄形象正是崇高的集中表现,正如一首东北民歌所歌颂的:

> 十冬腊月天,松柏枝叶鲜,
> 英雄杨靖宇,长活在人间。

葛洲坝的雄伟工程,狂风暴雨中的海燕,搏击长空的雄鹰,也都显示了壮美,给我们一种崇高感。在崇高与优美的对比中,我们可以看出,崇高是一种庄严、宏伟的美,是一种以力量和气势取胜的美,是一种显示主体实践严重斗争和动人心魄的美,又是一种具有强烈的伦理道德作用的伟大的美。李大钊曾在早期写过一篇论文,题目是《美与高》,对优美与崇高的特征做了分析。他说:"所谓美者,即系美丽之谓;高者,即有非常之强力。假如描写新月之光,题诗以形容其景致,如日月如何之明,云如何之清,风又如何之静。夫如是始能传出真精神,而有无穷乐趣,并不知此外之尚有可忧可惧之事,此即美之作用。又如驶船于大海之风浪中,或如火山之崩裂,最为危险之事。然若形容于电影之中,或绘之于油画,亦有极为可观之处。而船中人之惊怖,火山崩裂焚烧房屋之情形,亦足露于图中,令人望之生怖,此即所谓高。"[1] 又说:"美非一类,有秀丽之美,有壮伟之美。前者即所谓美,后者即所谓高也。"[2] 在美学史上对崇高与优美的特征也有过不少生动的论述。如中国 18 世纪的姚鼐,在论述阴柔之美与阳刚之

---

[1] 李大钊:《李大钊诗文选集》,人民文学出版社,1981 年,第 114 页。
[2] 同上书,第 116 页。

美时，生动描绘了："其得于阳与刚之美者，则其文如霆，如电，如长风之出谷，如崇山峻崖，如决大川，如奔骐骥；其光也，如杲日，如火，如金镠铁；其于人也，如凭高视远，如君而朝万众，如鼓万勇士而战之。其得于阴与柔之美者，则其文如开初日，如清风，如云，如霞，如烟，如幽林曲涧，如沦，如漾，如珠玉之辉，如鸿鹄之鸣而入寥廓；其于人也，谬乎其如叹，邈乎其如有思，暖乎其如喜，愀乎其如悲。"[3] 这里所说的阳刚之美与阴柔之美即是崇高与优美，在西方美学史上，这种研究也是有很多的，如英国经验主义美学家博克，他在比较崇高与美时说："崇高的对象在它们的体积方面是巨大的，而美的对象则比较小；美必须是平滑光亮的，而伟大的东西则是凹凸不平和奔放不羁的；美必须避开直线条，然而又必须缓慢地偏离直线，而伟大的东西则在许多情况下喜欢采用直线条，而当它偏离直线时也往往作强烈的偏离；美必须不是朦胧模糊的，而伟大的东西则必须是阴暗朦胧的；美必须是轻巧而娇柔的，而伟大的东西则必须是坚实的，甚至是笨重的。"[4] 在这里，崇高与优美形成了强烈的对比。

优美即是一般所说的美，这种美在前面已经谈得很多。下面我们着重谈一谈崇高的问题。

第二节　美学史上对崇高的探讨

中国早在先秦时代，就有"大"这一美的形态。"大"是伟大的意思，也就是崇高。孔子《论语·泰伯》说："大哉！尧之为君也。巍巍乎！唯天为大，唯尧则之。"用现在的话来说："真伟大呀！尧这样的

---

[3] 北京大学哲学系美学教研室编:《中国美学史资料选编》(下)，第369页。
[4]《古典文艺理论译丛》(第5册)，人民文学出版社，1963年，第65页。

君主。多么崇高呀！只有天，才是最高大的，只有尧，才能效法天。"这就是说，尧的品德像天一样伟大，老百姓真不知道如何赞美他才好。在孔子那里，"大"还和道德品质的完美混杂在一起。到了孟子的时候，"大"虽然有道德伦理的意义，但与道德伦理意义又有所不同。这就是孟子所说的："充实之谓美，充实而有光辉之谓大。"[5] "充实"，即充实仁、义、礼、智等道德品质，"使之不虚"。所谓"大"，不仅指充实道德品质，而且要发扬光大。这不仅把"美"与"大"区别开来，而且指出"大"是在"美"的基础上产生，而又具有"光辉"的境界。在孟子看来"大"是"美"的发展而又不同于"美"，这在当时确实丰富了"大"的形态。庄子虽然在美丑的问题上持相对主义的态度，甚至最后否定了美与丑的客观存在，但在"美"与"大"的问题上则做了明确的区分。他在《天道》篇中"舜问于尧"的一段谈话里说："美则美矣，而未大也。"在这里"美"与"大"是两个不同的概念，这是一目了然的。什么是"大"呢？天与地是最伟大的了。他说："夫天地者，古之所大也，而黄帝、尧、舜之所共美也。"[6] 在庄子看来，天与地都是最伟大的，而又是最美的。"美"与"大"既是有区别的，又是有联系的。由此可见，在中国古代"大"是美的一种崇高形态，二者总是联系而不可分的。

在西方美学史上，古罗马的朗吉弩斯在《论崇高》中最早使用"崇高"这一范畴。他是从修辞学的角度，而不是作为美的一种形态加以论证的。他说："所谓崇高，不论它在何处出现，总是体现于一种措辞的高妙之中，而最伟大的诗人和散文家之得以高出侪辈并在荣誉之殿中获得永久的地位总是因为有这一点，而且也只是因为有这一点。"[7]

---

[5] 北京大学哲学系美学教研室编：《中国美学史资料选编》（上），第23页。
[6] 同上书，第33页。
[7]《文艺理论译丛》1958年第2期，第34页。

这虽是从修辞学的角度论证崇高，但可以看出崇高对诗人和散文家的重要意义。他又说：崇高"产生一种激昂慷慨的喜悦，充满了快乐与自豪"，"一般说来，我们可以认为永远使人喜爱而且使一切读者喜爱的文辞就是真正高尚和崇高的"。[8] 真正崇高的文辞，是可以产生激昂慷慨、快乐与自豪的。

18世纪的英国经验主义者博克，详细地研究了崇高与美的不同特点。他认为人的所有情感都可以归结为两大类，就是自我保全和相互交往。属于自我保全的一类情感，主要是与危险和痛苦相关。它不能产生积极的快感，相反，倒会引起一种明显的痛苦或恐惧的感觉，由于危险和痛苦的消失，也会产生一种愉悦。这种愉悦是由痛感转化而来的，这就是崇高感的起源，产生这种情感的东西就被称为崇高。属于相互交往的一类情感，主要与爱联系在一起，所产生的是积极的快感，这就是美感的起源，凡能产生这种积极快感的东西，就是美的。

因此，他认为崇高而伟大的对象会引起我们的惊异情绪，并带有某种程度的痛苦或恐怖之感。但不是随便哪一种痛苦或恐怖之感都能产生崇高的对象，只有当危险或痛苦与人隔着一定的距离，不能加害于人的时候才能产生。所以，他说："当危险或痛苦发生的影响过于接近时，它们不能造成任何喜悦，只会令人恐怖。但是当隔着一定距离，存在着一定的改变时，它们是能够而且事实上常常是令人喜悦的。"[9] 这种常常令人喜悦的情感就是崇高感。

康德在《判断力批判》的《崇高的分析》中，认为崇高的特征是"无形式"，即对象的形式无规律、无限制或无限大。而美的形式是有规律、有限制的。所以康德认为："它们（按指自然里的崇高现象）却更多地是在它们的大混乱或极狂野、极不规则的无秩序或荒芜里激引

---

[8]《文艺理论译丛》1958年第2期，第37页。
[9] 转引自《现代文艺理论译丛》(第6辑)，人民文学出版社，1964年，第10页。

起崇高的观念，只要它们同时让我们见到伟大和力量。"[10] 这里所说的"大混乱"或"极狂野"、"无秩序"或"荒芜"之所以能激引起崇高观念，就是因为它们是"无形式"（相对于美的形式来说），"无形式"会使人得到无限性的感受，这就是崇高的表现。

美是想象力与知性的和谐统一，会产生比较安宁平静的审美愉悦之感。崇高则是想象力与理性互相斗争，产生比较强烈的激动、震荡的审美感受。崇高感是由痛感转化而来的，它是一种仅能间接产生的愉快。如我们欣赏暴风雨时，暴风雨对我们的生命有威胁，但我们知道我们是处在安全地带，不在暴风雨中，没有任何威胁，于是生命力洋溢迸发，崇高感就产生了。因此，康德得出结论说："对于崇高的愉快不只是含着积极的快乐，更多地是惊叹或崇敬，这就可称作消极的快乐。"[11]

康德把崇高分为两种：一种是数学的崇高；一种是力学的崇高。数学的崇高是指对象的体积和数量无限大，超出人们的感官所能把握的限度。但是审美有一个饱和点，是感官所掌握的极限，如果对象的体积超过了这个极限，我们就不再把它作为一个整体来把握了，但我们的理性却要求见到对象的整体。虽然想象力不能超出极限，对象不能作为一个整体来把握，但是理性却要求它作为一个整体来思维。因此，崇高只是理性功能弥补感性功能（想象力）不足的一种动人的愉快。这种理性功能弥补感性功能的不足，只能是在主观心灵世界里，而不能在真实的感性的客观世界里。所以，"真正的崇高只能在评判者的心情里寻找，不是在自然对象里"[12]。

力学的崇高表现为一种力量上的无比威力，如"高耸而下垂威胁

---

[10]［德］康德:《判断力批判》（上卷），宗白华译，商务印书馆，1964年，第85页。
[11] 同上书，第84页。
[12] 同上书，第95页。

着人的断岩,天边层层堆叠的乌云里面挟着闪电与雷鸣,火山在狂暴肆虐之中,飓风带着它摧毁了的荒墟,无边无界的海洋,怒涛狂啸着,一个洪流的高瀑,诸如此类的景象,在和它们相较量里,我们对它们抵拒的能力显得太渺小了。但是假使发现我们自己却是在安全地带,那么,这景象越可怕,就越对我们有吸引力"[13]。这就是说自然的力学崇高,以其巨大无比的威力作用于人的想象力,想象力无从适应而感到恐惧可怕,因而要求理性观念来战胜它和掌握它,从而发现我们自己"是在安全地带",由想象的恐惧痛感转化为对理性的尊严和勇敢的快感。通过想象力唤起人的伦理道德的精神力量而引起了愉快,这种愉快是对人自己的伦理道德力量的愉快。所以,崇高的审美判断最接近伦理道德的判断。

康德认为,崇高是人对自己伦理道德的力量、尊严的胜利的喜悦,是与理性观念直接相联系。因此,人必须有众多的"理性观念"和一定的文化修养,才能对崇高进行欣赏。欣赏崇高需要有更多的主观条件,因此,崇高比美更具有强烈的主观性。"所以那对于自然界里的崇高的感觉就是对于自己本身的使命的崇敬,而经由某一种暗换付(赋)予了一自然界的对象。"[14] 自然对象本身没有崇高的性质,是我们通过"暗换付(赋)予"了自然界的。这说明康德的崇高观完全是主观唯心主义的。

黑格尔从客观唯心主义出发,认为崇高是绝对理念大于感性形式。他说:"自在自为的东西(绝对精神)初次彻底地从感性现实事物,即经验界的个别外在事物中净化出来,而且和这种现实事物明白地划分开来,这种情况就要到崇高里去找。"[15] 为什么要到崇高里去找呢?因

---

[13][德]康德:《判断力批判》(上卷),第101页。
[14]同上书,第97页。
[15][德]黑格尔:《美学》(第2卷),第78页。

为崇高就是理念大于形式。自在自为的东西即绝对精神或绝对理念，从感性现实，个别外在的事物"净化"出来，而与它划分开来。就是说这种自在自为的东西，在感性的个别事物中找不到真正能表达它形象的东西（打个比方说，黑格尔的绝对理念就好像宇宙的浩渺，很难在一个具体事物中表现出来）。所以，"崇高一般是一种表达无限的企图，而在现象领域里又找不到恰好能表达无限的对象"[16]。无限即自在自为的东西，现象领域即经验界个别的有限的事物。所以，在这个领域里不可能找到表现无限性的对象。按其本性说，无限性超越出通过有限事物的表达形式，也就是在有限事物中容纳不下理性的内容。"因此，用来表现的形象就被所表现的内容消灭掉了，内容的表现同时也就是对表现的否定，这就是崇高的特征。"[17] "被所表现的内容消灭掉了"，或"就是对表现的否定"，即崇高的绝对理念的内容大于或压倒感性的表现形式，绝对理念的内容与感性的现象界相对立，这就是崇高的特征，"崇高一般是一种表达无限的企图"，因此，崇高的内容就是绝对的理念。他不同意康德把崇高看作理念、理性、观念之类的主观因素，但却把崇高的来源建立在绝对理念上，绝对理念在黑格尔那里是客观唯心主义的根本命题。绝对理念本来是理念、理性等主观观念，但黑格尔把它说成绝对的、客观的。因此，他们在崇高问题上的分歧，不过是主观唯心主义与客观唯心主义的不同而已。

黑格尔认为，美是理念的感性显现，崇高则是理念大于或压倒形式。在美与崇高里都是以理念为内容，以感性的表现为形式，不过这两种因素只是表现不同。在美里内在因素即理念渗透在外在的感性的现实里，成为外在现实的内在生命，使内外两方面相互配合、相互渗透，成为和谐的统一体。崇高却不然，用来表现理念的"呈现于观照

---

[16] [德] 黑格尔：《美学》（第 2 卷），第 79 页。
[17] 同上书，第 80 页。

的外在事物被贬低到隶属"的地位，内在意义并不能于外在事物里显现出来，而是要溢出事物之外。尽管美与崇高有所不同，但是崇高是美的一种形态。在这里黑格尔抓住了美与崇高的内在联系。

车尔尼雪夫斯基首先批判了流行的，也就是黑格尔关于崇高的两个定义：一个是"崇高是理念压倒形式"；一个是"崇高是绝对的显现"。他认为"理念压倒形式"这条定义并不适用于崇高，而结果只能得出"朦胧的模糊的"和"丑"的概念。丑、模糊与崇高的概念是完全不同的。"固然，如果丑的东西很可怕，它是会变成崇高的；固然，朦胧模糊也能加强可怕的或巨大的东西所产生的崇高的印象"，但丑的或模糊的东西并不总是产生崇高的效果和印象，"不是每一种崇高的东西都具有丑或朦胧模糊的特点；丑的或模糊的东西也不一定带有崇高的性质"。[18] 这说明崇高和丑的、模糊的东西没有必然的内在联系。

"绝对"或"无限"是一个意思，在黑格尔那里"绝对"或"无限"都是观念。关于第二条定义可以说是"崇高是'无限'的观念的显现"。但是，"无限"的观念不论怎样理解它，并不一定是或者从来不是与崇高的观念相联系的。车尔尼雪夫斯基认为："第一，我们觉得崇高的是事物本身，而不是这事物所唤起的任何思想；例如，卡兹别克山的本身是雄伟的，大海的本身是雄伟的，凯撒或伽图个人的本身是雄伟的。"[19]"第二，我们觉得崇高的东西常常决不是无限的而是完全和无限的观念相反。"[20] 例如勃朗峰或卡兹别克山是崇高的、雄伟的，但绝不是无限的或不可测量的。在自然界里，我们没有看到过任何真正称为无限的东西，"无限"的条件或许反而不利于崇高所产生的印象。

---

[18][俄]车尔尼雪夫斯基：《车尔尼雪夫斯基选集》（上卷），第13页。
[19] 同上书，第15页。
[20] 同上书，第16页。

那么，到底什么是崇高呢？车尔尼雪夫斯基认为，一件事物较之与它相比的一切事物要巨大得多，那便是崇高。"一件东西在量上大大超过我们拿来和它相比的东西，那便是崇高的东西；一种现象较之我们拿来和它相比的其他现象都强有力得多，那便是崇高的现象。""更大得多，更强得多——这就是崇高的显著特点。"[21] 车尔尼雪夫斯基关于崇高的定义，强调了崇高在客观事物本身，而不是观念或"无限"所引起的。他认为崇高的东西，比其他一切事物都要巨大得多、强有力得多，这就是崇高的特点，但是，由于对崇高的定义主要是从形体大小着眼，只是一种"量"上的分析，所以，它远没有关于美的定义的内容丰富和影响深远。在关于美的定义中，他强调要"依照我们的理解应当如此的生活"来衡量美，包含了美的理想，并由此而引起论述美感的阶级差异（如农夫和贵族对少女的不同美感）和时代差异（一代有一代美，旧美灭亡，新美诞生），这都是难能可贵的。而关于崇高的定义中就缺乏类似的论述，这使得这个定义停留在旧唯物主义直观性上。所谓崇高的事物要巨大得多、强有力得多，显得十分空泛而无具体的、历史的内容，忽略了与人类的社会实践的关系。

第三节 崇高的表现

崇高是美的一种表现形态，是事物的一种客观性，它来源于人类的社会实践，直接或间接与社会实践有着一定的联系。崇高美不仅比优美有特殊的威力，而且有使人更高尚的特点，它能提高和扩大人的精神境界，激发实践主体的巨大的潜在能力，使人感觉到高临在平庸

---

[21]［俄］车尔尼雪夫斯基:《车尔尼雪夫斯基选集》(上卷)，第18页。

和渺小之上，促使人去和卑鄙做斗争。鲁迅说："养肥了狮虎鹰隼，它们在天空，岩角，大漠，丛莽里是伟美的壮观，捕来放在动物园里，打死制成标本，也令人看了神旺，消去鄙吝的心。"[22] 崇高和美有着不可分割的联系，如对一种行为做审美评价时，我们既可以说是美的，又可以说是崇高的。对那种大公无私、全心全意为"四化"建设而英勇斗争的行为，我们不是既可以说是美的又可以说是崇高的吗？可见崇高和美有一致性，但崇高是在艰苦环境中，显示出主体实践的顽强、英勇的斗争，它是美的一种更壮丽、更雄伟、更高尚的形态。

1. 现实生活中的崇高

在社会生活里，崇高主要是体现实践主体的巨大力量，更多地展示主体要征服和掌握客体的矛盾状态。社会先进力量要征服邪恶力量不是轻易实现的，需要经过反复曲折的斗争，付出巨大的努力，才能取得最后的胜利。正是在这种反复艰苦的斗争中，先进的社会力量才能显示出巨大的潜力和崇高的精神品质。如推翻封建的腐朽统治，是极其不容易的，需要付出许多人的生命和代价，需要极其艰苦的斗争和牺牲精神。

岳飞为表达爱国主义的热情，写了气吞山河的诗词《满江红》：

> 怒发冲冠，凭栏处，潇潇雨歇。抬望眼、仰天长啸，壮怀激烈。三十功名尘与土，八千里路云和月。莫等闲、白了少年头，空悲切。　靖康耻，犹未雪。臣子恨，何时灭。驾长车踏破，贺兰山缺。壮志饥餐胡虏肉，笑谈渴饮匈奴血。待从头、收拾旧山河，朝天阙。

---

[22]《鲁迅全集》(第6卷)，第42页。

《满江红》充满了爱国主义激情,表达了英雄不愿虚度年华,强烈要求建立功名事业,收复国土的雄心壮志,这是多么激动人心的崇高美!

再如,南宋末年的抗元英雄文天祥,他为了阻止元兵的南下高举义旗,奋力抵抗,虽然接连失败,但毫不灰心。被俘后,在燕京关押了三年,始终浩气长存,不肯屈膝投降,临刑时从容不迫。他留给人间的光照千古的诗句"人生自古谁无死,留取丹心照汗青",表现了宁死不屈的崇高精神。

无产阶级是历史上最先进的阶级,无产阶级革命是最富有群众性和最艰巨的事业,所以,在革命中最能创造出英雄的业绩和轰轰烈烈的场面,更能体现出崇高理想和革命精神。巴黎公社虽然仅存了七十二天,但无产阶级的斗争,正如马克思所说历史上还没有过这种英勇斗争的范例。那种英勇豪迈、视死如归的革命精神,是巴黎武装工人为夺取政权,给我们留下的不可磨灭的典范。

十月革命的胜利,中国革命的胜利都是在艰难困苦的条件下,充分发挥了工人阶级的革命积极性取得的,其中有许多可歌可泣的、艰苦卓绝的业绩,给人以雄壮崇高的美。十月革命攻打冬宫的壮烈场面,是在极端困难的艰苦条件下,充分发挥了工人阶级的革命积极性,才取得胜利的。正如鲁迅所说:"俄国在一九一七年三月的革命,算不得一个大风暴;到十月,才是一个大风暴,怒吼着,震荡着,枯朽的都拉杂崩坏……"[23] 这场革命不是给人一种震荡、激励和气贯长虹的崇高回忆吗?

在中国革命战争年代里,无数的先烈,洒热血,抛头颅,为了中国人民的解放事业,甘愿献出自己宝贵的生命。那种大义凛然、宁死

---

[23]《鲁迅全集》(第7卷),第397页。

不屈的精神是多么壮美与崇高，又是多么动人心魄。烈士陈铁军和周文雍同志，把敌人残酷杀害他们的刑场，变成了他们举行婚礼的现场，在刑场上陈铁军发表了热情洋溢的讲话。她说："同胞们，党派我和周文雍在一个机关，我们工作合作得很好，两人感情也很深。但是为了革命的利益，我们还顾不上谈私人的爱情，没有结婚。今天，当我们就要把自己的青春和生命献给党的时候，我们就要举行婚礼了。让反动派的枪声来作我们结婚的礼炮吧！"[24] 这就是一个共产党员对待革命和爱情的态度，它包含了对党、对人民的无限忠诚、热爱和对敌人的蔑视，这是多么伟大的革命激情和乐观主义精神呀！这种革命行为是无比英勇的，这种爱情是无比坚贞的。在他们身上，体现了无产阶级战斗生活的最壮丽、最崇高的美。大家所熟悉的刘胡兰烈士，她面对敌人的铡刀，视死如归，充分表现了一个无产阶级战士的崇高品质。毛泽东给她的题词是："生的伟大，死的光荣。"为了中国人民的解放事业，董存瑞可以舍身炸碉堡；为了抗美援朝的早日胜利，黄继光可以用自己的身体堵住敌人的枪眼。这一切不都是给人以崇高的美吗？

　　以上事实说明社会生活中崇高的特点是：在严重的实践斗争中所显示的伟大实践力量，所谓严重的实践斗争是指矛盾处于激化的状态，由于矛盾的激化，带来的是斗争的艰苦性，人的实践正是在这种条件下才显示出它的伟大力量。由于崇高体现了矛盾的激化状态，因此它的表现形式具有粗犷、激荡、刚劲、有力的特点，和优美那种柔和、平静、轻快、细腻的特点形成鲜明对照。在社会生活中崇高的事物是美的升华，是美在严重斗争中的一种特殊表现形式，崇高和优美都是人们的审美对象，但崇高对于提高人们的精神境界，鼓舞人们在实践斗争中的信心和勇气，具有更为重要的意义。

---

[24] 转引自杨安崙、黄治正《人怎样才美》，湖南人民出版社，1989年，第89页。

自然的崇高虽不全在自然对象的本身属性，但是自然对象的巨大的体积、力量以及粗犷不羁的形式等，都对形成崇高的对象起到积极的作用。如汹涌的波涛，直泻而下的瀑布，奔腾的长江，咆哮的黄河，无边无际的大海，黑暗朦胧的夜空，高耸入云的山峰等，这些大自然的惊人景象，都具有崇高对象的特点。但是仅仅有这些自然的特点，还不足以构成崇高对象，还必须有人类的社会实践。只有当人类的实践发展到能够掌握这些自然对象时，才能成为人们欣赏的崇高对象。崇高的对象虽为人们所掌握，但它还是以巨大的体积和似乎不可抗拒的力量与人类抗争，因而能引起人们的惊叹和崇敬的情感。康德把人征服和掌握自然对象的力量归之于理性，这是根本不对的，是唯心主义的。人的理性在认识自然对象时固然有其积极的作用，但更主要的是实践。崇山峻岭或断崖峡谷等，它们之所以崇高，就在于在长期的社会实践中，人类逐步了解、掌握了它们，改变了它们与人类的客观关系，它们才逐渐成为人类欣赏的崇高对象。

2. 艺术中的崇高

崇高作为一种审美现象，在艺术作品中得到最集中的反映。中国古代的长城（图36）就是崇高美（壮美）的典型。从审美的角度看，长城可以说是真正的"大地艺术"。它以雄伟的外观和深厚的精神内涵，在刹那间震撼欣赏者的心灵。长城和我国雕塑中的秦俑，云冈、龙门、乐山的大佛，李白的诗，苏东坡、辛弃疾的词，建筑中的故宫、天坛等一样，体现了一种"天行健"的气势和自强不息的精神。宗白华曾说："中国最伟大的美，最壮丽的美，莫过于长城。我们现在谈美，应从壮美谈起，应从千万人集体所创造的美谈起……要拿长城的壮美作为我们美的标准。"[25] 这段话深刻地指出了长城的美学价值和美的特征。

---

[25] 宗白华：《美学与意境》，人民出版社，1987年，第270页。

图 36　许仁龙、邹玉利《万里长城》

从审美的形式看,长城的壮美有一个突出的特点,即建筑美与自然美高度融合。自然环境烘托了长城的气势,长城也装点了江山,使祖国河山"锦上添花"。长城的壮美离不开自然环境,离开自然环境,长城就失去了依托。长城作为建筑艺术形象具有强烈的生命节奏,这种生命节奏来源于自然。自然本身就带有节奏。郭沫若曾说:"本来宇宙间一切事物没有一样是没有节奏的……譬如高而为山陵,低而为溪谷,陵谷相间,岭脉蜿蜒,这便是地壳上的节奏。"[26] 长城是一条有生命的线、神奇的线,它把自然中的节奏以线的运动形式显示出来,它是自然中节奏的升华。寓奇险于沉实,藏变化于整齐。它以蓝天为幕,大地为座,从苍茫的西北戈壁,到浩瀚的东部海滨,涉大河巨川,穿崇山峻岭,跨危崖绝谷,过荒漠草原,腾挪跌宕,气象万千,宛如神奇的巨笔在北国大地上一笔挥就的气势磅礴的草书。城上的敌楼就是草书中的顿挫,雄关就是草书中的转折,而亭障、墩、堠则是草书中错落的散点。这是真正的"大地艺术"。

---

[26] 郭沫若:《文艺论集》,第 229 页。

长城不仅在整体上具有雄伟的特征,而且随着自然环境、地势的变化,在不同地区、地段也会表现出不同的特色。

我国东部的长城,多建于崇山峻岭之上,因而在雄伟中显出一种奇险、峻拔的特色。这里的长城大都是由条石和砖砌成,与山石一体,利用高山深谷筑成屏障城垣,"用险制塞",城体顺山势盘腾于陡峭的山峦脊背。敌楼则虎踞制高点处,两翼曲折回环。关塞坐落谷间峡口,扼险制要。

在崇山峻岭之中,长城同一地区的不同地段因山势不同,也会显示出不同的风致。例如在北京地区中,八达岭长城沉雄中见"阔大"。慕田峪长城多建于悬崖峭壁之上,可以说是"雄中藏险";而金山岭长城,以司马台水库为界,沿雾灵山伸展。山峦雄壮,而山势平缓。由司马台水库西望金山岭,长城恰似一件精工细笔的工艺品,于雄伟之中见出"灵秀"。

与东部的崇山峻岭不一样,西部的长城大多坐落于戈壁大漠之中。由于缺少砖石材料,这里的长城基本上都用黄土夹以芦苇和柳条夯制而成,与沙漠和戈壁的色调融为体。西出敦煌80公里的戈壁之中,留有玉门关遗址,这是一座由土坯垒成的城堡式建筑。还有距敦煌西70公里的阳关遗址,仅残存座烽火台。可是,在四周无垠的戈壁之中,这两座颗粒似的建筑,不仅没有因它们体积的微小而被苍茫的大漠所湮没,相反,它们突兀地矗立在滚滚黄尘和砂石之上,宛如铁骨凌空。长城在沙漠戈壁的广袤无垠和千古岁月的时空交错中,展示出一种纪念碑式的历史永恒感。置身于这样的环境,既可联想到古诗中"大漠孤烟直,长河落日圆"的意境,又能激发起对现实生活的强烈感受。

长城的壮美除了随自然环境变化之外,还包括时序的因素。一个地区的地势、地形具有相对的稳定性,但由于时序的变化,自然环境的感性特征也会发生变化。如在春夏秋冬不同季节,山上的植被、天空的色彩以及云的形状、风的流速都在变化。自然的这种变化赋予长城以丰富的感情色彩,古今吟咏长城的许多诗歌中都体现了这一点。如毛泽东的词《沁园春·雪》中所写"望长城内外,惟余莽莽;大河上下,顿失滔滔。山舞银蛇,原驰蜡象",生动地体现了长城的壮美与北国风光的融合。

此外,由于晦明晨昏的不同,人们对长城美的感受也有差异。如古诗中写长城月夜有"撩乱边愁听不尽,高高秋月照长城"(王昌龄),写长城落日有"大漠孤烟直,长河落日圆"(王维),写长城旭日则有"朝晖开众山,遥见居庸关"(谢榛)等。

长城的壮美除了表现在它和自然环境的关系外,还表现在建筑本身。例如嘉峪关被称作"天下第一雄关",除了由于它所处的险要地势外,还在于城关本身的布局和结构。嘉峪关是一个严密的防御体系,由内城、瓮城、罗城、外城、城壕所组成,并与南北延伸的长城结为一体。南北的长城如城关之两翼,呈横向节奏,而内城楼、西城楼则表现为纵向节奏。在横与直的对比下,城楼显得更加巍峨、高耸。嘉峪关地处祁连山与黑山之间,位于戈壁之中。在这一片荒凉而又奇异的西北景象的映衬下,嘉峪关虽是"一片孤城",却孤城不孤,愈见沉雄。

还有历史上流传的许多关于长城的民间故事,如孟姜女的故事,不仅表现了爱情的真挚,而且表现了人的善良和对繁重徭役的控诉,凝聚着一种悲剧性的崇高美。长城作为我们民族伟大创造力的象征,它的壮美的价值在于深厚的精神内涵和雄伟外观的统一。

再如南朝的《敕勒歌》,是描写草原风光的:"敕勒川,阴山下。天似穹庐,笼盖四野。天苍苍,野茫茫,风吹草低见牛羊。"它之所以能如此受到人们的喜爱,就在于它反映的丰富而典型的内容,具有豪迈而粗犷的气魄和激动人心的艺术魅力。当天风吹过,绿浪起伏,看到一群群的牛羊，而那"苍苍""茫茫"无边无际的原野，一望无垠，则正写出草原苍茫广阔的壮美。

苏轼的《念奴娇·赤壁怀古》："大江东去，浪淘尽，千古风流人物。故垒西边，人道是，三国周郎赤壁。乱石穿空，惊涛拍岸，卷起千堆雪。江山如画，一时多少豪杰！……"这首词笔力雄健、风格豪放，在古人中也是少有的，主要是反映对英雄人物的向往与怀念，用描述赤壁的雄奇景色来衬托出三国时火烧战船的壮烈场面。"乱石穿空，惊涛拍岸，卷起千堆雪"，这是多么真实，而又多么惊心动魄、壮美崇高的景象。这些描写不仅表现了自然的景色，而且能使人们深刻地感受并理解自然的美和伟大。王国维《人间词话》里说："明月照积雪""大江流日夜""中天悬明月""黄河落日圆""此种境界，可谓千古壮观"。

俄罗斯的艾伊凡佐夫斯基的油画《九级浪》，把巨大的海浪铺天盖地而来的气势真实地表现出来。在阳光照射下天空、海浪连成一片混沌，画面上的帆船已经翻了，幸存的几个人聚集在已经倾倒了的桅杆上，与大浪搏斗着、呼喊着。画面中心是一个九级的巨浪，给人以粗犷、激荡、有力和惊心动魄的壮美感。再如，珂勒惠支的《农民战争》，其中一幅叫《枕戈待旦》（也叫《磨镰刀》），整个画面表现出苦难沉重的农民已到了忍无可忍的地步，一位中年农妇用她粗壮有力的大手紧紧地抓住一把镰刀，正准备战斗，好像火山立刻就要爆发，岩浆就要喷出，农民战争就要开始了。画面黑白对比鲜明、强烈，给人粗犷有力的崇高感。这不仅把苦难倾诉出来，而且是向苦难展开有力的反抗与斗争了。中国的雕塑《农奴愤》中农民英雄的形象，也体现了这种崇高的美。

又如，贝多芬的第九交响曲中的崇高体现得最为明显。微弱的、低沉的、时而又若有若无的音响，渐渐积蓄起来，突然爆发出来。之后，一切又平息下来，仿佛是隐藏在地下，在那里孕育着某种巨大的能量。它的火花在迸发，在闪烁，再度熄灭。这种能量仍在孕育着，一旦爆发之后，就突然沿着自己的轨道滚动着气势磅礴的巨流。第九交响曲表达出由千百万人民群众参加的历史进程的潜在的巨大力量。在贝多芬的音乐世界里是浩大和广阔的，不论是自然界或人的生活，他都是从浩大和崇高上去感染人。

在艺术作品里，崇高作为一种昂扬的激情和悲愤不平，表现得愈是激烈，就愈加显得崇高。例如屈原，他的忧国忧民思想是多么的悲愤、激昂。"长太息以掩涕兮，哀民生之多艰。""愿摇起而横奔兮，览民尤以自镇。""路漫漫其修远兮，吾将上下而求索。"当人们诵读这些诗句时，总是发自肺腑而感同身受。他那诗句的高昂和悯惜人民困苦的感情，犹如生命的迸发。他同情人民的胸怀是多么美，又是多么的崇高。

在旧社会中，"小人物"的质朴、憨厚和善良，有时也给人以崇高的印象。如鲁迅在《一件小事》中，记述了一个人力车夫，在北风的严寒下，拉着车飞快地跑，忽然碰倒了一位花白的头发、衣服破烂的女人，车夫并没有拉着车一走了之，而是停住车，把她扶起，问声"你怎么啦"，便搀着她的臂膊一步一步地向巡警分驻所走去。接着，鲁迅谈了自己当时的感受："我这时突然感到一种异样的感觉，觉得他满身灰尘的后影，刹时高大了，而且愈走愈大，须仰视才见。而且他对于我，渐渐的又几乎变成一种威压，甚而至于要榨出皮袍下面藏着的'小'来。"可见小人物的质朴、憨厚和善良，在那人压迫人的旧社会里表现愈分明，愈觉得难能可贵，愈觉得崇高。所以，鲁迅又说："独有这一件小事，却总是浮在我眼前，有时反更分明，教我惭愧，催我自新，并且增长我的勇气和希望。"[27]

---

[27] 鲁迅:《鲁迅小说集》，人民文学出版社，1990年，第57—58页。

世界上一切真正崇高的东西，都是为人民实践所掌握，所创造出来的。我们认为崇高的根源是实践，是客观的，不仅因为它是现实的现象，而且和社会实践密切相连。许多资产阶级唯心主义美学家在探索崇高的根源时，仅仅从主观上去寻找，认为崇高的根源仅是主观的精神、情感或理性。我们认为崇高是现实的、客观的，绝不是唯心主义者所说的主观的，来自空虚的心灵的。宗教唯心主义者把"神"的伟大说成是远远超过了人，在他们看来，"神"是全知全能的，人不过是"神"的创造物。恩格斯彻底驳斥了这一点，他说："人所固有的本质比臆想出来的各种各样的'神'的本质，要伟大得多，高尚得多，因为'神'只是人本身的相当模糊和歪曲了的反映。"[28] 这就是说，人不是"神"的创造物，恰恰相反，"神"倒是人的创造物，"神"本质上是人的本质相当模糊和歪曲的反映。所以，恩格斯又说："为了认识人类本质的伟大，了解人类在历史上的发展，了解人类一往直前的进步……为了了解这一切，我们没有必要首先求助于什么'神'的抽象概念，把一切美好的、伟大的、崇高的、真正的人的事物归在它的名下。"[29] 恩格斯把伟大的、崇高的、真正的人的事物归还于人。这说明崇高是现实的、客观的，是来自人的实践。当然，并不是一切人的行为和斗争都是崇高的，只有那种为了社会的进步，为了人民的利益和祖国的解放而英勇斗争的形象，才是崇高的。

事实证明，人在感到崇高的时候，不是恐惧而是豪迈，不是害怕而是强有力，真正的崇高感情是敬佩和自豪。马克思主义美学在论述先进人物的崇高理想时，总是将其与伦理学联系起来。如果说善是融化在美感的愉悦之中，是潜藏着的，那么善在崇高感中则会较强烈地表现出来。如长城以它气势雄伟的形式，引起我们的崇高感，但它也

---

[28]《马克思恩格斯全集》(第1卷)，第651页。
[29] 同上书，第650页。

是我们古老民族的象征，在它引起崇高感之中，总是与民族自尊心、自豪感密不可分的。再如白求恩的共产主义道德往往引起我们的崇高感，这是与他精神上、思想上的强大力量分不开的。所以，崇高感总是与道德感最相接近的。资产阶级唯心主义美学则极力否认它们之间有任何联系，从美的形态中阉割掉它的一切道德内容，剥掉它的一切社会意义和作用，以便为生活和艺术中的无道德论做辩护。我们认为，没有高度伦理学的基础，就没有也不可能有任何真正美学意义的崇高。崇高是体现着人类社会在极其艰巨的斗争中发展的光辉历程，有着强大的感染和教育作用。

思考题

1. 优美与崇高的特点是什么，你对优美与崇高有什么看法？
2. 试谈康德对崇高的看法，为什么说康德的观点是唯心主义的？
3. 崇高的根源为什么说是社会实践，怎样理解自然界的崇高？

第十一章 悲剧

悲剧是崇高的集中形态，是一种崇高的美。悲剧的崇高特征是通过社会上新旧力量的矛盾冲突，显示新生力量与旧势力的抗争。悲剧经常表现为在一定的时期内，还具有强大的实际力量的旧势力对新生力量暂时的压倒，表现为带有一定历史发展的必然性的失败或挫折，表现为正义的毁灭，英雄的牺牲，严重的灾难、困苦等。悲剧在严重的实践斗争中显示出先进人物的巨大精神力量和伟大人格。悲剧中所体现的崇高，经常以其庄严的内容和粗犷的形式震撼人心，引起人们的崇敬和自豪，它是对进步社会力量的实践斗争的积极肯定，与悲观、悲惨、消沉等是完全不同的。在这里悲剧不仅作为一种戏剧的种类，而是作为一种美学的范畴。

第一节 悲剧的本质

西方美学史上对悲剧很重视，一向被称为崇高的诗。古希腊亚里士多德所写的《诗学》主要是讨论悲剧的。他在悲剧的理论中提出：

第一，"悲剧是对于一个严肃、完整、有一定长度的行动的摹仿"[1]。

---

[1]［古希腊］亚里士多德：《诗学·诗艺》，第19页。

"有一定长度的行动"就是指情节,他认为在悲剧的成分中,"最重要的是情节,即事件的安排"[2]。悲剧艺术的目的,在于组织情节。"只要有布局,即情节有安排,一定更能产生悲剧的效果。"[3]"情节乃悲剧的基础,有似悲剧的灵魂。"[4]他认为"情节",乃是"布局"与"安排"。有了"布局"与"安排",就有了"情节"。他不懂得"情节"是矛盾冲突的结果,更不懂得矛盾冲突是对立面的斗争。因此,"最完美的悲剧的结构不应是简单的,而应是复杂的"[5]。所以,亚里士多德认为:"悲剧中没有行动,则不成为悲剧。"[6]他认为悲剧之所以能产生惊心动魄的效果,主要是靠"情节"的"突转"和"发现",并不靠性格的描写和矛盾冲突。"突转"是什么意思呢?就是按照可然律或必然律而发生。他提出的"必然律"很重要,这接触到文艺及悲剧的本质。

第二,悲剧有特定的对象和特定的人物。他说:"悲剧是对于比一般人好的人的摹仿。"[7]"喜剧总是摹仿比我们今天的人坏的人,悲剧总是摹仿比我们今天的人好的人。"[8]但是悲剧并不是写一般情况下的好人,而是要写在特定条件下的好人,这样才能产生怜悯与恐惧的悲剧效果。"特定条件"是指一个人遭受不应遭受的厄运,也就是好人受苦难和折磨,才会引起怜悯。而且这个遭受厄运的人是和我们相似,由于这种"相似"而引起"共鸣",才使我们感到恐惧。所以,亚里士多德说:"因为怜悯是由一个人遭受不应遭受的厄运而引起的,恐惧是由这个这样遭受厄运的人与我们相似而引起的。"[9]此外还有一种遭受厄运的人,他本身既不十分善良,又不是为非作恶,而是由于犯了错误,也是悲剧

---

[2] [古希腊]亚里士多德:《诗学·诗艺》,第21页。
[3] 同上书,第22页。
[4] 同上书,第23页。
[5] 同上书,第37页。
[6] 同上书,第21页。
[7] 同上书,第50页。
[8] 同上书,第9页。
[9] 同上书,第38页。

所反映的对象。

第三，悲剧所引起的对人的恐惧与怜悯之情，在积极方面能起"陶冶"作用。他说："摹仿方式是借人物的动作来表达，而不是采用叙述法，借以引起怜悯与恐惧来使这种情感得到陶冶。"[10] "陶冶"要从道德上来理解，在潜移默化的同时，悲剧还能引起一种理性力量，在道德上震撼人心的同时给人以审美享受，提高人的思想境界。亚里士多德的悲剧理论在西方美学史上最早奠定了悲剧的基础。

亚里士多德以后，在悲剧理论方面最值得注意的便是黑格尔。他从矛盾冲突出发来研究悲剧，认为悲剧不是个人的偶然的原因造成的，悲剧的根源和基础是两种实体性伦理力量的冲突。冲突双方所代表的伦理力量都是合理的，但同时都有道德上的片面性，每一方都坚持自己的片面性而损害对方的合理性。这样两种善的斗争就必然引起悲剧的冲突。黑格尔认为说明他的理论的最好例子，是古希腊悲剧《安提戈涅》（图37，《安提戈涅》一剧在北京演出时的剧照）。

《安提戈涅》是古希腊三大悲剧家之一的索福克勒斯的作品。忒拜城的俄狄浦斯王由于杀父娶母自行流放，他的两个儿子厄忒特俄克勒斯和波吕涅克斯为了争夺王位，互相残杀，一同死去。于是王位落在他们的舅父克瑞翁手中。由于波吕涅克斯曾勾结外敌攻打祖国，克瑞翁便命令将波吕涅克斯的尸体丢弃在田野里，让

图37 《安提戈涅》剧照

---

[10][古希腊]亚里士多德：《诗学·诗艺》，第19页。

飞禽走兽吞食，并宣布有谁敢违犯这项法令就将谁处以死刑。波吕涅克斯的妹妹安提戈涅出于对哥哥的爱和宗教的律条，不顾法令埋葬了波吕涅克斯。因此，国王把她囚禁起来处死。安提戈涅的未婚夫海蒙是克瑞翁的儿子，听到安提戈涅的不幸消息而自杀，海蒙的母亲听到海蒙自杀的消息亦自杀而死。

从表面看来，在《安提戈涅》悲剧中，一方面代表国法，一方面代表家法和宗教，双方都是善的、合理的，但是由于互相损害，又都有不合理的因素，都有片面性。这两种伦理观念斗争的结果，必然引起悲剧的结局。这是符合黑格尔的悲剧观的，但并不符合剧作者的本意，实际上剧本的倾向性是明显的，我们可以看出剧作者是同情安提戈涅一边的，而对克瑞翁所代表的国法进行了淋漓尽致的揭露。从这里我们也可以看出黑格尔的悲剧观带有德国庸人主义的调和气息。

黑格尔的悲剧理论虽有庸人主义的调和气息，但值得注意：第一，承认悲剧矛盾冲突的必然性。在黑格尔看来，悲剧是两种合理观念斗争的必然结果，肯定了悲剧矛盾的必然性。但悲剧的根源不是现实生活中各种物质力量或阶级力量的矛盾冲突，而是两种伦理观念的冲突。第二，在黑格尔的悲剧矛盾冲突中，抹杀了正义和非正义的区别，在理论上混淆了现实中美丑、善恶的斗争。第三，黑格尔的悲剧观还具有一定的乐观主义因素，他强调悲剧通过双方的冲突，扬弃了各自的片面性，悲剧所毁灭的是双方的片面性，肯定了双方的合理性。例如在《安提戈涅》中两种伦理力量相互冲突，在冲突中两者的片面性被扬弃，国法和家法本身都得到了肯定，这就是"永恒正义"得到了胜利。黑格尔用"永恒正义"得到胜利，来反对悲剧给人一种哭哭啼啼的效果，有一定的乐观主义因素。但用"永恒正义"来"和解"悲剧矛盾冲突，是对悲剧矛盾冲突的极大歪曲。他不懂得：悲剧矛盾斗争的结果，虽然新生事物暂时受到压制或牺牲，但在斗争中得到锻炼，无论付出多大代价，新生事物胜利的趋势是不可改变的。

车尔尼雪夫斯基首先批判了黑格尔的唯心主义，认为他不从生活出发，而从理念出发规定悲剧的本质，这实际上是宿命论的观点，企图将悲剧的概念和命运的概念联结在一起。假如悲剧总是命运干预的结果，那么"我不预防任何不幸，我倒可以安全，而且几乎总是安全的；但是假如我要预防，我就一定死亡，而且正是死在我以为可以保险的东西上"[11]。因此，"这种对人生的见解与我们的观念相合之处是如此之少，它只能当作一种什么怪诞的想法使我们感到兴趣"[12]。车尔尼雪夫斯基认为命运的概念和科学概念是相矛盾的，是不可调和的。其次，车尔尼雪夫斯基认为，悲剧是人生中可怕的事情，与艰苦斗争有联系，但又不能等同。例如"航海者同海斗争，同惊涛骇浪和暗礁斗争；他的生活是艰苦的；可是难道这生活必然是悲剧的吗？有一只船遇着风暴给暗礁撞坏了，可是却有几百只船平安地抵达港口。就假定斗争总是必要吧，但斗争并不一定都是不幸的。结局圆满的斗争，不论它经过了怎样的艰难，并不是痛苦，而是愉快，不是悲剧的，而只是戏剧性的"[13]。

再次，车尔尼雪夫斯基还批判了黑格尔认为悲剧中死者都有罪过的思想。他说："每个死者都有罪过这个思想，是一个残酷而不近情理的思想。"[14]因为在沙皇统治下的人民遭受迫害和镇压，都是一些无辜受难含恨而死的人，他们的死亡并不是自己的罪过，而是沙皇制度造成的。这种观点显示了车尔尼雪夫斯基的革命民主主义精神。车尔尼雪夫斯基又说："当然，如果我们一定要认为每个人死亡都是由于犯了什么罪过，那么，我们可以责备他们：苔丝德梦娜的罪过是太天真，以致预料不到

---

[11][俄]车尔尼雪夫斯基：《车尔尼雪夫斯基选集》(上卷)，第24页。
[12]同上。
[13]同上书，第27页。
[14]同上书，第29页。

有人中伤她；罗密欧和朱丽叶也有罪过，因为他们彼此相爱。"[15]这对黑格尔的悲剧理论是一个切中要害的批判。

最后，车尔尼雪夫斯基反对黑格尔悲剧矛盾冲突的必然性的思想。他说："伟大人物的命运是悲剧的吗？有时候是，有时候不是，正和渺小人物的命运一样；这里并没有任何的必然性。"[16]又说："悲剧并不一定在我们心中唤起必然性的观念，必然性的观念决不是悲剧使人感动的基础，也不是悲剧的本质……在生活里面，结局常常是完全偶然的，而一个也许是完全偶然的悲剧的命运，仍不失其为悲剧。"[17]在这里车尔尼雪夫斯基强调悲剧没有任何必然性，纯粹是偶然的原因造成的，完全抛弃了黑格尔悲剧理论中的合理内核。

那么悲剧的本质是什么呢？车尔尼雪夫斯基给悲剧下的定义是："悲剧是人生中可怕的事物。"他说："悲剧是人的苦难和死亡，这苦难或死亡即使不显出任何'无限强大与不可战胜的力量'，也已经完全足够使我们充满恐怖和同情。无论人的苦难和死亡的原因是偶然还是必然，苦难和死亡反正总是可怕的。"[18]但是我们认为在生活中并不是任何苦难与死亡，都是悲剧，正如生活中并不是任何可笑的事情都是喜剧一样。在森林中被猛兽咬死，在路上被车辆撞死，虽然都是很悲惨的死亡，却不一定是悲剧性的。车尔尼雪夫斯基的悲剧理论，虽然强调了悲剧来源于现实生活，但却否认悲剧矛盾的必然性，这恰好削弱了甚至丧失了悲剧所特有的审美意义和巨大价值，同时，也暴露了他的形而上学的唯物主义的缺陷。

关于悲剧的本质，马克思、恩格斯从辩证唯物主义和历史唯物主义出发，科学地研究了人类社会发展的规律，在这个基础上对悲剧的本

---

[15][俄]车尔尼雪夫斯基：《车尔尼雪夫斯基选集》(上卷)，第29页。
[16]同上书，第28页。
[17]同上书，第30页。
[18]同上。

质做了深刻的说明。恩格斯在评论拉萨尔的剧本《济金根》时认为悲剧是"历史的必然要求和这个要求的实际上不可能实现之间的悲剧性的冲突"[19]，这说明悲剧本质在于客观现实中的矛盾冲突。这种冲突有其客观的历史必然性。

所谓"历史的必然要求"，是指那些体现历史发展的客观规律的人的合理要求、理想以及在实践中所体现的人的优秀品质等。"这个要求的实际上不可能实现"，是指在一定的历史条件下，上述的人的合理要求、理想等未能实现。这两方面的矛盾冲突是悲剧的本质所在。例如新生力量在一定历史阶段上还处在相对弱小的地位，本身还有弱点及片面性，在现实中被强大的旧势力所压倒或毁灭，从历史发展的总趋势来看，由于新事物体现了历史的必然，因此它虽然遭受暂时的失败，但经过艰难曲折的斗争，总是要实现的。但新生事物所遭受的暂时失败或毁灭，就一定形成悲剧。

马克思也曾经说："黑格尔在某个地方说过，一切伟大的世界历史事变和人物，可以说都出现两次。他忘记补充一点：第一次是作为悲剧出现，第二次是作为笑剧出现。"[20]这也是运用历史的观点分析了悲剧的根源。从历史上几次重大的社会变革来看，每当一种新的社会制度取代一种旧的社会制度的时候，必然出现两种社会力量的斗争（在阶级社会中是阶级力量的斗争），旧的社会力量不会自动退出历史舞台，由于他们还掌握着庞大的国家机器，必然要运用一切凶残的镇压手段来维护其既得利益。新的社会力量虽然有着强大的生命力，但是面对强大的传统的力量，却显得弱小，因此在斗争中必然会有牺牲和失败，只能在实践中逐渐壮大自己。这种力量对比是历史形成的，是形成悲剧的客观现实基础。马克思所说的"第一次是作为悲剧出现"，就是指历史上新生事

---

[19]《马克思恩格斯选集》(第4卷)，第346页。
[20]《马克思恩格斯选集》(第1卷)，第603页。

物在成长过程中所必然出现的失败和牺牲,无产阶级的革命是如此,资产阶级的革命也是如此。总之,悲剧是新的社会制度代替旧的社会制度的信号,是社会生活中新旧力量矛盾冲突的必然产物。

鲁迅也曾说:"悲剧将人生的有价值的东西毁灭给人看。"[21]这里所说的人生有价值的东西,是指那些合乎历史必然性的人类进步要求和美好品质。"毁灭"是指这些有价值的东西,在特定历史条件下所遭受到的挫折、失败和牺牲。

恩格斯和鲁迅对悲剧本质特征所做的概括精神是一致的,但分析的角度略有不同。恩格斯所说的"历史的必然要求和这个要求的实际上不可能实现",是侧重从历史发展中的矛盾冲突来揭示悲剧的本质,强调的是悲剧产生的历史条件。鲁迅所讲的"悲剧将人生的有价值的东西毁灭给人看",是侧重于说明悲剧所反映的特定对象,即被毁灭的是有价值的东西,并从事件的结局上暗示出悲剧的效果,即有价值的东西遭到毁灭而引起人们特定的感情反映。所以鲁迅的话,可以作为理解恩格斯对悲剧本质所做的概括的补充。

第二节 悲剧的几种类型

悲剧的本质在于悲剧的矛盾冲突,由于矛盾性质不同,悲剧艺术可分为几种不同的类型:

1. 体现历史上英雄人物的牺牲。这是属于革命的悲剧,在悲剧的对象中占有重要的地位。如埃斯库罗斯的《被缚的普罗米修斯》,普罗米修斯违犯宙斯的意志偷火给人间,让人类有科学文化知识,并得到发

---

[21]《鲁迅全集》(第1卷),第297页。

展。他被宙斯钉在高加索山上，戴着镣铐，忍受着巨大的痛苦，却坚信正义必然战胜邪恶。他宁愿受苦一万年，也绝不向宙斯投降屈服，为了人类的事业，为了美好的理想，甘愿遭受苦难和牺牲。这是历史上最早出现的英雄人物的悲剧。再如巴黎公社的失败，许多公社社员悲壮牺牲，也充分体现了这种类型的悲剧人物的特点。孙滋溪的油画作品《母亲》，也深刻体现了革命英雄悲剧的特点，这件作品是画家根据新民主主义革命时期赵云霄烈士的真实事迹而创作的，真实而深刻地塑造了烈士在就义前的英雄形象；这幅画把革命者为真理而献身的精神和母爱之情结合起来，英雄形象既是一位坚贞的革命者，又是一位慈爱的母亲。高尔基的小说《母亲》，以及法捷耶夫的小说《毁灭》等也都是如此。

这种类型的悲剧人物具有的特点是：（1）自觉地捍卫真理，为实现伟大理想而斗争。如夏明翰烈士就义前写的诗：“砍头不要紧，只要主义真。杀了夏明翰，还有后来人。”这说明无产阶级的英雄人物，由于有坚定的理想，才能临危不惧。他们的进步理想，有如黑夜中的火炬。（2）牺牲的英雄与人民的命运有着深刻的联系。如周文雍的"绝笔诗"：“头可断，肢可裂，革命精神不可灭。志士头颅为党落，好汉身躯为群裂。”这首诗体现了烈士为了人民的利益不惜粉身碎骨的崇高精神。（3）在巨大的苦难中显示出他们的崇高品质，他们的牺牲成为新世界代替旧世界的信号。这种悲剧的特点不是悲惨，而是悲壮；不是怜悯，而是自豪；不是恐惧，而是无畏。

2. 在私有制条件下善良的普通人民的不幸和苦难。在这种情况下，历史的必然要求表现为人民对生活劳动的正当要求，但是在私有制条件下，这些要求得不到实现。例如祥林嫂就是在封建制度下千百万农村劳动妇女的典型（图38）。祥林嫂具有勤劳而善良的美好品质，她并不属于悲剧中的英雄，自觉地为改变旧制度而斗争。但是她希望有正常生活、劳动的权利，但在旧社会政权、神权、族权、夫权的统治下却不能

图 38 祥林嫂(剧照)

实现。她的不幸、苦难、死亡,是和旧制度的摧残分不开的。在旧社会中像这样的悲剧性的人物是大量存在的,他们在生活中似乎很平常,但经艺术家发掘出来,创造成为艺术形象,却能强烈地感动人。这种悲剧不是低沉,而是深沉,是蕴藏的愤怒,是"于无声处闻惊雷"。鲁迅把这种悲剧称为"几乎无事的悲剧",像"无声的语言一样"。鲁迅又说:"然而人们灭亡于英雄的特别的悲剧者少,消磨于极平常的,或者简直近于没有事情的悲剧者却多。"[22]

关汉卿所写的《窦娥冤》表现的也是普通人民的苦难和不幸,这些不幸和苦难是与当时所处的动乱年代分不开的。窦娥3岁亡母,7岁亡父,给人做童养媳,17岁成亲,又死去丈夫。后来又被坏人张驴儿诬告,赃官枉断,逼她承认毒害人命。窦娥在公堂上受尽了苦刑。"捱千般拷打,鲜血淋漓,一杖下,一道血,一层皮。"赃官见窦娥不招,便毒打她的婆婆。窦娥不忍婆婆受苦,被逼屈招。被押赴刑场典刑,赴刑场时窦娥悲愤地唱出了:"我将天地合埋怨……为善的受贫更命短,造恶的享富贵又寿延……地也,你不分好歹何为地;天也,你错勘贤愚枉做天!"

窦娥呼天号地,用全身心和生命同黑暗社会尽力抗争,这并不是她的阶级意识的觉醒,而是出于她的求生欲望。她按照封建伦理道德行事,封建社会却不能容忍她。她不愿意死,却不能不死,于是她怀疑了,抗争了。她发出三桩誓愿,用生命抗议残酷的、不合理的社会,为无辜的小人物呼号着生存的权利。窦娥不是孤立的个人,而是体现了善良的普

---

[22]《鲁迅全集》(第6卷),第293页。

通人民的悲惨命运和坚强不屈的斗争形象。

3. 旧事物、旧制度的悲剧。这主要是由于在一定历史阶段上，曾经是先进的、合理的社会力量、社会制度开始转化为旧的力量，而与社会历史进程相矛盾，但是，它又还没有完全丧失自己存在的合理性，因而，它的代表人物的失败或毁灭，也有一定的悲剧性。它之所以还有一定的悲剧性，在于代表毁灭的悲剧人物为争取自己的合理性而斗争。例如《林家铺子》的林老板就是这样的悲剧人物。此外，旧事物的悲剧也可能产生在旧世界内部的矛盾冲突中，不处于统治地位的旧力量起来反对统治阶级，反对占统治地位的现存制度，如拉萨尔的悲剧《弗朗茨·封·济金根》就是如此。济金根虽然作为封建旧制度内部的一个骑士，是垂死阶级的代表，但在当时封建旧制度内部他不是统治者。在当时德国的三大营垒中，他不是属于第一营垒的保守的天主教派，即希望维持现状的分子，而是属于第二营垒的路德宗教改良派。他的暴动是为了反对皇帝和大诸侯以及高级僧侣，要求德国国民的统一。显然他的目的不是推翻封建统治阶级，只是改变由诸侯皇帝为骑士皇帝。但他的暴动能削弱封建的统治，打乱他们的计划，在客观上有利于农民的反封建的起义和斗争。他在反对大诸侯中战败身亡，没有发展到背叛人民，投降大诸侯的地步。所以他的暴动还有一定的进步作用。正是在这个意义上，马克思和恩格斯才肯定《济金根》有一定的悲剧意义。这就是在统治阶级内部，不占统治地位的旧力量反对占统治地位旧力量的悲剧。

由此可见，对旧事物的悲剧，也是要从社会历史发展规律出发，对革命力量与反动力量的基本矛盾进行观察，才能深刻揭示出旧事物的悲剧本质。

在西方美学史上悲剧艺术又可分为"命运悲剧""性格悲剧"和"社会悲剧"，从不同角度反映了社会的发展阶段和各个社会历史的现实生活的悲剧冲突。古希腊时期的"命运悲剧"，反映了"超人"的社会力量与自然力量和人的矛盾冲突，社会历史必然性与自然威力作为一种不可理解和不可抗拒的命运和人相对立，结果导致悲剧的结局。这正是由于当时科学不发达，人们对社会力量与自然力量还不理解，因而把社会力量与自然力量转化成"命运"与人对立。在古希腊悲剧中，虽然反映出人抗拒自然和社会恶势力的英勇斗争，但不论是人还是神，都逃不脱命运的摆布。

在长期封建社会中，封建的宗教伦理制度、宗教迷信等压制着争取民主、自由、解放的新生力量。这种斗争产生了"性格悲剧"，出现了许多惊心动魄的斗争。《哈姆雷特》《罗密欧与朱丽叶》等就是如此。哈姆雷特想为父报仇，可是性格犹疑、软弱，他内心虽然有深仇大恨，有火一样的热情，但又任人摆布，失去报仇机会，终于酿成大错，造成了悲剧。这种性格鲜明的悲剧反映了封建社会内部滋长的民主主义思想和人文主义思想的萌芽。这些人物虽然代表历史必然的进步要求，但是却在封建势力和周围环境的强大压力下遭到灭亡，他们的悲剧是对旧制度的尖锐揭露与愤怒控诉。

到了资本主义社会，人与人之间变成了冷酷无情的金钱关系，个人与社会的矛盾尖锐化，产生了"社会悲剧"。如小仲马的《茶花女》，巴尔扎克的《高老头》，易卜生的《玩偶之家》，奥斯特罗夫斯基的《大雷雨》等悲剧。茶花女虽然出身低下，但她的品格却是高尚的，她为了纯洁真挚的爱情宁愿牺牲自己，忍受巨大的痛苦。《高老头》充分表现了人与人之间已变为冷酷的金钱关系，高老头的女儿们采用各种手法拿走了他的金钱，而置高老头的死活于不顾。《玩偶之家》的女主人翁娜拉，是家庭中名副其实的一只玩偶，她处处听从丈夫，依顺丈夫，为了挽救丈夫的生命，她借了钱反而得不到丈夫的宽恕，最后娜拉不得不离开她的家庭，以抗议家庭对她的束缚。这些悲剧中的人物，大都以普通人身份表现了人与家庭、与社会的矛盾冲突。

第三节　社会主义社会中的悲剧

　　社会主义时期的悲剧问题，在 1957 年曾经有过讨论，老舍曾写过一篇文章《论悲剧》，他从客观现实和群众的多样性的审美需要出发，肯定了社会主义时期的悲剧存在的必然性。但是"四人帮"横行时期，对革命悲剧的作品和作者加上许多莫须有的罪名，制造了悲剧的层层禁区。

　　社会主义时期悲剧问题在俄罗斯十月革命后也提出过，卢那察尔斯基曾提出社会主义的悲剧"不仅能够存在，而且应该存在"，"新时代的悲剧家要描写新世界的诞生的苦难"，"歌颂我们的斗争中的牺牲者，描写这场日后会取得胜利的斗争中的牺牲者——这无疑是现代悲剧的首要任务和良好基础"。[23]

　　社会主义时期悲剧产生的原因，主要是在于还存在着阶级矛盾和新旧事物的矛盾斗争，这些矛盾斗争构成了悲剧冲突的社会基础。在社会主义社会中，新生事物的成长条件和过去有了根本的不同，但压制新生力量，压制合理力量，仍然是常有的事情。不经过艰难曲折，不付出极大的努力就取得成功，这只是幻想。从总的发展趋势来看，当然是新生的战胜腐朽的，社会主义战胜资本主义，但革命斗争的道路从来就不是平坦笔直的，邪恶势力可能在某些时候暂时得势，新生幼苗也可能遭到挫折和扼杀。一些封建社会遗留下来的迷信思想和婚姻观念，也可能破坏人民的生活，使一些青年遭受不幸甚至牺牲。这种斗争在某种特定的情况下，都可能导致悲剧性冲突。

　　艺术中的悲剧是现实中悲剧的能动反映。由于在悲剧艺术中反映了先进社会力量在严重实践斗争中的苦难或死亡，美暂时被丑压倒，因而

---

[23][俄]卢那察尔斯基：《论文学》，蒋路译，人民文学出版社，1978 年，第 67—68 页。

悲剧给人一种特殊的审美情感，即在审美愉悦中产生一种痛苦之感，并使心灵受到巨大的震撼。这就是悲剧中的崇高感。这和欣赏一幅优美的风景画所产生的感受是迥然不同的。人民在欣赏悲剧时止不住流泪，因为在悲剧中美受到摧残，同时由于美在受到摧残时，显示出光辉品质，又使人在道德感情上受到"陶冶"。在美感的各种形态中，悲剧所引起的美感最接近道德的判断和实践意志。在悲剧的美感中显示着认识与情感相统一的理性力量，伦理态度非常突出。悲剧必然会使人悲痛，但革命的悲剧能使人从悲痛中产生力量，使人们从先进人物的苦难和毁灭中认识到真理，它能唤醒人们，鼓舞战斗，从而使我们受到教育。悲剧对人生的启示主要有以下三个方面：

1. 认识生活道路上充满了矛盾、曲折、艰苦的斗争，为了实现伟大的理想，经常需要付出代价，有时甚至需要付出生命的代价。

2. 学习英雄人物在实践斗争中所表现出来的崇高品质和巨大的精神力量。英雄人物的崇高品质有如燧石在受到猛烈敲打中飞溅出的灿烂的火花，敲击愈是厉害，火花就愈是灿烂。又如疾风中的劲草，风愈是刮得猛烈，劲草就愈是显示出坚韧不拔的力量。

3. 激起对丑恶事物的憎恨。悲剧不但在毁灭的形式中肯定有价值的东西，同时也是对丑恶事物的揭露。这种揭露和喜剧中对丑恶事物的揭露有不同的特点。喜剧中是撕掉美的外衣揭露丑，引起人们的笑声，悲剧则是通过美好事物的毁灭去揭露丑恶。在悲剧中丑恶的事物是作为美好事物的敌对力量。

在悲剧中从两个方面揭示出矛盾冲突：一方面正面的事物在毁灭中显示其价值，在暂时失败中预示着未来的胜利；另一方面从反面事物的暂时胜利中暴露了它的虚弱和必然灭亡。

思考题

1. 什么是悲剧,悲剧的本质何在?
2. 社会主义时期有没有悲剧,它和旧社会的悲剧有何异同?
3. 悲剧的客观效果是什么,怎样理解悲剧对人生的积极意义?

第十二章

喜剧

喜剧是美学的重要范畴之一,它根源于现实生活中的矛盾冲突,是在倒错、乖讹、自相矛盾的形式中显示生活的本质。可笑性是喜剧的重要特征,喜剧使人在笑声中得到美的享受。但可笑性并不等于喜剧。生活中有大量可笑的事物并不属于喜剧。喜剧中的笑来自现实矛盾中先进社会力量的胜利,来自先进社会力量在实践和精神上的优越,是美对丑的压倒。

艺术中的喜剧是现实中喜剧的能动反映,由于喜剧艺术具有"寓庄于谐"的特征,因此可以和悲剧互相渗透。

第一节 喜剧的本质

关于喜剧的本质在美学史上曾进行过各种探讨。唯心主义的美学家否定喜剧的客观现实基础,他们或者从主体的感受出发,或者从绝对精神出发说明喜剧的本质。如康德曾从主体的感受出发研究喜剧的效果——笑,认为"笑是一种从紧张的期待突然转化为虚无的感情"[1]。他举例说

---

[1][德]康德:《判断力批判》(上卷),第180页。

有一个印第安人去参加宴会,在宴席上看见一个坛子打开时,啤酒化为泡沫喷出,大声惊呼不已。别人问他为什么惊呼,他指着酒坛说:我并不惊讶那些泡沫怎样出来的,而是它们怎样搞进去的。康德认为,人们听了这件事会大笑。而笑的原因并不是认为自己比这个无知的人更聪明些,而是由于紧张的期望突然消失于虚无。康德的这种看法,虽然指出了喜剧的心理特征,但并没有揭示出喜剧的本质,因为期待突然转化为虚无,不仅可以产生喜剧中的笑声,同样可以产生悲剧中的沉痛。黑格尔是从绝对精神的发展去研究喜剧,他认为喜剧是"形象压倒观念",表现了理念内容的空虚。这种观点虽然从属于他的唯心论体系,但是里面包含了辩证法的合理因素。他认为喜剧是对那些"虚伪的,自相矛盾的现象归于自毁灭,例如……把一条像是可靠而实在不可靠的原则,或一句貌似精确而实空洞的格言显现为空洞无聊,那才是喜剧的"[2]。

唯物主义的美学家首先肯定喜剧的客观基础,认为喜剧反映特定的生活对象。如亚里士多德从摹拟说出发,提出"喜剧是对于比较坏的人的摹仿",并指出喜剧与生活中丑的联系,"滑稽的事物是某种错误或丑陋,不致引起痛苦或伤害,现成的例子如滑稽面具,它又丑又怪,但不使人感到痛苦"[3]。

车尔尼雪夫斯基从唯物主义角度出发提出了关于喜剧本质的一些卓越的见解。他认为:"滑稽的真正领域,是在人、在人类社会、在人类生活。"[4]自然风景可能是十分不美的,却绝不会是可笑的。车尔尼雪夫斯基明确指出"丑乃是滑稽底根源和本质"[5],但不是在一切情况下现实中的丑都能成为滑稽可笑,而是"只有当丑力求自炫为美的时候,那个

---

[2][德]黑格尔:《美学》(第1卷),第84页。
[3][古希腊]亚里士多德:《诗学·诗艺》,第16页。
[4][俄]车尔尼雪夫斯基:《美学论文选》,第112页。
[5]同上书,第111页。

时候丑才变成了滑稽"[6]，也就是当丑带有荒唐和自相矛盾性质的时候，才会使人感到滑稽可笑。但是车尔尼雪夫斯基是从人本主义的立场去研究喜剧，不是从历史的辩证发展上去理解生活，因此，仍不能科学地说明喜剧的本质，正如他不能科学地说明美的本质一样。

马克思主义美学的喜剧观是建立在对社会发展规律的科学理解的基础上。马克思曾说："历史不断前进，经过许多阶段才把陈旧的生活形式送进坟墓。世界历史形式的最后一个阶段就是喜剧。"[7] 又说："黑格尔在某个地方说过，一切伟大的世界历史事变和人物，可以说都出现两次，他忘记补充一点：第一次是作为悲剧出现，第二次是作为笑剧出现。"[8] 马克思在这里所说的喜剧，主要指的是社会生活中的否定方面，即讽刺性喜剧。因为陈旧的生活方式走进坟墓时，往往具有这样的特征，即"用另外一个本质的假象来把自己的本质掩盖起来"[9]。这正是陈旧生活方式的一种自我讽刺。这些深刻的论述闪耀着历史唯物主义的光辉，具有鲜明的科学性和战斗性。它包含了以下主要内容：

1. 历史上陈旧生活方式的灭亡是产生讽刺性喜剧的客观基础。从唯物辩证法的观点看一切事物有其产生，便有其灭亡，在人类社会的发展过程中一切生活方式都有其产生、发展、消灭的过程。历史上那些重大的喜剧性的事件和人物都是与陈旧的生活方式相联系的，马克思就是结合当时德国的现实生活来说明喜剧的本质，19世纪40年代德国的政治制度是极其腐败的封建君主制度。马克思愤怒地指出："应该向德国制度开火！一定要开火！这种制度虽然低于历史水平，低于任何批判，但依然是批判的对象。"[10] 这就是说，当时德国的旧制度连同对它的批判本

---

[6]［俄］车尔尼雪夫斯基：《美学论文选》，第111页。
[7]《马克思恩格斯选集》(第1卷)，第5页。
[8] 同上书，第603页。
[9] 同上书，第5页。
[10] 同上书，第3页。

身，在欧洲各国历史的发展中都早已过时，已经是"现代各国历史储藏室中布满灰尘的史实"。正是在这种条件下，马克思提出"把陈旧的生活形式送进坟墓。世界历史形式的最后一个阶段就是喜剧"。这思想也强烈地反映在恩格斯于19世纪40年代写的一些文章中，如1848年写的《战争的喜剧》，1849年写的《皇冠的喜剧》，都是讽刺德国封建统治的。

2. 体现这种陈旧生活方式的统治阶级的代表人物都是历史上的丑角。马克思指出德国的封建阶级"不过是真正的主角已经死去的那种世界制度的丑角"[11]。这里提出两个问题，第一个问题是反动腐朽的统治阶级代表人物为什么会成为生活喜剧中的丑角，在政治领域中两种社会力量的斗争，如何在审美领域表现为美与丑的斗争。我们不能把审美领域中美丑的斗争简单地等同于两种社会力量的斗争，前者不过是后者表现的一个侧面，但是二者之间有着密切的联系。人物在政治上的反动腐朽决定了他在性格、形象上的丑。人物形象包括人的动作、表情、仪容、风貌等，它是人物内在性格和外部特征的统一，是"诚于中而形于外"的东西。政治上反动腐朽的人物必然在性格上留下深刻的烙印，如伪善、残暴、贪婪等，这些性格特征体现在形象上就是丑。大量的历史事实都可以说明这一点。从法国巴黎公社时期的梯也尔，第二次世界大战中的希特勒，直到"四人帮"，他们的丑恶形象在各种形式的喜剧艺术中都有深刻的反映。历史上剥削阶级的代表人物并不是在任何情况下都以丑角出现，当剥削阶级作为一种新的生产关系的代表，处于上升时期的情况下，他们的形象是开朗而富有生气的。马克思曾说："资产阶级革命……人和事物好象是被五色缤纷的火光所照耀，每天都充满极乐狂欢。"[12]当资产阶级处于腐朽没落时期，他们的性格、形象必然趋于阴暗、颓废，成为丑的形象。第二个问题是，现实生活中的丑角并不是在

---

[11]《马克思恩格斯选集》(第1卷)，第5页。
[12] 同上书，第606页。

一切情况下都能成为喜剧对象。生活中丑恶的东西常常使人感到可憎,然而并不一定使人感到可笑。历史上的统治阶级当其成为某种腐朽生活方式的代表,在生活中已经充分暴露出腐朽性,而又极力掩盖其腐朽性的时候,才会成为可笑的丑角。马克思在揭露德国腐朽的封建制度的喜剧特征时认为,这是用另外一个本质的假象把自己的本质掩盖起来,并求助于伪善的诡辩。这一点对于揭示生活中喜剧的本质有着非常重要的意义。在社会生活中由于内容与形式的矛盾而产生种种乖讹、倒错或自相矛盾,这才使事物变得荒唐可笑。"四人帮"在垮台前的种种表演不正是一出生动的历史喜剧吗?他们千方百计把自己的本质隐藏在假象之中。反动变成了革命,小丑扮装成英雄;扼杀革命文化的罪人,却自称为"文艺革命的旗手"……

3. 生活中的矛盾冲突是产生喜剧的根源。马克思分析喜剧形成的原因时认为,这是为了人类能够愉快地和自己的过去诀别,他是从两种社会力量在斗争中的关系来说明喜剧的根源。喜剧性体现了生活中美丑斗争的一种特殊状态,在崇高和悲剧中,丑展现为一种严重的敌对力量,对美进行摧残和压迫;喜剧正相反,美以压倒优势撕毁着丑,对丑的渺小本质进行揭露和嘲笑。被嘲笑的对象从来不认为自己是可笑的,正如他永远不会承认自己是反动和愚蠢一样,喜剧中的笑声是来自先进社会力量的胜利。在喜剧艺术中,美的事物虽然有时并不直接出现,而是隐藏在丑的背后,但我们可以在观众的笑声中发现它。果戈理在谈到《钦差大臣》时写道:"没有人在我的戏剧人物中找出可敬的人物。可是有一个可敬的、高贵的人,是在戏中从头到尾都出现的。这个可敬的、高贵的人就是'笑'……它是从人的光明品格中跳出来的。"[13] 这里所说的"光明品格"就是指先进的社会力量。生活中的两种社会力量的斗争

---

[13] 段宝林编:《西方古典作家谈文艺创作》,第 412 页。

尽管是迂回曲折的，但最后必然是新世界战胜旧世界，新世界的每一重大胜利必然伴随着对旧世界的嘲笑。在斗争的过程中，腐朽的势力也可能取得某些暂时的胜利，而发出自鸣得意的笑声，但是随着腐朽势力的灭亡，这笑声也成为对他们自己的嘲笑。正如一句名言："谁最后笑的，谁笑得最好。"当先进社会力量发出笑声的时候表明他们早已在实践上、理性上处于优胜地位。"一般地说，一个人胜利的时候才会笑。"[14] 在喜剧中对腐朽事物的否定和对先进事物的肯定是统一的，先进社会力量向过去告别，就意味着旧事物被否定和新事物在斗争中的成长、发展，因此这种诀别对于先进社会力量来说是愉快的。离开了生活中的矛盾冲突便无法说明喜剧的本质。

上述马克思关于喜剧的论述主要是结合当时德国政治斗争的情况而提出的，虽然不是直接对喜剧的本质下定义，但是对于我们研究喜剧理论（如喜剧的本质、特征、形成的条件等）有着普遍的指导意义。这一点必须肯定，同时，我们又不能机械照搬某些具体结论，因为随着现实生活的发展，喜剧的内容和形式也在发展，我们需要结合实际做进一步的研究。在现实生活中喜剧的内容是多种多样的，笑声也是多样的，有讽刺的笑、幽默的笑，还有赞美的笑。人类愉快地同自己的过去诀别，并不限于把反动没落阶级送进坟墓这一种情况，还包括在人民内部自身所受的旧的影响，当然后者和前者在性质上是不同的。此外，喜剧的内容还可以包括对新的事物和正面人物的歌颂。人类既可以愉快地向自己的过去诀别，也可以愉快地去迎接自己的未来。在现实生活中以上这几种情况往往是交织在一起的，不论是哪一种情况在特定条件下（如由于本质与现象、内容与形式的矛盾，而产生的倒错、乖讹、悖理、异常等），都可以成为喜剧的内容。

---

[14][俄]卢那察尔斯基:《论文学》，第479页。

生活中的喜剧性现象常常是和笑联系在一起的，但并不是生活中任何可笑的现象都具有喜剧性。只有当可笑的现象体现了一定的社会意义，体现了先进美好的事物与落后丑恶事物的冲突，在倒错、自相矛盾、悖理等形式中表现本质的时候才具有喜剧性。讽刺性喜剧和歌颂性喜剧都是如此。

第二节　喜剧的特征是"寓庄于谐"

这里所说的喜剧性艺术不单是指戏剧中的喜剧，还包括带有喜剧性的漫画、相声、讽刺诗以及一部分民间笑话、机智故事等。

"庄"是指喜剧的主题思想体现了深刻的社会内容，"谐"是指主题思想的表现形式是诙谐可笑的。

在喜剧中"庄"与"谐"是辩证统一的，失去深刻的主题思想，喜剧就失去了灵魂，但是没有诙谐可笑的形式，喜剧也不能成为真正的喜剧。中国古代喜剧理论中很注重"庄"与"谐"的结合，《史记·滑稽列传》中讲优旃"善为笑言，然合于大道"，刘勰在《文心雕龙》中提出"谐辞隐言"，"笑言"与"大道"、"谐辞"与"隐言"的统一也就是"谐"与"庄"的统一，李渔在《笠翁偶集》中也提到"于嘻笑诙谐之处，包含绝大文章"。这些说法都包含了"寓庄于谐"的意思，不过由于时代不同，"庄"与"谐"的表现具有不同的特点，喜剧中的"庄"与"谐"的结合，可以解决"庄"的问题，也就是要求作者真实地反映生活。鲁迅曾说过，讽刺的生命是真实。喜剧性艺术中"庄"的含义，除了指作品内容真实地反映生活本质外，还指艺术家在创作中的严肃认真的态度。卓别林对喜剧情节的处理都是经过认真的思考和反复的推敲，不是单纯地追求逗笑或新奇。他很重视在喜剧中对人物性格的刻画，例如《在城市之光》中，原来有一个场面是流浪汉在路上遇到一个乞丐手里拿着一个盛钱的机器，扔进一个硬币便自动给施主打一张收据，流浪汉对这机器很感兴趣，便把自己身上的硬币一个一个地都给了乞丐，最后，流浪汉换来了满手的收据。这个情节虽然可以使人发笑，但是拍好后卓别林认为这个场面、情节不符合他的创作要求，因此删去了。他说："这种场面在别的影片中有存在的权利，可是，我所追求的是另外一种东西。这场戏的效果是以机器的特殊技巧为基础的，而我认为艺术中主要的——是人。"[15]这个例子说明卓别林在喜剧创作中的严谨态度。另一方面，要很好地研究喜剧艺术的形式，也就是要解决"谐"的问题。一个喜剧家、漫画家在创作过程中对生活的理解，是和喜剧形象的探索结合在一起的。有的人说："卓别林浑身都是喜剧细胞。"这说明卓别林在创作过程中总是结合喜剧艺术形象的特点去思索，善于通过诙谐的形式去表现特定的生活内容与思想感情，把深刻的思想内容和强烈的诙谐效果完全融合在一起。如何才能在喜剧中取得寓"庄"于"谐"的效果，这个问题很值得研究。喜剧的艺术效果之一是引人发笑，但是要弄清笑的实质却是一个比较复杂的问题。司汤达曾说，再没有比笑更难捉摸的东西了，缺乏某种次要的条件也可能使最可笑的事情失去效果，就可能阻碍笑的产生。这里所说的"条件"，是指在创作中如何掌握喜剧艺术形象的特点，这里着重说明两点：

1. 在倒错中显真实。一切艺术都要真实地反映生活，而喜剧艺术是要在倒错（自相矛盾）的形式中显示真实。在中国古代关于喜剧的理论中曾对滑稽的特点做过分析："滑，乱也；稽，同也。言辩捷之人，言非若是，说是若非，言能乱同异也。"（司马贞《史记索隐》）这里所说的"乱同异""言非若是，说是若非"，都是指喜剧性艺术善于运用倒错的

---

[15]［俄］A·库尔金：《卓别林传》，黄鹤九译，中国电影出版社，1984年，第224页。

形式，以取得诙谐的效果。这与喜剧性艺术所反映的特定的生活矛盾密切相联系，在生活中具有喜剧性的事物也常常是体现在内容与形式的自相矛盾中。莎士比亚在《雅典的泰门》中写道：

> 金子！黄黄的，发光的，宝贵的金子！……
> 只这一点点儿，就可以使黑的变成白的，丑的变成美的，错的变成对的，卑贱的变成尊贵的，老人变成少年，懦夫变成勇士。[16]

这里所举的各种倒错的生活现象都是特定社会条件下的产物，它们具有深刻的喜剧性。正是由于生活中喜剧的这个特点决定了喜剧艺术表现上的特点，所以在对敌人的讽刺喜剧作品中我们经常可以看到丑扮成美，渺小冒充伟大，"慈善"里包藏狠毒，"真诚"掩盖着虚伪，等等。川剧《望江亭》中杨衙内赏月吟诗的情节，揭露了一个庸俗腐朽的花花公子如何冒充风雅多情。谭记儿为了嘲弄杨衙内，要他作一首赏月的诗，首尾两句都要带有"月"字。杨衙内苦想一阵，才抄来一句流行的歌词"月儿弯弯照楼台"，但是第二句接不下去了，捉摸半天，才挤出一句"楼高又怕栽下来"。接着第三句是"下官牵衣忙下跪"，但是"跪"字不会写，谭记儿告诉他"跪"字是"足"旁加个"危"字，杨衙内听了马上装出一副刚想起来的样子说："对！对！我们也是那么写的。"杨衙内又是不懂装懂，最后怎么也编不出这带"月"字的末句诗，憋了满头大汗，才硬凑了一句："子曰：学而时习之。"（"曰"和"月"音同字不同）这个情节之所以滑稽可笑，关键在于"装"，所谓"装"就是在倒错的形式中显现真实，揭露本质。在喜剧艺术中所表现的这些倒错，都是经

---

[16][英]莎士比亚:《莎士比亚全集》(第8册)，人民文学出版社，1978年，第176页。

过艺术家识别了的倒错，在这里假象并不掩盖本质，而是揭露本质，使讽刺的对象处在"欲盖弥彰"的情况下。正像莫里哀在谈《伪君子》的创作时所说："观众根据我送给他（指伪君子）的标记，立即认清了他的面貌；从头到尾，他没有一句话，没有一件事，不是在为观众刻画一个恶人的性格。"[17]在歌颂性喜剧中常常也采用倒错的表现形式，当然在内容性质上与前者不同。例如正确的思想行为常常表现在谬误的形式中，在喜剧电影《今天我休息》《五朵金花》《锦上添花》中许多误会的情节，都是属于倒错的表现方法。

2. 夸张是喜剧艺术表现的另一个特点。夸张以至变形常常能产生明显的喜剧效果。例如在《大独裁者》中兴格尔演说，由于情绪的狂热，把麦克风的支架都给烤弯了。还有，兴格尔玩弄地球的夸张动作，充分暴露了他的政治野心。在《淘金记》中，查利由于女友乔佳答应他的约会，高兴得在屋子里狂舞起来，并抓起枕头来捶打，结果枕头被打破，鸭绒乱飞，弄得屋子里像下了一场大雪。由于采用了这种夸张的手法，既深刻地表现了人物的性格，又具有强烈的喜剧效果。在漫画中运用夸张手法更是常见。当然，喜剧艺术上的夸张、变形，不是"胡闹"，不能违反生活的真实。这里所说的真实，是要反映生活的本质，而不拘泥于对生活现象的逼真模仿。所以鲁迅又说："漫画虽然有夸张，却还是要诚实。'燕山雪花大如席'，是夸张，但燕山究竟有雪花，就含着一点诚实在里面，使我们立刻知道燕山原来有这么冷。如果说'广州雪花大如席'，那可就变成笑话了。"[18]

在喜剧艺术中还有不少其他的表现方法，如巧合、重复等，运用这些方法都是为了表现特定的内容。"谐"是为"庄"服务的，离开"庄"而去追求"谐"，便会流于浮浅，成为"为逗乐而逗乐"。在成功的喜剧

---

[17] 段宝林编：《西方古典作家谈文艺创作》，第88页。
[18]《鲁迅全集》(第6卷)，第186页。

艺术中，最能使观众发笑的地方，也常常是反映生活本质最深刻的地方。例如相声《帽子工厂》有以下一段对话：

乙：我是跟随毛主席南征北战几十年，继承和发扬了革命传统的老干部。

甲：你是民主革命派，也就是"党内走资派"。

乙：这帽子就飞来了！"我是新干部。"

甲："新生的资产阶级分子。"

乙："我不是领导。"

甲："混进群众里边的坏人。"

乙："你也没调查研究……"

甲："攻击领导。"

乙：你……

甲："漫骂首长。"

乙："我不说话。"

甲："暗中盘算。"

乙："我把眼闭上。"

甲："怀恨在心。"

乙：（无可奈何，揣手动作）……

甲："掏什么凶器？"

乙："我怎么也躲不开呀！"

这段对话，加上演员的生动表演，引起观众阵阵笑声，在这笑声中对"四人帮"的"打倒一切""怀疑一切"的罪行做了深刻的揭露。喜剧艺术引人发笑，满足人们对喜剧的娱乐性要求，同时给予人们思想感情上的影响。当然在少量喜剧作品中虽然没有反映很深刻的社会内容，但是只要内容是健康的,它能使人们在笑声中心情舒畅,得到休息,这也是人民所需要的。

这里还要说明一点,就是喜剧艺术虽然来源于生活,但两者还是有区别的。主要的区别是:第一,生活中的喜剧性往往隐藏在生活现象中,看上去很平常,也不一定引人发笑,但经过艺术家的提炼,在作品中才显示出喜剧性来。果戈理曾说:"到处隐藏着喜剧性,我们就生活在它当中,但却看不见它;可是,如果有一位艺术家把它移植到艺术中来,搬到舞台上来,我们就会自己对自己捧腹大笑,就会奇怪怎么以前竟没有注意到它。"[19] 鲁迅也讲过在喜剧艺术中"所写的事情是公然的,也是常见的,平时是谁都不以为奇的,而且自然是谁都毫不注意的……现在给它特别一提,就动人。譬如罢,洋服青年拜佛,现在是平常事,道学先生发怒,更是平常事……但'讽刺'却是正在这时候照下来的一张相,一个撅着屁股,一个皱着眉心……连自己看见也觉得不很雅观。"[20] 第二,生活中丑角是作为反面人物出现的。在喜剧艺术中的丑角,既可以是反面人物,也可以是正面人物。我国喜剧《乔老爷上轿》中的乔溪,是作为"丑角"出现,却是一个善良的人物;卓别林所扮演的夏尔洛和查利也属于善良人物,以"丑角"形式出现。在《摩登时代》中使人发笑的喜剧主角夏尔洛,在现实生活中却是属于悲剧性人物。

第三节　喜剧形式的多样性

"寓庄于谐"是一切喜剧艺术的共同特征,但是由于作品所反映的内容在性质上不同,因此在表现形式上也是多样的。

---

[19] 段宝林编:《西方古典作家谈文艺创作》,第410页。
[20]《鲁迅全集》(第6卷),第258页。

讽刺所反映的对象是社会生活中的否定现象。生活的喜剧把本质隐藏在假象中，喜剧艺术则是透过假象揭露本质。鲁迅说："喜剧将那无价值的撕破给人看。"[21]这主要是指喜剧艺术中的讽刺。讽刺具有两种不同的性质：一种是对敌人的揭露和批判，一种是对人民内部某些比较严重的缺点和错误提出尖锐批评。对敌人的讽刺，是要充分暴露敌人的丑恶，在笑声中包藏着愤怒和仇恨。这种笑声像烈火，像利剑，它摧毁一切偶像，撕破一切伪装。恩格斯曾在1847年画了一幅漫画讽刺普鲁士的国王威廉四世。在漫画中威廉四世正扬手扪胸，发表演说，仿佛在发誓表白他对人民的"忠诚"。在威廉四世的身边是一帮昏庸的王侯、近臣和手持长剑的卫士，远处是一群端正直立的恭顺的议会代表，代表的前排正中一人双手交叉胸前，两腿张开，以一种傲慢的眼光投向威廉四世，表达了进步力量对国王的伪善的憎恨。恩格斯在另一篇文章中讽刺威廉四世，写道："他深信自己是第一流的演说家，在柏林没有一个商品推销员能比他更擅长于卖弄聪明，更擅于辞令。"[22]这段话可以说是上面漫画的一个很好的注脚。在生活中假象掩盖本质，在喜剧艺术中假象却成为暴露丑恶本质的"显影液"。正如鲁迅在评价萧伯纳作品时所说的："他使他们（按：被讽刺的对象）登场，撕掉了假面具，阔衣装，终于拉住耳朵，指给大家道，'看哪，这是蛆虫！'"[23]

在资本主义社会中大量矛盾现象都具有喜剧特征，从而成为讽刺家的绝妙题材。恩格斯曾称赞傅立叶"无情地揭露资产阶级世界在物质上和道德上的贫困……拿这种贫困和当时的资产阶级思想家的华丽的词句作对比；他指出，和最响亮的辞句相适应的到处都是最可怜的现实……傅立叶不仅是批评家，他的永远开朗的性格还使他成为一个讽刺家，而

---

[21]《鲁迅全集》(第1卷)，第193页。
[22]《马克思恩格斯选集》(第1卷)，第512页。
[23]《鲁迅全集》(第4卷)，第436页。

图 39　卓别林（《摩登时代》）

且是自古以来最伟大的讽刺家之一"[24]。这里所说的把响亮的词句与可怜的现实相对比，就是通过这种对比把伪装起来的无价值的东西撕破给人看。

卓别林自编自演的电影《摩登时代》（图 39），尖锐地讽刺了资本主义世界所谓的"现代文明"，使我们看到在资本主义条件下科学技术的发展给无产者带来的灾难。影片中，工人在自动传送带上拧紧螺帽，这是一种极其紧张的、反复的、简单的操作。这种操作摧残着工人的肉体和神经，把工人变成了机器，使他们陷入精神失常，以致看见别人的衣服纽扣和鼻尖便要用钳子去拧掉。这种情节引起人们大笑，却绝不是单纯逗乐，而是在笑声中包含了工人的眼泪。《摩登时代》这样的喜剧也可以说是含泪的喜剧。

至于对人民内部某些严重错误的讽刺，则是另一种性质的讽刺。尽

---

[24]《马克思恩格斯选集》（第 3 卷），第 411 页。

管批评是尖锐的，但在笑声中仍然体现了热情。在表现这种题材时，一般是侧重在"事理"上，而不是去丑化人物，如漫画《对自己和对别人》。当然事理的表现往往离不开人物，因此，在对人物的处理上必须掌握好分寸。在讽刺敌人时笑声像刺向心脏的匕首，要充分地暴露敌人的丑恶本质；在讽刺人民内部缺陷时，虽然也免不了笑中带刺，但这种刺痛却像一根治病的银针，刺痛是为了治好疾病。聪明的艺术家在处理这类题材时，为了避免丑化人物，有时可以不画人物面部，或者以事物作象征而不出现人物形象。这类讽刺作品主要是概括地批评某些不良的社会现象，让恶习成为笑柄，对恶习就是重大的致命的打击。

幽默的特点不同于讽刺，虽然两者在喜剧性艺术中常常是难以分开的。幽默不仅反映生活中的否定现象，而且反映生活中的肯定现象，它比讽刺更带有快乐的色彩。讽刺较严厉，幽默较轻松；讽刺较辛辣，幽默较温和。幽默使人产生会心的微笑、同情的苦笑，或戏弄的讥笑。例如华君武所画的《决心》，讽刺有的人"决心"戒烟，从楼上把烟斗扔掉，但不等烟斗落地，便飞奔下楼双手接住烟斗。这幅画虽然也包含讽刺，但更富有快乐和轻松的特色，所以又近于幽默。当幽默运用于歌颂新的事物或正面形象时，能使人产生会心的微笑，它直接表达了先进社会力量的一种优越感。这种会心的微笑不同于一首抒情诗或一幅风景画引起的愉快心情，因为幽默所引起的会心的微笑包含了诙谐或机智的成分。例如法国漫画家让·艾飞曾创作过一幅歌颂新中国诞生的漫画，名叫《创世纪》。在画面上一个小天使手握画笔，站在云端，身前的画架上安放着一幅画好的"星座"（新中国国旗上的五星图案），天空画有各种星座。小天使对身边的上帝说："这完全超出了你的计划，这一星座从1949年10月已经照耀世界了。"这幅画构思新颖、巧妙，既有诙谐效果，又富有机智，把新中国国徽上的五星图案，比作夜空中灿烂的星座，体现了深刻的含义。再如韦启美所作的一幅漫

图40 韦启美《庆祝葛洲坝船闸试航》

画是歌颂葛洲坝工程的（图40），画中的题词是"两岸人声笑不住，轻舟又过一重山"，船闸的两侧，有如高山耸立，闸顶站满欢呼的人群，在巨轮的上空彩色的气球在升腾，巨轮后面李白站在小舟上吟诗。这幅画也具有幽默的特色。

在我国传统喜剧作品中常常是把讽刺与幽默结合在一起，如《望江亭》《救风尘》《乔老爷上轿》等喜剧中都是在讽刺嘲弄反面人物的同时，幽默地赞扬了正面人物的美好品质。

当幽默运用于批评人民内部某些缺陷时，常常引起一种同情的苦笑，或善意的微笑。这种作品所反映的对象，常常是那些想把事情办好，但是由于种种原因（如理论脱离实际，或者工作方法不对等），造成效果和动机之间的自相矛盾，而且往往自己还意识不到是缺点或毛病。例如华君武漫画《脸盆里学游泳》，批评一些人理论脱离实际，画了某君一头栽进水盆,双手在空中划水做蝶泳状,动作十分"认真"。另一幅漫画《劳而无功》(赵良作),画了两个人使劲拉锯,但是锯齿朝上,白费力气。这些漫画对生活中的某些错误现象提出了诚挚的批评,既流露了几分同情,也包含了一些善意的批评幽默。这往往是先进社会力量处于绝对优势,或者已经取得胜利的情况下对敌人的戏弄和轻侮,这种作品引起的笑声虽然是轻松的,却往往更暴露出敌人腐朽的本质,表现出先进社会力量的自信和优越感。恩格斯曾对无产阶级在斗争中的幽默态度做了深刻分析:"工人不论在对政权或对个别资产者的斗争中,处处都表现了自己智慧和道德上的优越……他们大都是抱着幽默态度进行斗争的,这种幽默态度是他们对自己事业满怀信心和了解自己优越性的最好的证明。"[25]

从以上分析,说明喜剧艺术(包括讽刺喜剧)的共同特征是"寓庄于谐",它使人们在笑声中满足审美要求,并提高思想。"笑是一面胜利的旗帜。"在我们时代里,喜剧所引起的笑声,体现了人民群众的精神特征和优越感,发展喜剧性艺术是时代的需要。笑是一种战斗的方式,我们要在笑声中揭露阶级敌人的反动、腐朽、伪善,在笑声中教育人民克服旧的思想,还要在笑声中热情地歌颂我国社会主义现代化的建设。过去"四人帮"出于他们反动没落阶级的本能,害怕群众的笑声,甚至要禁止群众的笑声,他们极力扼杀喜剧艺术,最后还是逃脱不了历史的惩罚,被群众的笑声送进坟墓。

---

[25]《马克思恩格斯全集》(第18卷),第565页。

思考题

1. 什么是喜剧，怎样理解马克思所说的巨大的历史的事变和人物第一次是以悲剧出现，第二次是以笑剧出现？
2. "寓庄于谐"为什么是喜剧艺术的本质？
3. 暴露性喜剧与歌颂性喜剧有何异同？试谈谈你对它们的看法。
4. 喜剧中讽刺与幽默有什么联系和区别？

第十三章

美感的本质特征

美感是美学研究的一个重要方面。我们知道，美学研究的方法是审美主体和审美客体在实践基础上相互作用、辩证统一的方法。在前面，我们研究了审美客体，即美的本质、美的各种具体存在领域和形态，但对审美主体，也就是美感还没有研究。美感的本质特征，美感的心理因素，美感的多样性与共同性等，这些都是美学极为重要的问题。一方面，可以说没有客观的美，我们的美感便无从产生，美的客观存在是第一性的。另一方面，如果没有美感的感知美或引起美感愉悦，则美的存在我们也无从知道。因此，美感是美学理论体系的一个重要的有机组成部分，离开了对美感的研究则美学理论体系是不完善的、片面的。特别是近代美学偏重主体、美感经验的研究，自19世纪中叶以来，德国的费希纳提出"自下而上"的美学更是注重心理实验方法，把审美、美感的研究作为美学研究的重点。20世纪30年代朱光潜在《文艺心理学》第一章中指出，近代美学所侧重的问题是"在美感经验中我们的心理活动是什么样"，至于一般人喜欢问的"什么样的事物才能算是美"这一个问题还在其次。这虽是近代美学研究的一种倾向，但可以看出美感在美学理论体系中所占的重要位置。

美感是接触到美的事物时所引起的一种感动，是一种赏心悦目、怡情悦性的心理状态，是对美的认识、评价和欣赏。在西方美学史上，美感又叫审美鉴赏、审美判断或趣味判断。美感既然有评价、认识美的作用，它就是一种判断。但美感有强烈的情感作中介，它就不是一种概念的逻辑的判断，而是一种审美的趣味的判断。这种审美的趣味判断，是美的一种特殊反映形式。在这种特殊反映形式中，由于情感占据着中心位置，同时又始终不脱离感性的具体形象，暗含着、渗透着知觉、想象、理解等心理因素，在审美过程中，才能达到怡然自得、无私的自由境界。

美感和科学认识一样，都是客观世界能动反映的一种方式，都是意识形态，但美感又有自己的本质特征。美感的本质特征受客观美的特征所制约和决定，是审美主体把握客观美时的具体表现。那么，什么是美感的本质特征呢？

第一节　美感的形象直接性

美感作为一种特殊的认识和把握的方式，和其他认识一样，是以感性认识为基础的。人要认识对象的美，必须以形象的直接方式去感知对象。美感总是首先通过一定对象的感性状貌，一定的色彩、形体、线条和音调等直接的感知或表象来进行的，也就是说，以形象的直接性的方式来进行。这是因为美的事物都有一定的感性形象，都具有一定的外部特征。不首先直接感知美的外部特征，不首先直接感知美的形象，我们是不能得到美的体验，是不能产生美感的。大海如果显示不出深蓝的色彩，如果发不出咆哮的波涛，艺术如果没有可感受的生动的形象，不能被我们所直接感知，则不能引起我们的美感。再如，我们要领略黄山的美或桂林山水的美，或者要欣赏一部小说或电影的美，只听到别人介绍或议论是不够的，别人的介绍或议论可以引起我们的浓厚兴趣，但它还只是概念的，是一种间接的感受。不能有生动的体验，也就不能产生真实的美感。比如说黄山的"松鼠跳天都""猴子观海""天鹅下蛋"等，光听别人介绍能有那样的情趣吗？不能。只有亲自去黄山，直接去感受，才能更深刻地体会其中的情趣，感受到它的美。

美感的形象直接性还表现在在美的欣赏中不假思索，不需要借助于抽象的推理或思考，便能直接断定对象的美。如欣赏一朵花的美，我们不需要知道这花在植物学上属什么类，什么科，不需要借助于抽象的思考，而是一眼看到就立刻感到它的美。再如，我们欣赏一首歌曲，甚至还不了解歌的主题是什么，就一下子为它那清新的歌词、动人的旋律、悦耳的声音，为它的美所倾倒。正如有的美学家所说："最能直接打动心灵的还是美。"[1] 普列汉诺夫也说："一件艺术品，不论使用的手段是形象或声音，总是对我们的直觉能力发生作用，而不是对我们的逻辑能力发生作用。"[2] "直觉能力"是指审美者对审美对象的一种不假思索而即刻把握与领悟的能力，也就是直接的感性体验或欣赏能力。这种"直觉能力"的获得即是美感的形象直接性，"逻辑能力"即抽象思维。从感知到抽象思维，中间经过概念、推理和判断，获得这种抽象思维形式是间接的。因此，普列汉诺夫这段话也正说明了艺术作品只有作用于形象的直接性，才能产生美感。

美感的直接性离不开感觉、知觉等感性内容，但又不同于感性认识，它包含着理性思维的内容。车尔尼雪夫斯基说得好："美感认识的根源无疑是在感性认识里面，但是美感认识毕竟与感性认识有本质

---

[1] 北京大学哲学系美学教研室编：《西方美学家论美和美感》，第95页。
[2] [俄] 普列汉诺夫：《没有地址的信　艺术与社会生活》，第125页。

的区别。"[3] 这个本质的区别就在于感性中包含着理性思维活动。从客观方面说，这是因为美的事物不仅具有感性形式、生动可感的形象，而且还有内在本质和一定的生活内容。从主观方面说，单有感觉、知觉活动不能感觉到、认识到美的本质、美的生活内容，必须有相应的理性思维活动。人的心灵美、内在美、性格美等，虽有感性的表现形式，如语言、动作、表情等，但单靠感觉活动是体会不深刻、不全面的，甚至有可能造成感觉上的错误。只有理性的思维活动，才能较深刻、较全面地体验人的心灵美，产生审美愉悦和享受。至于欣赏有复杂的故事情节和众多的人物形象的艺术品，那就更需要理性的思维活动了。

美感中的理性因素又不同于科学的逻辑认识中的理性。逻辑中的理性认识要依赖于感性认识，是从大量的感性认识中抽象出来的一般概念、推理和判断，排斥和消灭一切感性认识。美感中的理性不是抽象概念，它不排斥一切感觉、表象等感性认识因素，而是蕴含在感觉、表象之中。美感中的理性不是概念和逻辑推理，不是直接外露的，而是潜藏在、沉淀在对美的感性形象的品评与体验之中，它既不能脱离具体的可感知的美的形象，而又在感受之中包含着领悟、比较、推敲、揣摩等理性思维活动。美感的形象直接性就是深刻理解了的感觉，虽然包含着理性，但是以感性形式表现出来的。正因为如此，美感中的理性才不同于概念。美感正是在这种兴味、品评之中才真正达到对美的本质的感受与体验。它的特点是用形象说话，而不是用概念说话。所以理性不是外露的，而是融合、渗透、消化、沉淀在知觉和表象等感性因素中，好像盐溶于水，有咸味而不见盐一样。美感中的理性也正是如此，它溶解于生动的具体的形象当中，有理性作用，

---

[3]［俄］车尔尼雪夫斯基：《美学论文选》，第36页。

而又不见理性。正是"体匿性存",给人以精神上的理解、领悟和自由的喜悦。这是美感不同于一般认识,也是美感中形象直接性的具体表现。

美感之所以有这种形象直接性,固然由美的特征所制约,另外,也是由长期的审美实践所形成的。在长期反复的实践活动中,逻辑认识的抽象概念、推理、判断等理性思维活动是那么熟悉,以至于烂熟于心,好像忘记了或不需要逻辑推理过程,正像巴甫洛夫所说:"记得结果,回答正确,却忘记了自己先前的思想经过。""人记得最后的结论,却在其时不计及接近它和准备它的全部路程。"[4]这也说明认识可以"不计及"逻辑、推理的全部过程,"不计及"并不是没有,而是烂熟于心,这种理性也即渗透在感性之中。表面上只是感性认识的形式,实际上在这种感性认识中有理性思维的内容。正因美感中包含着理性,前面我们说到美感是不假思索的,这好像不需要理性思维,实际上不是这样,对于这种不假思索的美的事物,在欣赏时刹那间与美的观念、美的理性相契合,因而才能引起美感愉悦。其次,逻辑中的理性思维是明确的、有尽的,美感中的理性思维是不明确的、多义的,是无尽的。"言有尽而意无穷也。"例如有一幅《读》的画,表面上看,画面上一位少女在凝神、低头阅读,但她是矢志苦读,是惬意闲阅,还是等待情侣时惬意翻看?每一种"读"都给人无限的遐思。这种多义性在艺术作品中,我们是常常见到的。再如好的山川风光,好的文艺作品,每游一次,每读一遍,都有新的美的享受,也是无法穷尽的。这些都说明,美感的理性思维与逻辑中的理性认识是不同的。美感是在感性中蕴含着理性,这在西方美学史中有不少人不理解,因而他们把美感只等同于感性认识。如美学的开创者鲍姆嘉通,他第一个明确地

---

[4][俄]巴甫洛夫:《巴甫洛夫论心理学及心理学家》,龚叔修译,科学出版社,1955年,第10页。

把美规定为感性认识的完善,把感性认识与理性认识作为两个不同的研究领域,美学就是以感性认识作为研究的对象,开创了美感是感性认识的先河。其后康德更从哲学上加以论证,在他看来审美趣味判断(美感)是不借概念而令人普遍愉快的,他把美感与概念(即理性认识)对立起来。现代西方美学流派,更是把美感与理性对立起来,为美感无理性做了论证。

在我国美学界也有人认为,美感只是一种感性认识或情感,是脱离理性而独立的。虽然美感问题是一个正在讨论中的问题,但我们认为美感不是一种单纯的感性认识,也不是一种单纯的情感,而是在感性认识中蕴藏着理性认识的。美感是以个人兴趣、爱好为出发点的,为什么对这个发生兴趣,对那个就不发生兴趣呢?为什么对这个产生爱好,对那个就不产生爱好呢?表面上看这是个人"自由",实际上是在长期的审美实践活动中,在心理深层结构中沉淀着理性思维活动,不过在审美活动中你不自觉罢了。

例如:"诗贵意在言外,使人思而得之。""言"就是理性认识,就是概念,"意"是意境、意味或韵味,诗的意境、意味等是在"言"外,好像与理性思维没有什么关系,是离理智而独立的;但又必"思而得之",也就是说只有通过深入思考,理性思维才能得到言外之意,才能得到意境、意味或韵味的审美享受。可见,美感是不能离开理性思维的,只是这种理性思维蕴含于感性之中罢了。如"象外之旨""韵外之致""言有尽而意无穷"等,都得经过反复、深入的思考、推敲、比较,才能有无穷的趣味体验与审美享受。所以,严羽在《沧浪诗话》中说:"夫诗有别材,非关书也;诗有别趣,非关理也。然非多读书、多穷理,则不能极其至。"诗的"别材""别趣"与"书""理"无关,即与逻辑理性认识无关,然又要"多读书、多穷理"才能"极其至"。这说明只有在多读书、多穷理的基础上才能达到极致,即极其好的程度,而诗的"别材""别趣"又是不能离开理性思维的。这是美感能够体验美、把握美,获得审美享受的一个重要的原因。如果把美感看作单纯的感性认识,而否定它理性认识的内容,则是不对的。

第二节　美感的精神愉悦性

美感不同于认识的又一特点,在于它是情感的精神愉悦性。情感是美感的又一主要特点和最显著的标志,它使整个审美过程都带上愉快的情感色彩,车尔尼雪夫斯基对此曾明确说过:"美感的主要特征是一种赏心悦目的快感。"[5] 这是因为美感的愉悦性是由审美需要的满足而引起的。当人体验到人的自由创造,体验到人的智慧、才能和力量,见到人的生活目的和理想实现或将要实现,从而热爱生活、热爱人生,在精神上感到一种自由、舒畅和愉悦,这是人见到美的事物时所必然产生的情感。正像车尔尼雪夫斯基所说:"美的事物在我们心中所唤起的感觉,类似我们当着亲爱的人面前时洋溢于我们心中的那种愉悦。我们无私的爱美,我们欣赏它,喜欢它,如同喜欢我们亲爱的人一样。"[6] 又说:"大地上的美的东西总是与人生的幸福和欢乐相连的。"[7] 这说明美感的精神愉悦性总是与对生活的情感体验相连的,是对美的肯定态度与评价。

在美感活动中,人的情感和审美需要是处于和谐的统一中,正是由于这种和谐的统一,美感才会给我们舒畅自由的喜悦。例如《艺苑趣谈录》中第一篇文章《列宁与〈热情奏鸣曲〉》,说的是俄罗斯著名

---

[5][俄]车尔尼雪夫斯基:《美学论文选》,第97页。
[6]同上书,第6页。
[7]同上书,第11页。

画家茹科夫画过一幅出色的素描，题为《热情奏鸣曲》。画面上列宁靠着椅背，潮水般的音乐激荡着他、感染着他，一种难以捉摸的温和的表情在他脸上舒展开来。这幅画是描绘列宁欣赏音乐时候的情景，形象生动地表现了贝多芬的《热情奏鸣曲》如何赢得列宁的喜爱，也说明了美感与情感处于和谐时的自由的愉悦性。

列宁从小就非常喜爱音乐，不仅喜爱无产阶级的战斗歌曲，而且尤其喜爱贝多芬的《热情奏鸣曲》。1913年列宁在瑞士时，曾多次邀请钢琴家凯德洛夫为他演奏《热情奏鸣曲》。每当凯德洛夫演奏时，列宁不是坐在窗台上眺望远方的阿尔卑斯山白雪皑皑的顶峰，就是两手抱膝，屏息静气地仰靠在沙发上，沉浸在深邃的、只有他一个人才能感受到的音乐愉快的情感境界中。夺取政权后，有一次在别什科娃家里听《热情奏鸣曲》时，列宁深情地向高尔基讲了这段有名的、充满热情的评论，他说："我不知道还有比《热情奏鸣曲》更好的东西，我愿每天都听一听，这是绝妙的、人间所没有的音乐。我总带着也许是幼稚的夸耀想：人们能够创造怎样的奇迹啊！"[8]这说明贝多芬的《热情奏鸣曲》有多么感人的魅力，同时又和列宁的深邃、激荡的情感结合在一起，使他陶醉在音乐的优美、激荡的旋律中。美感是情感，是精神愉悦性的表现，这在中外美学史上是常见的。例如亚里士多德在谈到美感时，就常提到音乐的净化作用和快感，他说："某些人特别容易受某种情绪影响，他们也可以在不同程度上受到音乐的激动，受到净化，因而心里感到一种轻松舒畅的快感。"又说："人们都承认音乐是一种最愉快的东西……它的确使人心畅神怡。"[9]古罗马时期的朗吉弩斯也说："和谐的乐调不仅……能说服人、使人愉快，而且还有一种惊人的力量，能表达强烈的情感。例如笛音就能把情感传给听众，

---

[8] 参见龙协涛《艺苑趣谈录》，北京大学出版社，1984年，第3—4页。
[9] 北京大学哲学系美学教研室编：《西方美学家论美和美感》，第45页。

使他们如醉如狂地欢欣鼓舞。"[10] 18世纪意大利的缪越陀里说："我们一般把美了解为凡是一经看到，听到或懂得了就使我们愉快、高兴和狂喜，就在我们心中引起快感和喜爱的东西。"[11] 这些都说明，美感是引起快感或愉悦的一种情感。

中国古代把美感叫作"畅神""神思"。宗炳在《论画山水》中说："峰岫峣嶷，云林森眇，圣贤映于绝代，万趣融其神思，余复何为哉？畅神而已。""畅神"用现代话来说，即舒畅欢快的情感。宋代大文学家欧阳修在《书梅圣俞稿后》中谈到自己读梅圣俞的诗时，感到"陶畅酣达，不知手足之将鼓舞也"。清代的焦循在《花部农谭》中描述他看《赛琵琶》时的内心感觉，如"久病顿苏，奇痒得搔，心融意畅，莫可鸣言"。陈廷焯在《白雨斋诗话》中说："张孝祥《六州歌头》一阕，淋漓痛快，笔饱墨酣，读之令人起舞。"这些都说明美感被看作一种精神愉快的、心融意畅的情感。

美感是一种情感。虽然一切美感都是一种情感，但不是一切情感都是美感。美感中的情感是蕴含着、渗透着理性的心理功能，有着不自觉的理性认识内容。正是人的暗含的理性认识和情感在美感活动中处于和谐统一之中，才会给我们心情舒畅、自由和无私的情感喜悦，才会有心醉神迷的感人力量，才会震撼人的整个心灵。

生理快感也能使人感到舒适，但它不是美感，那么生理快感与美感有什么本质区别呢？生理快感只是物质满足生理感官的需要而引起的舒适、快乐。例如，口渴了喝上一杯清凉的饮料，身上顿觉凉爽和舒适；天冷了，穿上可身的棉衣，全身也觉得暖和和舒畅。再如听到悦耳的声音，就会感到舒适；看到鲜艳的色彩，就会感到畅快；吃到鲜嫩的东西，就会觉得可口。它们之所以是生理快感，就在于没有理性

---

[10] 北京大学哲学系美学教研室编：《西方美学家论美和美感》，第49—50页。
[11] 同上书，第89—90页。

认识的内容，没有精神性的东西。这种生理快感所带来的不过是物质的声色、吃喝等欲望的满足而已。美感则不同，它不是生理欲望的满足，而是精神上的审美需要的满足。当我们欣赏一幅美的画，欣赏一片美的自然风景，我们所受到的不是物质的满足，而是精神上的满足与享受。这是对美的本质的欣赏与领悟，所以才会引起巨大的精神上的情感愉悦，这种情感愉悦即是美感。

生理快感不是美感，但美感却包含着生理快感，这是因为美感也需有生理条件，也要依赖耳目的活动，依赖大脑的记忆和其他意识的生理功能。美感虽然包括生理快感，但美感不受生理快感的束缚和制约，美感是可以超越生理快感的局限性，而达到对美的本质的欣赏和领悟，获得精神上的情感愉悦和审美享受。

有人认为美感的精神愉悦中，只有情感而无思想，这是不对的。例如，托尔斯泰给艺术下的定义是："在自己心里唤起曾经一度体验过的情感，在唤起这种情感之后，用动作、线条、色彩、声音以及言辞所表达的形象来传达这种感情，使别人也能体验到这同样的情感——这就是艺术活动。"[12] 当时普列汉诺夫就不同意这种观点，他反驳说："艺术既表现人们的感情，也表现人们的思想，但是并非抽象地表现，而是用生动的形象来表现。"[13] 因为情感和思想是密切相联系的，凡有情感的地方必定有思想，一定的情感是在一定的思想基础上产生的。这里托尔斯泰与普列汉诺夫虽然谈的是艺术问题，但艺术是美感的物化形态，美感与艺术在本质上是一样的。美感的愉悦性的情感和思想，并非抽象的，而是在生动的形象中表现出来。美感的思想不是明确的概念，而溶解于引起人愉悦的形象之中。思想（即理性或概念）虽然指导着、规范着美感，但又不是抽象的理性认识内容。所谓"理在情

---

[12][俄]托尔斯泰:《艺术论》，丰陈宝译，人民文学出版社，1958年，第47页。
[13][俄]普列汉诺夫:《没有地址的信 艺术与社会生活》，第4页。

中""情理结合",就是讲的情与理、情感与思想相互渗透在美感中的情形。正因为美感中的情感与思想互相渗透,才能超越生理快感的物质性的局限,而成为精神性的情感愉悦。

第三节 美感的潜伏功利性

美感作为一种特殊的反映形式,是形象的直接性和情感的愉悦性的统一,是有社会功利目的的。美感功利性来源于美的对象的功利性和所表现的社会生活内容,美的生活内容是对自由创造的肯定。人欣赏美是欣赏对象中的客观的自由创造的活动,美感的情感愉悦性正是人体验到这种自由创造的喜悦。如原始人的美感,他们喜爱用某种动物的皮、爪、牙装饰自己,因为在他们看来,佩带兽类身上的东西,是战胜这些兽类的标志,可以显示自己的力量、勇敢和灵巧,因而引起自己对创造的无限喜悦。"鸟的羽毛、野兽的皮肤、脊骨、牙齿和脚爪等等是不能吃的,或是不能用来满足其他需要的,但是这些部分可以作为他的力量、勇气或灵巧的证明和标志。"[14]在这里美感的社会功利性和内容是显而易见的。在人类最初的社会实践中,实用价值先于审美价值,人们先有了对事物的实用观点、实用价值之后,然后才逐渐分化出对待事物的美的观点、美的感受。正如普列汉诺夫所说:"那些为原始民族用来作装饰品的东西,最初被认为是有用的,或者是一种表明这些装饰品的所有者拥有一些对于部落有益的品质的标记,而只是后来才开始显得美丽的。使用价值是先于审美价值的。"[15]

在《没有地址的信 艺术与社会生活》中,普列汉诺夫还举了一

---

[14][俄]普列汉诺夫:《没有地址的信 艺术与社会生活》,第136页。
[15]同上书,第145页。

些例子来说明这个问题。例如"在非洲，一些从事畜牧的黑人部落，认为把自己身体涂上一层牛油是很好的色调。另一些部落，为了同样的目的，却喜欢使用牛粪灰或牛尿。在这里，牛油、牛粪灰或牛尿是财富的招牌，因为它们是只有有牛的人才能涂抹的。也许牛油或牛粪比木灰能更好地保护皮肤。如果事实真是这样，那末，从木灰过渡到牛油或牛粪，是由于畜牧业的发展，是由于纯粹实用的考虑。但是，过渡一经完成，用牛油或牛粪灰涂抹身体，比起用木灰涂抹的身体来，就引起人们更愉快的美感。然而还不止于此。一个人使用牛油或牛粪涂抹自己的身体，就明显地向亲友们证明，他并不是不富裕的。在这里，也很明显，提供这种证明的普通快乐，是先看见自己身体涂抹一层牛粪或牛油的审美快乐的"[16]。他说："这一看法今天得到封·登·斯坦恩特别有力和令人信服的支持。在谈到巴西印第安人用彩色黏土涂抹身体的习俗的时候，他指出道，他们最初一定是发觉黏土可以使皮肤清爽并避免蚊子咬伤，只是后来才注意到身体涂抹之后可以变得更美丽。"[17]"由此可见，原始人最初之所以用黏土、油脂或植物汁液来涂抹身体，是因为这是有益的。后来逐渐觉得这样涂抹的身体是美丽的，于是就开始为了审美的快感而涂抹起身体。"[18]

　　以上的事实都一再说明，美感是有社会功利性的。美感的社会功利性是由事物的实用性发展而来的，某种事物一旦获得审美价值之后，人们可以力求仅仅为了这一价值而去获得这一事物，而忘掉事物的价值的来源，甚至连想都不想一下。这也只是说明美感的功利性是潜伏的，蕴含在愉悦性之中。美感功利性是在非功利性后面潜伏着的，普列汉诺夫指出："不过功利究竟是存在的，它究竟是美的欣赏基础。如

---

[16] [俄] 普列汉诺夫：《没有地址的信　艺术与社会生活》，第130—131页。
[17] 同上书，第126页。
[18] 同上书，第127页。

果没它,对象就不会显得美了。"[19] 鲁迅也说:"享乐着美的时候,虽然几乎并不想到功用……然而美底愉乐的根柢里,倘不伏着功用,那事物也就不见得美了。"[20] 随着社会发展,人对客观事物的性质、规律和它的有用性认识越来越深广,人的社会需要越来越多样,人的自由创造也是越来越给人以赏心悦目、心旷神怡的感受。在这种喜悦中,美感给人以精神上的影响,提高人的思想境界,丰富人的情感和情操,使人得到潜移默化的教育,进一步激起为美好生活理想和改造环境而积极奋斗的热情,从而潜伏着更深广的社会功利内容。美感的这种社会功利内容,最集中地表现在它的物化形态的艺术上。

美感的功利性是潜伏着的,它不同于个人的实用功利。个人的实用功利是外在的,是一种感官的需要或生活欲望的满足,它是一种实实在在的物质的欲望占有和消耗。正如黑格尔所说:满足这种需要和欲望的事物,是要"利用它们,吃掉它们,牺牲它们来满足自己……欲望所需要的不仅是外在事物的外形,而且是它们本身的感性的具体存在。欲望所要利用的木材或是所要的吃动物如果仅是画出来的,对欲望就不会有用"[21]。画饼是不能充饥的,画出来的东西是不能满足物质的实用功利的需要。美感则不同,它的功利性不是物质的需要和占有,而是一种精神上的需要、满足和享受。比如欣赏绘画,虽然不能给人物质利益感满足实用的需要,但却能给人精神上的美的满足、喜悦和享受。齐白石画的虾,徐悲鸿画的马,黄胄画的驴,是不能吃、不能骑的,没有实用性,但却能给我们精神上美的享受和娱乐。个人实用功利要受感官的需要、物质的占有和消耗的制约,是不自由的;美感则不同,它没有个人欲望,不受物质利益的束缚和制约,审美愉

---

[19][俄]普列汉诺夫:《从社会学观点论十八世纪法国戏剧文学和法国绘画》,《译文》1956年12月号。
[20]《鲁迅全集》(第4卷),第363页。
[21] 北京大学哲学系美学教研室编:《西方美学家论美和美感》,第206页

快的功利性是无私的和自由的。它不是一种物质欲望，而是精神上的享受。正因为美感有这种特点，所以美的欣赏没有什么餍足之感，对好的艺术作品欣赏的次数愈多，时间愈长，得到的审美享受愈深广，愈能发挥美感的潜在功利性。

美感的功利与道德感的功利也是不同的。道德感的功利性是引起实践活动或被实践需要所感染，说一个人有道德感、正义感，总要见诸行动，根据这个人的实践和行动本身，我们对他才能做出道德的评价。美感是一种欣赏的态度，这种态度不引起实践活动、不会被实践活动感染，人们只是在欣赏的态度中得到审美愉悦和美感享受，它的功利性是潜在的。

美感的功利性在于它不是直接的、外露的，而是潜在的，它消融于审美愉悦、爱好、兴趣之中。愉悦、爱好、兴趣都是美感的心理形式和特征，这些心理形式从表面上看是没有任何目的和内容的，实际上却包含着、蕴含着社会的功利目的和内容。世界上没有无缘无故的爱好和兴趣，审美对象之所以引起人们的喜悦和兴趣，就在于它对人类生活有利。随着审美的实践和长期发展，人们逐渐忘记了审美功利和来源，这时仅仅为对象的美而追求审美价值。表面看起来美感是没有什么功利，实际上美感和功利已在漫长岁月中融化在美感的喜悦、兴趣之中，成为美感的潜在的内容。所以美感有功利，而又不表现为功利。正如普列汉诺夫所说："人们是不顾任何实用的考虑而喜爱美的东西的。"[22]"因此，欣赏艺术作品，就是不顾任何有意识的利益的考虑而欣赏那些对种族有益的东西（对象、现象或心境）的描绘。"[23]这种"不顾任何有意识的利益的考虑"而欣赏对种族有益的东西的描绘，

---

[22]［俄］普列汉诺夫：《没有地址的信　艺术与社会生活》，第124页。
[23] 同上书，第125页。

说明美感的功利性扬弃了个人的实用功利，而沉淀在对种族有益的东西的喜悦、兴趣之中。

在西方美学史上，特别是自康德以来审美无利害关系就成了美学研究的一个核心。他们把美感与功利性绝对对立起来，认为美感没有任何功利或超脱了任何功利关系。康德就曾断言说："一个关于美的判断，只要夹杂着极少的利害感在里面，就会有偏爱而不是纯粹的欣赏判断了。"[24] 康德对美感的分析有其正确的一面，但他把美感与功利完全割裂开来则是片面的。他不懂得在美感愉悦和兴趣中蕴含着功利的内容。在现代西方美学中继承和发展了康德的这一观点，把"审美无利害"变成美学的主流了。

美感虽然没有实用功利，但绝不是与功利无关，更不是与功利对立，而是在美感的愉悦和兴趣中蕴藏着巨大的精神上的功利。欣赏绘画，想到的只是画作可以卖多少钱，我可以赚多少利润，这种物质的实用功利当然会破坏美感。老一辈无产阶级革命家有不少是看了革命文艺的进步作品，受到潜移默化的教育，走向艰苦的革命道路的。根据列宁夫人克鲁普斯卡亚的回忆，《怎么办？》是列宁最爱读的作品之一。列宁曾称赞说："这才是真正的文学，这种文学能教育人，引导人，鼓舞人。我在一个夏天把《怎么办？》读了五遍，每一次都在这个作品中发现了新的令人激动的思想。"[25] 国际主义战士、保加利亚人季米特洛夫也说："我还记得，在我少年时代，是文学中的什么东西给了我特别强烈的印象，是什么榜样影响了我的性格？我必须直接地说：'这是车尔尼雪夫斯基的书《怎么办？》。'"[26] 其后，他又叙述了在革命的日子里培养起来的那种信心和坚定精神，"这一切都无疑地同我在少

---

[24][德]康德：《判断力批判》（上卷），第41页。
[25][俄]列宁：《论文学与艺术》，第897页。
[26][保]季米特洛夫：《季米特洛夫论文学、艺术与科学》，杨燕杰等译，人民文学出版社，1958年，第9页。

年时期读过车尔尼雪夫斯基的作品有关系"[27]。这种对精神、对性格、对毅力的培养,虽然看不见,但不是美感的社会功利吗?我们读小说或欣赏文艺作品,对人物命运和坎坷遭遇的同情及对其反抗精神的赞扬,就是在不知不觉中发挥了美感的教育功用。鲁迅在《小品文的危机》一文中说:小品文可以"是匕首,是投枪,能和读者一同杀出一条生存的血路的东西;但自然,它也能给人愉快和休息,然而这并不是'小摆设',更不是抚慰和麻痹,它给人的愉快和休息是休养,是劳作和战斗之前的准备"[28]。美感的功利性正是蕴含在愉悦、爱好、兴趣之中。正如车尔尼雪夫斯基所说:"美的欣赏只有在下面这个意义上才是不自私的:譬如,我欣赏别人的田畴,而绝不想到它不是属于我所有,卖去田中谷物所得钱也不会落到我的口袋里,但我却不能不这样想:'谢天谢地,谷子长得好极了,这一回,乡下人可以松口气了!我的天,这田里给人们长了多少人间幸福,多少欢乐呀!'应该指出,这种思想可能是模糊地作用于我们的心里,甚至我们不觉得它是作用于我们的心里,但是它最能引起我们对田畴的美的欣赏。"[29]这段话把美感的功利性看作"模糊地作用于我们的心里,甚至我们不觉得它是作用于我们的心里",恰恰表明了美感的功利是潜伏着的,所以,"它最能引起我们对田畴的美的欣赏"。

第四节 美感的想象创造性

不论是艺术创作还是欣赏都带有想象的创造性。想象是一种认识,

---

[27] [保] 季米特洛夫:《季米特洛夫论文学、艺术与科学》,第9页。
[28] 鲁迅:《鲁迅论文学》,第160页。
[29] [俄] 车尔尼雪夫斯基:《美学论文选》,第70页。

这种认识不仅能感知直接作用于主体的事物，而且还能在头脑中创造新的形象。这种创造新形象的能力，就是想象创造性。它是把知觉所供给的表象，重新加工改造，组合为新的表现和形象。例如，毛泽东在1958年7月1日"读六月三十日人民日报，余江县消灭了血吸虫。浮想联翩，夜不能寐。微风拂煦，旭日临窗，遥望南天，欣然命笔"，写出了充满改天换地的激情的诗篇《送瘟神》，每一句诗句都反映了现实，歌颂了人民群众动员起来与科学知识相结合的伟大力量，而又改变现实，高于现实，这是把知觉所提供的表象加工改造为新的形象，也就是美感中的想象的创造性，所以在欣赏时才能给人浮想联翩、昂扬、奋进的美感。再如，宋代张元有咏"雪"诗："战退玉龙三百万，败鳞残甲满天飞。"这就是诗人根据自己从现实中所获得的表象（弥漫的大雪），通过想象（像玉龙的败鳞残甲一样地满空飞）创造出的新的形象，所以才给人以清新、刚健的感觉。

想象创造性是美感对感性世界的新的认识形式、新意境的实现，尤其是具有唯一性，这正是创造性的本质。前面我们说过，美感是对感性世界的一种特殊的把握，但这种把握不是先前已有东西的简单重复，"它是真正名副其实的发现"[30]。这种发现需要有深入细致的观察，如印象主义画家莫奈在其一幅名叫《日出·印象》的绘画中，把伦敦的雾画成橙黄和淡紫红色的。这种橙黄和淡紫红色的雾过去人们都是视而不见，因而，它不是已有事物的简单重复，而是莫奈的真正发现。这幅画描绘的是"勒阿弗尔港口的一个多雾的早晨。海水在晨曦的笼罩下，呈现出一种橙黄和淡紫的色彩，微红的天空映照在平静的水面上。……三只小船，船上人物依稀可辨，远处的工厂烟囱，大船上的吊车……水浪轻摇，小船似有缓缓前进的感觉。远处雾气迷漫，景色

---

[30]［德］恩斯特·卡西尔:《人论》，甘阳译，上海译文出版社，1985年，第183页。

隐隐约约，画面上只有几道色彩交错的粗糙的笔触"[31]。这种描绘不仅抓住景物的瞬间特征，而且创造了一种意境，表现出画家的想象力。再如白居易的《忆江南》中有"春来江水绿如蓝"，这"绿如蓝"既是对感性世界的发现，也表现了美感中想象的创造性。

　　这种不可重复的发现在艺术创作中尤为重要，是艺术形象具有典型性和感人魅力的表现。不论是绘画、雕塑、音乐、舞蹈，还是戏剧、电影、文学和诗歌无不如此。以绘画为例，英国18世纪的肖像画家庚斯博罗的《蓝衣少年》，是驳斥当时英国皇家美术学院第一任院长雷诺兹对色彩理论的偏见而画成的。雷诺兹也是当时的大画家，有一次他在给学生讲授画技时说："蓝色不宜在画面上占主要地位。"庚斯博罗得知后，表示蔑视这种对色彩的"法规"，遂用大量的蓝色画了举世闻名的《蓝衣少年》，借以否定并挖苦这一对色彩理论的偏见。在《蓝衣少年》中，庚斯博罗描绘了一个衣饰华丽的贵族少年形象。这幅画最成功之处，就是画家通过想象用准确的色块再现了少年身上的蓝缎子织物的质感，发挥宝石蓝的光色作用，生动地表现出少年的倜傥风度。这充分体现了画家想象的创造性。它不仅突破了雷诺兹带有偏见的理论，而且对宝石蓝的光、色做了第一次真正的发现。[32]

　　再如，辛弃疾的《菩萨蛮·金陵赏心亭为叶丞相赋》下阕云："人言头上发，总向愁中白，拍手笑沙鸥，一身都是愁。"沙鸥全身都是白，和人的白发一样，一身都是愁啊！辛弃疾把沙鸥的白与人的愁相联系，是美感中的想象的创造，真是言前人所未言，见前人所未见。这首词构思巧妙，联想新颖，读来令人赞叹不已，为人们所传颂。贾平凹的散文《泉》，描写一棵树被雷电击断了，剩下一截枯树桩。月光下，老人看着树桩感怀伤世，突然，小儿惊呼：树桩不是一口泉吗？"老人

―――――――――

[31] 朱伯雄编：《外国美术名作欣赏》，上海人民出版社，1984年，第208页。
[32] 同上书，第123页。

豁然开朗，一切忧郁顿释于心。可不是吗？白白的木质，分明是月光的水影，一圈一圈的年轮，不正是泉水淀出的涟漪吗？"[33]从"小儿惊呼"到"淀出的涟漪"，这正是作家美感在想象中的创造。这种创造也是作家在对景物的细致观察中，智慧火花突然闪现，使人见所未见。《泉》这篇作品之所以能启迪人的心智和感人的艺术力量，不就在于他的这种独特发现吗！

美感的想象创造性，除了对感性世界有不可重复的发现外，还在于孕育了不同的意境。对感性世界的物质的独特发现，毕竟是少数，多数在于孕育了不同的意境。例如同是送别诗，李白的《黄鹤楼送孟浩然之广陵》，岑参的《白雪歌送武判官归京》，王维的《送沈子福归江东》，白居易的《赋得古原草送别》，诗的背景都是平常事物，但是写法和感情各不相同，在想象中孕育了诗的不同意境。同是抒写忧愁，杜甫的《自京赴奉先县咏怀五百字》说"忧端齐终南，澒洞不可掇"，李群玉的《雨夜呈长官》说"愁穷重于山，终年压人头"，石孝友的《木兰花·送赵判官》说"春愁离恨重于山，不信马儿驼得动"，都是用山比喻愁，但色彩、情调、意境各不相同。杜甫忧国忧民，以终南山作比喻，显得庄重严肃。李群玉写穷愁，以山作比喻，故有压人之感。石孝友写离愁，那重于山的离愁，连马儿都驼不动。[34]这种不同的风格和情感，都是在想象中孕育了不同的意境，同样是一种新的发现，具有感人的力量和韵味。

随着社会的不断发展，人的思想感情也是不断地发展变化的。问题在于要从自身的性格和遭遇出发，从自身的真实感受出发，创造出生动活泼的意境。有了自己的意境，美感才有不可重复的新意，才会

---

[33] 参见马云《贾平凹笔下的自然山水——"趣"》，《河北师院学报（社会科学版）》1992年第2期。
[34] 参见袁行霈《中国诗歌艺术研究》，北京大学出版社，1987年，第140页。

有感人的力量。如果没有自己的意境，如果失去了意境的新意，美感便失去了生命和意义，美感也就不可能引起人的兴趣。另外在美感中只有创造了自己的意境，使意境有了新意，才会使美感具有唯一性。所谓唯一性，即具有独特的不可重复的性质。如卡西尔就曾说："画家路德维希·李希特在他的自传中谈到他年轻时在蒂沃利打算和三个朋友画一幅相同的风景画的情形，虽然他们都坚持不背离自然，尽可能精确地复写他们所看到的东西，然而结果画出了四幅完全不同的画，彼此之间的差别正像这些艺术家们的个性一样……而且形式和色彩总是根据个人的气质来领悟的。"[35] 由于画家的个性和气质不同，形成了画面彼此之间的差异，这正是各自美感的唯一性。这种唯一性又是美感中的想象创造性的鲜明表现。

不论是美感中的新的发现或是新的意境，都是美感中创造性的表现。所谓创造性，即在表象的基础上形成一种独具新颖的形式。创造性一方面要具有不可重复的唯一性，另一方面又要具有新颖性，而且这两方面都必须符合客观规律性。正因此美感中的想象创造性，才能既真实，又有感人的魅力。

综上所述，美感的本质特征是形象的直接性、精神的愉悦性、潜伏的功利性、想象的创造性。美感是这四种特征的有机综合，而不是某一个特征。美感是以精神的情感愉悦为纽带，将美感的直接性、功利性与创造性统一在一起，形成一个感性与理性、情感与创造的完整的统一。

---

[35]［德］恩斯特·卡西尔:《人论》，第 184—185 页。

思考题

1. 美感的形象直接性与逻辑认识有何不同?
2. 美感与生理快感的区别是什么?
3. 美感的功利性与实用的功利性有何不同?
4. 你怎样理解美感的想象创造性?

第十四章
美感的心理因素

美感活动不仅是一种社会现象和哲学问题,而且是一种复杂的心理过程,只有深入揭示美感心理活动的规律,才能深刻地理解美感活动的奥秘。

美感心理活动的因素,包括感觉、知觉、表象、联想、想象、情感、理解等。与一般心理因素相比美感的心理因素有什么不同的特点呢?美感心理因素的特点在于:一方面,它们是互相渗透、互相推动、互相作用,表现为合规律的自由运动,是处于非常活跃的统一状态中。另一方面,就感觉和知觉来看,美感活动中的想象和理解沉淀于知觉表象中,表现为感性中的理性,区别于一般知觉、表象的感受;从理解来看,美感活动中的知觉、情感又沉淀于理解,成为理性中的感性,而区别于一般的理性。美感就是这些心理因素互相渗透、能动地综合统一的过程。

第一节 感觉、知觉和表象

感觉、知觉和表象是审美心理的初级形式,是在实践基础上对客观事物的直接反映。它们是审美心理高级形式的基础。

1. 感觉。什么是感觉？列宁说："感觉是运动着的物质作用于感觉器官而引起的。"[1] 感觉是人的大脑对直接作用于感觉器官的客观事物的个别属性的反映，是认识的初级形式。我们通过感觉可以反映客观事物的各种属性，如颜色、线条、声音、气味、光滑、粗糙等，感觉是依赖于客观物质作用于人的大脑，依赖于感官的正常机能而发生的。因此，五官感觉构成人类一切活动的基础，正如列宁所说："不通过感觉，我们就不能知道实物的任何形式，也不知道运动的任何形式。"[2] 感觉从主体形式来说是主观的，但是，它又是客观属性的反映，从反映的内容来说是客观的。

感觉是一切心理活动的基础。我们知道，审美对象的形式都具有具体可感的、直观的属性，如形状、色彩、线条、声音、气味等，它们在美感活动中直接作用于人的感觉器官，只有充分地对这些审美对象的形式因素进行感受，才能体味出它们的审美内涵。美感活动始终不能离开生动、具体的感觉活动。一切较高级的、复杂的心理机能如知觉、联想、想象、情感、理解等，都是在感觉的基础上产生和发展的，因此，感觉是我们进入审美世界的第一个台阶。

在人的各种感官中，作为审美的感官主要是视觉和听觉这两种。早在中世纪，托马斯·阿奎那就明确地认为视、听感官是专门审美的感官。他说："与美关系最密切的感官是视觉和听觉，都是与认识关系最密切的，为理智服务的感官。我们只说景象美或声音美，却不把美这个形容词加到其它感官（例如味觉和嗅觉）的对象上去。"[3] 车尔尼雪夫斯基也说："美感是和听觉、视觉不可分离地结合在一起的，离开听

---

[1]《列宁选集》(第2卷)，第308页。
[2] 同上。
[3] 北京大学哲学系美学教研室编：《西方美学家论美和美感》，第67页。

觉、视觉，是不能设想的。"[4]黑格尔说得更详细，他说："艺术的感性事物只涉及视听两个认识性感觉，至于嗅觉、味觉和触觉则完全与艺术欣赏无关，因为嗅觉、味觉和触觉只涉及单纯的物质和它的可直接用感官接触的性质。例如嗅觉只涉及空气中飞扬的物质，味觉只涉及溶解的物质，触觉只涉及冷热平滑等等性质。因此，这三种感觉与艺术品无关……这三种感觉的快感并不起于艺术的美。"[5]这些都说明视、听感官是主要的审美感官。

作为审美的感官，为什么主要是视觉和听觉感官呢？这是因为：第一，视觉可以看到各种颜色、线条、动作、表情以及人与物各种形态等，听觉可以听到各种声音、音调、旋律、节奏等，与嗅觉、味觉、触觉相比有着更为广阔的感受范围，较少受到时空距离的限制；第二，视觉、听觉与理智联系较密切，较少受生理需要的制约，因此，具有更大的自由性；第三，视觉和听觉能真实反映事物的特征，较少受主观条件的限制和影响。基于以上三点，视、听比其他感官来说具有更大的优越性，成为审美的主要感官。

视、听虽然是审美的主要感官，但有时还需要其他感官的配合，才能引起深刻的审美感受。例如，宋代画家范宽的山水画，描写北方山岳深厚、峻拔雄伟的气势，特别是他擅长画雪景山水，有人说看了他的画，就是在炎热的盛夏，也会感到寒气逼人。他的《雪景寒林图》描绘的就是壮丽雪山，正是需要触觉配合（好像寒气真正触觉到我们的皮肤，全身觉冷），我们才能欣赏这样的传世佳作，获得莫大的审美感受。凌濛初在《二刻拍案惊奇·序》中，也曾生动地论述到这一点，"尝记《博物志》云：汉刘褒画《云汉图》，见者觉热；又画《北风图》，见者觉寒"。他讲的正是触觉配合这个道理。

---

[4]［俄］车尔尼雪夫斯基：《生活与美学》，第42页。
[5]［德］黑格尔：《美学》（第1卷），第48—49页。

再如，当代作家王蒙也说："我认为写作的时候，不但求助于自己的头脑，而且求助于自己的心灵，而且求助于自己的皮肤、眼睛、耳朵、鼻子、舌头和每一根末梢神经。例如你写到冬天，写到寒冷，如果只是情节发展的需要，或是展示人物性格的需要使你决定去写寒冷，而不去动员你的皮肤去感受这记忆中的或假设中的冷，如果你的皮肤不起鸡皮疙瘩，如果你的毛孔不收缩，如果你的脊背上不冒凉气，你能写出这大千世界的万紫千红吗？"[6] 创作如此，审美也是如此，如果不能调动触觉或其他感觉的配合，便不能引起深刻的审美感受。

罗丹在谈到维纳斯雕像时也说过："抚摸这座像的时候，几乎会觉得是温暖的。"[7] 这说明，触觉虽然有可能在一定条件下取得其他感觉所不能代替的美感，但触觉稍稍离开雕像一步就会失去，在审美感受中也就会失去作用。可见，不论是配合视觉和听觉也好，或在一定的条件下比视觉更敏锐也好，味觉、嗅觉、触觉在美感活动中是有限的，是不可能代替，也代替不了视觉和听觉的主要作用。

2. 知觉。什么是知觉？知觉是通过实践在感觉的基础上形成的，是大脑对客观事物的整体性和事物之间的关系的反映。与感觉相比，知觉是事物的整体性和事物之间关系的反映，需要各种感觉器官的联合行动，才能形成一个事物的完整性。感觉和知觉共同的地方在于：它们都是客观事物直接作用于感觉器官，而在大脑中所产生的对当前事物的反映，只有当客观事物直接作用于感觉器官，引起它的活动时，才会产生感觉和知觉，一旦客观事物在我们感觉器官所及的范围内消失时，感觉和知觉也就停止了。

客观事物总是由许多个别属性所组成，没有反映事物的个别属性的感觉，反映事物的整体性的知觉就不存在。感觉是一切复杂认识的

---

[6] 转引自燕飞《略谈感觉小说》，《写作学习》（总第16辑），重庆出版社，1989年。
[7] [法]罗丹口述、葛赛尔记：《罗丹艺术论》，第31页。

心理基础，首先是知觉的心理基础。知觉必须以各种形式的感觉为前提，如果没有对各种花的颜色、气味等个别属性的感觉，就不可能形成对花的整体性的知觉。感觉到的事物的个别属性愈丰富、愈精确，对事物的知觉也就愈完整、愈正确。

一方面，事物的个别属性总是离不开事物的整体性而存在。人在实际生活中都是以知觉形式反映事物，感觉只是作为知觉的组成部分而存在于知觉中，很少有孤立的感觉存在。另一方面，知觉虽然是在感觉基础上产生的，但是不等于各种感觉因素、个别属性相加之和。例如房屋是由砖瓦、木料、水泥、钢筋等建成的，对房屋来说，砖瓦、木料等只是建成房屋的许多因素和属性，对房屋的知觉不是这些属性的感觉相加之和，而是对房屋结构的整体把握。就这方面来说，知觉是比感觉高一级的心理活动，不仅在量上与感觉不同，在质上也有感觉所不能取代的内容。

知觉过程不仅能感知客体的整体形象，也能意识到它的意义。因此，知觉是与理解相联系的。理解是通过人在知觉过程中的思维活动达到的，体现在已有的知识经验当中，只有凭借以往的经验，才能确认某个事物，才能深刻地感知和理解对象。由于知识经验的不同，知觉会表现出很大的差异性。一个有经验的医生在 x 光片上所能感知的病灶并不为一般人所察觉，熟练的工人在机器运转声响中，能辨别出是否存在着故障，一个门外汉则除了声响什么也察觉不出。

知觉在审美活动中是很重要的，审美对象主要通过知觉的作用进入人的内心世界。下面我们来看看审美知觉的特点：

审美知觉的第一个特点，是它的整体性。整体性虽然是知觉的一般特性，但在审美知觉中更加集中。审美知觉不是各种事物与属性相加的总和，而必须是一个完整的有机总体，因为审美对象是一个完整的有机总体。离开了美的对象的整体性，如把审美对象的知觉作为许多孤立的部分，那就不能感受和认知美的对象。如听音乐时，我们的知觉是单纯的声音或孤立的一个个的音符，那就不可能获得由音调、旋律、节奏等所构成的音乐整体的美，就不能欣赏音乐的完整和生动的艺术形象。再如，欣赏绘画时，我们只感受到一块块的色彩，一个个的形体，而不能知觉色彩和形体所构成的完整形象和它的构图及表现的意境，则不能欣赏绘画的美。只有审美知觉不是零碎的、孤立的，而是构成一个完整性的有机形象，我们才能感受对象的美，才能真正地获得美感和审美享受。

审美知觉的第二个特点，是它的选择性。作用于感官的客观事物是纷繁的、各式各样的，对这许多感性事物，人不能同时接受，而必须根据自己兴趣和爱好，有选择地接受少数事物，这样知觉才会鲜明和清晰，才会体现出自己的兴趣和爱好。这种选择性在审美欣赏中是非常突出的。如我们在露天剧场看演出，尽管环境非常杂乱，我们可能专心于舞台上的形象，而不去听环境的吵闹声，不去看过往的行人和车辆，这就是审美知觉的选择性。再如，两人共同欣赏一幅山水画，一个特别注意构图技巧和意境，另一个特别注意用笔和用墨，虽然两人都感觉到山水画的完整形象的美，但注意点不同，所得到的美感也各异。正因为人的审美知觉有选择性，所以绘画要有画框，演戏要有舞台，这样能使画家与戏剧家的选择性和欣赏者的选择性尽量一致起来，最大限度地产生共鸣。

审美知觉的第三个特点，也是最重要的一点，是带有浓郁的情绪和感情色彩。这也是审美知觉不同于一般知觉的主要特点。正因为如此，知觉的审美对象会随情感的不同而不同，高兴时鸟欢花笑，愁苦时悲哀凄凉。所以审美知觉的产物是生动、活泼的表象，触发人的想象和理解，才能使审美心理得以进一步展开，感知到美和享受。知觉若不伴随着情感就不成为美感活动，而这种情感恰恰是审美者所追求的。睹物伤感、触景生情，正是审美知觉中渗透着浓厚的情感色调的生动写照。

审美知觉的第四个特点，就是有统觉作用。我们知道，我们的感觉都是相互作用，一种感觉具有唤起另一种感觉的作用。心理学上认为，统觉是一种感觉具有另一种感觉的心理现象，是感觉之间相互作用的一种表现。正如费尔巴哈所说："绘画家也是音乐家，因为他不仅描绘出可见对象物给他的眼睛所造成的印象，而且也描绘出给他的耳朵所造成的印象；我们不仅观赏其景色，而且也听到牧人在吹奏，听到泉水在流，听到树叶在颤动。"[8] 这种视觉和听觉相互作用、互相渗透的心理现象就是统觉现象，统觉在审美中有着重要作用，如鸟语花香就是统觉现象，在知觉中视觉、听觉、味觉的互相配合、互相作用的结果。这种统觉现象在我国诗词中到处可见。

3. 表象。什么是表象呢？表象就是在记忆中所保持的客观事物的形象。世界上的事物是形形色色、各式各样的，但都是物质的具体形态，任何客观事物，如树木、花草、人物、动物、山水等，都有一定的形象。当这些形象作用于我们的感受器官时，便产生了知觉，转化为主观的印象，保存在记忆里，经过许多年之后，这些物体的形象仍可能被我们重新再现出来，如我们重现多年前的旧街道的景况，重新唤起某一友人的声音笑貌，这些在头脑记忆中保留的生动的形象，就叫表象。

表象与知觉不同，因为知觉是当前事物的反映，是由当前事物引起的；表象则是曾经感知过的而当时不在眼前的事物的反映，是由词或别的事物所引起的。它们虽有不同，但表象同知觉永远不可分离：第一，它们都是感性认识的阶段，都有直观性；第二，表象以知觉为基础。生来是盲者，就没有颜色和色调的表象，生来是聋人，就没有声音的表

---

[8][德]路德维希·费尔巴哈：《费尔巴哈哲学著作选集》(上卷)，荣震华、李金山等译，商务印书馆，1984年，第323页。

象，客观现实是表象与知觉的共同源泉。

表象的特征是：首先，表象所反映的形象比较暗淡模糊，比起知觉来，不如知觉反映得鲜明生动。其次，表象所反映出来的形象比较片段，比较流动多变，不如知觉反映出来的形象全面、完整、稳定。最后，表象具有概括性。表面看起来，表象虽不如知觉反映事物清晰、完整、稳定，但比知觉反映事物更丰富，更能把握特征。因为表象是在知觉基础上进行了加工概括，是一个或几个同类事物表面特征的综合。例如，说到房屋，大城市的人可以想起高楼大厦的公寓，小城市的人可以想起简易的小楼，农村人可以想起一明两暗的大北房。这三种表象已不包含有任何一种房屋的实际个体的许多特点，而是这三种房屋的共同特点的综合，因此，它们带有概括性的特点。表象的概括性属于感性认识的范围，与概念的抽象的概括是两回事。它既保留了同类事物的表面特征，又突出了事物的直观性。"表象直观性和概括性的两个特征是密切相联的。从表象的直观性来看，表象相似于知觉；从表象的概括性看，表象又相似于思惟。但是表象既不是知觉，也不是思惟，而是介于知觉和思惟之间的过渡阶段，是感性认识向抽象思惟过渡的一个必不可少的重要的中间环节。"[9]

表象在审美活动中的重要作用，就是在人们感知审美对象时，所有与当前审美对象有关的表象都积极地活动起来，补充和加强审美知觉活动，从而构成完整而丰富的知觉形象，产生强烈的美感体验。头脑中储存的表象数量多少，是审美能力的重要标志之一。离开了表象活动，艺术和审美也就不存在了。例如，中国画最讲求虚实相生、形神兼备等，这从心理学上讲，都强调知觉和表象的相互为用的作用。中国山水画常常以实写山，以虚写天；以实写船，以虚写水。但是我们

---

[9] 全国九所综合性大学《心理学》教材编写组编：《心理学》，广西人民出版社，1982年，第293页。

看到山在，仍会感到天在；看到船在，就会感到水在。为什么会有虚中有实、实中有虚，虚实相生之妙呢？这是因为我们借助以往观山水的表象帮助，补充和丰富了我们审美活动。如果没有表象活动补充知觉内容，哪有虚实相生之妙呢？

第二节 联想和想象

联想和想象是审美心理的高级形式，它们与情感、理解密切相连。联想和想象是以感知和表象为材料，在人类实践基础上发展起来的，在实践中人的反映经过记忆、分析与综合，加工为新的表象和形象。

1. 联想。什么是联想？联想是由一事物想到另一事物的心理过程。它既可以是由感知某一事物而想到与此有关的另一事物，也可以在回忆某一事物时又想到与此有关的事物。形成联想的客观基础是事物间的普遍联系，具有各种联系的事物反映在头脑中形成暂时的神经联系，一旦有相应的刺激促使这种暂时神经联系恢复时就形成联想。联想有多种形式，可分为接近联想、类似联想、对比联想、关系联想等。下面分别谈一下它们在审美活动中的作用和特点。

接近联想是：甲、乙两物由于在时间上和空间上非常接近，看到甲便联想到乙，或看到乙便联想到甲，最浅显例子便是"睹物思人"，看到瑞雪便想到丰年，当看到丰收的时候便又联想到农民的喜悦。因此，人们在有关的经验中便把它们经常联系在一起，形成固定的联系，并引起相应的情绪反应。这种接近联想可以产生因虚得实、虚实结合的意境，在艺术创作中是一种很重要的表现手法，在艺术欣赏中给人的则是言有尽而意无穷的美感。

类似联想是：由于甲、乙两物在某一点上有些相类似之处，因而想到甲时又可以联想到相类似的乙。我国古代诗歌中的比兴表现手法，就是以类似联想为基础的。如《诗经》中的"关关雎鸠，在河之洲，窈窕淑女，君子好逑"。这是用雎鸠鸟的叫声来比喻窈窕淑女，相传雎鸠鸟爱情专一，比喻淑女与君子，这种联系是非常深刻而又富于诗意，好比一对鸳鸯亲密无间，象征着忠贞和爱情。高尔基用暴风雨中的海燕，来歌颂无产阶级战斗的大无畏精神，用暴风雨来象征革命，二者都有摧枯拉朽之势，所以引起人们的相似联想。这正如蔡若虹所说：人们欣赏自然，赞美自然，因为"自然风物的特点，往往被看作人的精神拟态。人们赞美山的雄伟、海的壮阔、松的坚贞、鹤的傲岸，同时也赞美着人，赞美与自然特点相吻合的人的精神"[10]。诗歌中运用自然事物的特点、特征的相似来比喻人的生活和斗争，才能给人以丰富的美感。再如李白的《静夜思》既有类似联想，又有接近联想。"床前明月光，疑是地上霜"，秋夜的月光，透过窗户照在床头上，月光的纯洁像霜一样洁白，一样寒冷。明月与霜的相似引起了相似联想。"举头望明月，低头思故乡"，明月与故乡是非常接近的，看到明月就想起了故乡，这是接近联想。正因为李白的《静夜思》中有这种联想，才创造出一个游子思乡的形象和缠绵悱恻的意境，给人以美的享受。

对比联想是：两件事物完全相反，因而感知甲就想起乙。如"蝉噪林愈静，鸟鸣山更幽""怀归人自急，物态本闲暇"。本来"噪"与"静"、"鸣"与"幽"、"急"与"暇"都是相反的，所以才能成为对比联想。在美的创造与欣赏中对比、反衬等都对对比联想有关。杜甫的名句："朱门酒肉臭，路有冻死骨"，这在意义、词句上都是非常对立的。用"冻死骨"来反衬"酒肉臭"，深刻地揭露了封建社会的阶级对立，使人对统治者过着不劳而获的花天酒地的生活，残酷地剥削、压榨劳动人民，

---

[10] 参见《人民日报》1960年9月28日。

令他们缺吃少穿、挣扎在死亡线上，产生了强烈的对比联想，有着对统治者的无限憎恨，对劳动人民的深切同情的审美感染力量，正因此，才成为千古名句。再如杨万里的"接天莲叶无穷碧，映日荷花别样红"。诗人用"碧"与"红"这种色彩对比，将"接天莲叶"与"映日荷花"鲜明地描绘出来，夏天西湖美的特点也描绘了出来。古典诗词中的含蓄、精练的语言中饱含着作者的思想情感，在欣赏中如不做联想，则不可能得到相应的美感和深刻的美的享受。

关系联想也是广泛地存在着，它的审美意义主要表现在以下三个方面：第一，由于审美特征的现实意义而联想到它历史上的价值；第二，由于审美对象特征所产生的结果而联系到它产生的原因；第三，由对象的部分特征而联想到它的整体的或全部的审美特征。这三者既可存在于不同的审美对象之中，也可以存在于同一审美对象之中，使审美对象以有限的形式表现丰富的内容，充分发挥审美的主动性。

2. 想象。什么是想象？想象是人的大脑在原有表象基础上加工改造成新的形象的心理过程。它作为一种特殊的心理功能是人所独有的。想象活动也受制于历史条件，如原始社会生产力低下，科学知识贫乏，人们对很多自然现象不能解释，于是想象出雷公、电母、风神、河伯等神话形象，而如今在科学飞速发展的时代里，人们再不会想象出这些神话来，而是想象如何去遨游太空、征服宇宙。每一代人的想象都不能超出他那个时代的历史条件。

想象如狄德罗所说："是人们追忆形象的机能。"[11] 如我们看到人、动物、花园，这些知觉便通过感官而进入大脑，记忆将它们保存起来，想象又将它们重新加以组合。所以，想象是一个广阔的心理范畴。人不仅可以追忆过去和当前的事物、形象，而且可以想象未来的事物和

---

[11][法]狄德罗：《狄德罗美学论文选》，张冠尧等译，人民文学出版社，1980年，第161页。

形象。如人可以根据别人的口头或文学描写想象出他从未接触过的事物和形象。几百年甚至几千年前的人物，我们当然既不曾看见，更没接触过，不可能留下什么完整表象，但可以通过人物传记或其他描述，把零碎的表象综合为完整的新的人物形象；或根据当时的历史环境、政治思想、风俗习惯和生活情况等，通过想象分析综合、加工改造，就能完整地虚构出个性鲜明、栩栩如生、从未见过的人物形象。小说《李自成》中众多的人物都是这样塑造出来的。众多的神话人物和故事，如牛郎织女、《西游记》等，都是根据生活经验想象的结果。正如马克思在谈到希腊神话时所说："任何神话都是用想象或借助想象以征服自然力、支配自然力，把自然力加以形象化。"[12] 又说想象力是"十分强烈地促进人类发展的伟大天赋"[13]。由于想象的直接结果是创造新的形象，所以，它在文学艺术创作中尤其有重大作用。正如黑格尔所说："最杰出的艺术本领就是想象……想象是创造性的。"[14] 高尔基也说："想象是创造形象的文学技巧的最重要的手法之一。"[15]

想象过去的事物是如此，想象未来的事物也是如此。前面讲到方志敏在《可爱的中国》中的美好理想，便是对未来事物的想象。

想象也是一种认识，是一种思维活动。这种思维活动，一方面有分析综合、加工改造的理性认识的功能；另一方面，又始终不脱离具体形象。它是把过去神经系统中所形成的暂时联系，加以重新组合，形成一种新的联系；把知觉所提供的表象进行碾碎，重新加工组合，造成新的形象。所以，想象作为一种思维的特点是离不开形象的。高尔基曾经说："想象在其本质上也是对于世界的思维，但它主要是用形象来思维，是'艺术的'思维；可以说，想象——这是赋予大自然的自发现

---

[12]《马克思恩格斯选集》(第2卷)，第113页。
[13]《马克思恩格斯论艺术》(第2册)，人民文学出版社，1960年，第5页。
[14][德]黑格尔:《美学》(第1卷)，第357页。
[15][俄]高尔基:《论文学》，第317页。

象与事物以人的品质、感觉,甚至还有意图的能力。"[16]

想象分为再造性想象与创造性想象。再造性想象一方面是指这些形象不是重新创造出来的,而是根据别人描述或示意再造出来的,它与原有形象有些相似,但又不是原型。再造性想象这种心理过程,在艺术创作和欣赏中是大量存在的。再造性想象主要要有"再造条件"提供间接表象。不认识诸葛亮,通过《三国演义》而有诸葛亮的表象,这无非是借助语言、文字所提供的"再造条件"和表象,进行再造想象,创造新的形象。再如我们读《红楼梦》第三回"接外孙贾母惜孤女",其中有一段对林黛玉的描写:"两弯似蹙非蹙罥烟眉,一双似泣非泣含露目。态生两靥之愁,娇袭一身之病。泪光点点,娇喘微微。闲静时如娇花照水,行动处似弱柳扶风。心较比干多一窍,病如西子胜三分。"看后一个多愁善感、病体缠身的活生生的林黛玉的形象出现在我们面前,这就是提供再造条件的再造性想象。另一方面,再造性想象又是指经过自己的大脑对过去感知的材料加工,再根据个人的知识、经验和表象再造出来的形象。如我们读毛泽东同志的诗:"钟山风雨起苍黄,百万雄师过大江。……"在我们每个人脑子里都会出现"百万雄师过大江"的形象,但由于每个人的生活经验、文化素养、思想观点以及欣赏水平不同,我们总是把自己独特的个性融会进想象中去,因而出现"百万雄师过大江"的浩荡形象也是各不相同的,这种不同是每个人创造的结果,因此,再造性想象具有一定程度的主观能动性,它的内容也有某种程度的不确定性。可以说,再造性想象是客观制约性和主观能动性、形象的确定性和不确定性的统一。

创造性想象是不依据现成的描述,独立地创造出新的形象的心理过程、在创造新作品之前,头脑中先构成一定事物的新的形象,这就

---

[16][俄]高尔基:《论文学》,第160页。

是表象。创造性想象的创造性,即在表象的基础上提供具有独创的、新颖的形象。文学艺术作品中那些众多的、永不重复的新颖艺术形象,是创造性想象的本质特征。

创造性想象与再造性想象都必须以表象为材料,都是对原有表象重新进行加工改造,重新进行组合的结果。它们之间的差别就在于创造性程度的不同。但是,在再造性想象中也都有或多或少的创造性,而创造性想象中也必须有再造性想象,再造性想象必须依赖他人的描述或示意才能呈现,创造性想象虽然是第一次出现的、独特的、新颖的,但它也必须依靠直接或间接的生活经验,受到类似事物的启发才能形成。所以,二者的区别是相对的,它们的界限是可以超越的。

在审美欣赏中以再造性想象为主,同时也包含一定的创造性想象,而艺术创作中则以创造性想象为主,再造性想象只是在参与创造性想象中起作用。想象(包括创造性想象与再造性想象)的真正推动力是艺术家的情感体验,没有情感作用,想象也就成无源之水、无本之木了。情感越强烈,想象越丰富,想象的内容都是按照情感逻辑进行的,只要符合情感的要求,想象的内容是自由的、宽广的。既可以是湖光山色,也可以是长江大河;既可以是大漠的孤烟,也可以是长河的落日。想象活动产生出来的最终结果,不一定都是现实生活中已有的形象,只要合乎情理就可以,不必是合乎事实。绘画中可以有雪中芭蕉,百花争艳,融合南北、四时景物于一幅画中。想象的这种自由性,给艺术创作和审美欣赏带来无限宽广的领域。

想象是对表象的加工,不仅有身临其境的感受,而且又有亲自参与其事的心理体验,把想象的人物当成实际人物的幻觉。福楼拜在谈到写《包法利夫人》时说:"写书时把自己完全忘去,创造什么人物就过什么人物的生活,真是一件快事。比如我今天就同时是丈夫和妻子,是情人和他的姘头,我骑马在一个树林里游行,当着秋天的薄暮,满林都是黄叶，我觉得自己就是马，就是风，就是他们俩的甜蜜的情话，就是使他们的填满情波的眼睛眯着的太阳。"[17]后来在描写毒死艾玛·包法利时，他曾说："我想象的人物感动我、追逐我，倒像我在他们的内心活动着。描写艾玛·包法利服毒的时候，我自己的嘴里仿佛有了砒霜的气味，我自己仿佛服了毒。"[18]作者只有通过这种亲身体验塑造出的艺术形象才有真实感，才会有感人的魅力和说服力，才能产生巨大的作用。高尔基曾经说过："只有当读者亲眼看到文学家向他表明的一切，当文学家使读者也能根据自己个人的经验，根据读者自己的印象和知识的积累，来'想象'——补充、增加——文学家所提供的画面、形象、姿态、性格的时候，文学家的作品才能对读者发生或多或少的强烈的作用。"[19]因此，任何艺术创作都不能离开想象。

艺术创作就在于创造典型人物或意境，这就需要想象和虚构。鲁迅在谈到他自己的创作经验时说："所写的事迹，大抵有一点见过或听到过的缘由，但决不全用这事实，只是采取一端，加以改造，或生发开去，到足以几乎完全发表我的意思为止。人物的模特儿也一样，没有专用过一个人。往往嘴在浙江，脸在北京，衣服在山西，是一个拼凑起来的脚色。"[20]这种"拼凑"，决不是一些东西的任意组合，而是表象的碾碎，重新加工、组合，即想象中的创造的结果。它意味着提炼、集中和概括，意味着艺术的升华，意味着艺术的典型化。阿Q、祥林嫂就是这样创造出来的典型，他们是旧中国劳动人民的生活的写照，也是中国近代史中受帝国主义压迫的历史缩影。另一方面，在创作典型的过程中，"决不全用这事实，只是采取一端，加以改造，或生发开

---

[17] 转引自《朱光潜美学文学论文集》，湖南人民出版社，1980年，第80页。
[18] 李健吾：《福楼拜评传》，湖南人民出版社，1980年，第82页。
[19] [俄]高尔基：《论文学》，第225页。
[20] 《鲁迅全集》(第4集)，第513页。

去",哪些是旧有的表象因素,哪些是重新组合的,是分不清楚的,只感到他是又熟悉又陌生。所以典型才成为个性鲜明"熟悉的陌生人",能给广大观众深刻的美感享受。齐白石的虾,是河虾又不是河虾,是对虾而又不是对虾,强调了、综合了它们的特征美,才有那样生动活泼、栩栩如生、惹人喜爱的意境,比真虾都可爱。李苦禅的鹰是鹫又不是鹫,是鹏又不是鹏,也是强调了它们特征的美,才有雄鹰的气概和意境。这是旧表象的碾碎,新的表象的形成,这样的虾与鹰更能给人美的享受。

在中国戏曲舞台上,没有布景,而且道具只有桌椅而已。演员全凭表演技巧、舞台动作来调动观众的想象,以无作有,可以比真实布景更真实、更丰富。一根马鞭加上演员的各种舞蹈姿势,可以表现骑马、下马、马的急驰和奔跑。舞台上四个小卒就代表着千军万马,围着舞台转两周就是千里之遥。正如宗白华在《中国艺术表现里的虚与实》里,引清初画家笪重光在《画筌》里的一段话:"空本难图,实景清而空景现。神无可绘,真景逼而神境生。位置相戾,有画处多属赘疣,虚实相生,无画处皆成妙景。"这一切都离不开观众的想象。川剧《刁窗》一场中虚拟的动作既突出了表演的"真",同时又显示了手势的"美",因"虚"得"实"。《秋江》剧里船翁的一支桨配合陈妙常的摇曳的舞姿可令"神游"江上[21]。这种表演的虚拟动作,比真实的更美。舞台的开门、关门、乘轿、坐车等,这一些程式的虚拟动作,都是实际生活特点的高度集中和概括,用艺术夸张的形式表现出来,是新的表象的形成,只有这样,程式的虚拟动作才能调动欣赏者的想象。通过想象,这一切程式的虚拟动作的运用才真实,才会给观众以无穷的意味和美感的喜悦。

---

[21] 宗白华:《美学散步》,第77页。

美感的想象虽然是大脑皮层对记忆表象分析、综合与加工的心理过程，但它是扎根于生活土壤之中。若没有生活土壤提供诸多的表象，真正的想象是不可能的，所以想象一定要与生活的经验、文化学识密切相连。生活经验、文化学识等为想象提供了直接或间接的表象，为想象增添了翅膀。生活经验愈丰富，文化学识愈多，那么想象的翅膀也就愈丰满，审美愉悦或美的享受也就愈强烈。比如，岑参在《白雪歌送武判官归京》一诗中有"忽如一夜春风来，千树万树梨花开"，描写的是西北边塞的大风雪，遍地都是冰雪，远远望去树木一片皆白，好像一夜春风把千树万树梨花都吹开了似的。这些惟妙惟肖的想象和迷人的景致，给人多么愉快的审美享受呀！只有生活经验、文化艺术修养丰富的人才能作如是的想象。

胡小舟的儿童画《打秋千》（图41）说明在孩子的记忆里储存了许

图41 胡小舟《打秋千》

多来自生活的有趣事物的表象,如月亮、星星、秋千、小妹妹等,经过想象把这些表象重新组合,创造出新的形象。画面上弯弯的月亮好像一个挂钩,秋千正好系在月牙上,月亮周围是闪烁的繁星,在高高的月牙上面还站着一个挥手助兴的小妹妹,在这里荡起秋千来该是多么惬意。这幅画充满孩子们对生活的新鲜乐趣,同时也生动地说明了儿童天真的想象正是扎根在孩子们的生活土壤中。

再如欣赏古希腊米隆的雕塑《掷铁饼者》时,能够唤起我们丰富的想象。艺术家精心选择了人物动作在出现高潮前的一瞬间,从静态中蕴蓄着将要爆发的力量,使欣赏者从静止的状态中想象出即将发生的旋风般的急速转体投掷的动作。如果这件雕像直接表现了动作的高潮就达不到激发欣赏者想象的效果。如莱辛在分析艺术形象时所说:"最能产生效果的只能是可以让想象自由活动的那一顷刻了。我们愈看下去,就一定在它里面愈能想象出更多的东西来。……在一种激情的整个过程里,最不能显示这种好处的莫过于它的顶点。到了顶点就到了止境,眼睛就不能朝更远的地方去看,想象就被捆住了翅膀……"[22]想象虽以生活土壤为基础,但具有宽广的内容。那种捆住想象翅膀的艺术,那些到了"止境"的艺术,不是好的艺术。好的艺术必须能更好地发挥想象的作用,它可以虚为实,以假作真,以无为有,把美的对象中概括性和抒情性的内容,通过想象变成更丰富多彩的具体化的形象,以促进美感的深入发展。

刘勰在《文心雕龙·神思》中说:"文之思也,其神远矣。故寂然凝虑,思接千载;悄焉动容,视通万里;吟咏之间,吐纳珠玉之声;眉睫之前,卷舒风云之色;其思理之致乎?""神思"即想象,有丰富生活经验的人,他的想象有广大的自由空间,上下几千年,纵横数万里,

---

[22] 北京大学哲学系美学教研室编:《西方美学家论美和美感》,第148页。

都在想象之内。艺术中所谓形象大于思想，就在于形象可以引起丰富的联想和想象。"古人为诗，贵在意在言外，使人思而得之"，都是说以有限的形象唤起读者无限的想象，以及想象在欣赏中的作用。因此，诗贵含蓄，不宜直说，给欣赏者留下想象的余地，才能获得深刻的美感。

美感的想象带有浓厚的情感色彩。情感在想象中可以得到自由抒发，因而审美对象在想象中也涂上了一定的情感色彩，造成在欣赏中"情景交融"的现象。如欣赏齐白石画的小鸡时，它浑身有绒毛，我们感到细柔、温暖，不仅见到它活泼、稚气的外形，而且几乎听到它的呼唤叫声，它的神态、意境，通过想象真实地、生动地展现在我们面前。画面上的小鸡为什么比真实的还生动，更能引起人的美感呢？除了画家高度集中、概括和熟练的技巧以外，还因为欣赏者的想象融进了情感。

中国诗词中更是如此。如"春蚕到死丝方尽，蜡炬成灰泪始干"，是以"春蚕""蜡炬"作比喻，在想象中赋予它以人的性格和思想，带上了感情色彩，情与景水乳交融在一起。高尔基曾说："我们常读到或听到：'风在悲泣'，'风在呜咽'，'月亮沉思地照耀着'，'小河低声地哼着古老的民间壮士歌'，'森林皱着眉头'，"波浪想推动山岩，山岩在波浪的打击下皱起眉头，但并没向波浪让步'，'椅子像雄鸭一样呷呷地叫着'，'靴子不愿套到脚上去'，'玻璃出了汗'，——虽然玻璃是没有汗腺的。"[23] 岂止玻璃没有汗腺，风也不会悲泣、呜咽，月亮也不会沉思，小河也不会哼着古老的民歌，森林也不会皱起眉头……这些都是欣赏者根据对象的特点，通过想象而赋予它的，于是才有了人的情感、思想和情调。这是欣赏中一种情景交融的现象。所以，高尔

---

[23][俄]高尔基：《论文学》，第160页。

基又说:"在这儿我们可以看出,人赋予他所看见的一切事物以自己的人的性质并加以想象,把它们放到一切地方去——放到一切自然现象,放到他们的劳动和智慧创造出来的一切事物中去。"[24]

欣赏音乐更离不开想象中的情感。许多人都喜欢欣赏音乐,让想象在音乐的海洋里畅游。欧阳修在《送杨寘序》中,谈到操琴的时候说:"操弦骤作,忽然变之。急者凄然以促,缓者舒然以和。如崩崖裂石、高山出泉,而风雨夜至也。……喜怒哀乐,动人必深。"所以如"崩崖裂石",如"高山出泉,风雨夜至也",都是只有欣赏者根据琴的音调、旋律,才能想象出这种动人的情感形象。音乐有着非常广泛的概括性内容,从欣赏的角度说,就必须通过想象将概括化的音乐内容,转化成非常具体的、丰富多彩的带有情感的音乐形象,才可以欣赏。想象中的情感对于美感来说,是一刻也不能缺少的。传说古代伯牙弹琴,钟子期听琴后赞叹道:"美哉,善哉,巍巍乎若高山……美哉,善哉,荡荡乎若流水。"从琴音联想到高山,联想到流水,这也说明欣赏中的美感活动是离不开想象中的情感。

科学也需要想象,没有想象就没有创造。那么科学的想象与审美的想象有什么不同呢?第一,科学的想象追求真理,要有可靠的事实作根据,不容许虚构,更不允许由想象代替和构成科学的最后成果。审美的想象是追求美,可以允许虚构。鲁迅说:文艺"创作则可以缀合,抒写,只要逼真,不必实有其事也"[25]。第二,科学的想象要符合逻辑,尽量排斥感情的色彩和作用。审美的想象不必符合逻辑,如神话中的许多想象——女娲补天,夸父追日等,不必符合逻辑,更不必排斥感情色彩。在审美过程中情感是想象的推动力,想象需带有情感

---

[24][俄]高尔基:《论文学》,第161页。
[25]《鲁迅书信集》(上卷),人民文学出版社,1976年,第465页。

的色彩,饱和着血肉才能创造美和欣赏美,才能引起审美的愉悦。情感的色彩愈浓,则想象和审美愉悦愈强烈。

第三节 情感

美感作为审美对象的感受和体验,是以情感表现出来的。它广泛浸入其他心理过程中,使整个审美过程(感觉、知觉、表象、联想、想象、理解等)都带有浓郁的情感色彩,并成为其他心理过程的推动力。如果没有情感活动,美感本身就不会存在。情感是美感活动最重要、也是最活跃的心理因素。

情感是对客观现实的特殊的,也是最活跃的一种反映形式,是人对于客观事物是否符合自己的需要而产生的态度的体验。客观事物是情感产生的源泉。人们根据客观事物的不同特点及事物与人之间存在的不同关系,对这些事物有不同的体验,离开了具体客观事物,人们的情感就无从发生。人的情感与人的需要直接相联系,当客观事物符合人的需要时就会产生积极的情感,产生愉快的体验,否则就会产生消极的情感,产生忧伤的体验。美感中的情感活动是"在他所创造的世界中直观自身",满足了人的审美需要和美的理想,产生了积极而肯定的情感态度和体验。当人们在美的对象中直观到人的自由创造,体验到人的智慧、才能和力量时,从而热爱生活,在精神上感到一种满足和无私的自由的喜悦。美感中喜悦和快乐的情感,是与美的对象相联系的,是对它们的肯定。

美感的喜悦是无私的、自由的心理活动,是一种精神上的享受,美的享受,这在艺术欣赏和创作中是大量存在的。如我们欣赏桂林山水的清幽、秀丽,黄山的云海、奇松,感到精神愉悦,得到美的享受。

这种愉悦的美的享受，便是情感心理在美感中的重要作用。曹建玲在谈到西双版纳的森林时说："千姿百态的树木，每一棵都那样健壮，那样秀丽，高高矮矮，一层一层组成这广袤的主体的绿……呵，我赞美这广袤的、立体的、生机勃勃的绿，我赞美组成这绿的众多的树，我赞美这众多的树的壮健、奇丽和它们的价值。……在这浩瀚的森林里，我感到有一股不可抗拒的生命的热流在翻滚，一种蓬勃的青春力量在升腾。"[26] 这是多么有力地赞美了原始森林的美，引起了一种"不可抗拒的生命的热流在翻滚，一种蓬勃的青春力量在升腾"的强烈的情感和情趣。这不就是我们所说的美感是一种愉悦的心理过程，是一种精神上的享受吗？

美感中的情感活动，是对美的对象的欣赏而引起的。在欣赏自然景物时，触景生情是一种常见的心理现象。如陆机在《文赋》中说："遵四时以叹逝，瞻万物而思纷。悲落叶于劲秋，喜柔条以芳春。"刘勰在《文心雕龙》中说："物色之动，心亦摇焉。"这都说明由于感知自然景物的变化而引起了心理的情感活动。

欣赏自然美是如此，欣赏社会美也是如此。社会美是社会事物的美，种类繁多，从家庭的摆设、环境的布置，到生产的各种产品以及各种工艺品等，但社会美最主要的是人的美，人的心灵和风格的美。这种心灵美、风格美最能感染人，给人以优美和崇高的情感。比如，孔繁森的先进事迹在报纸上和电视台上公布以后，在社会上引起了强烈的反响，许多读者和观众来信来电表达了对人民公仆孔繁森的深切怀念和无限敬仰，为这样大公无私、毫不利己、专门利人、视事业为生命、将人民当父母的好党员、好干部而骄傲和自豪，对他的英年早逝无比悲痛。他们为孔繁森那种为人民服务的精神和行为所感染。他为

---

[26] 参见《人民日报》1986年5月19日第8版。

老大娘披上一件棉袄，为患病儿童送上一片药，为光脚的学生买上一双鞋，带上自己的饭菜到最贫穷的五保户家吃上一顿年夜团圆饭……这一切虽然不壮烈，但件件积累起来便有了震撼人心的无穷力量。他的这种心灵美、性格美，一定能鼓舞千百万群众审美情感的深入发展。

　　艺术美的欣赏更能引起美感愉悦和情感活动。这不仅因为艺术美比自然美和社会美更高，更集中，更典型，更理想，更带有普遍性，更能满足审美的需要，更能激起情感的活动，而且还因为艺术作品浸透着、饱和着作家、艺术家的激情和情感。如果作家、艺术家没有被对象所感动，则很难从审美上把握对象，更不可能塑造出生动感人的艺术形象。情感在艺术创作中有着特别重要的作用。别林斯基说："感情是诗的天性的最主要动力之一；没有感情，就没有诗人，也没有诗歌。"[27]恩格斯引用罗马诗人尤维纳利斯的讽刺诗说："愤怒出诗人。"[28]诗是如此，一切艺术创作都是如此。俄国冈察洛夫说："我只能写我体验过的东西，我思考过和感觉过的东西，我爱过的东西。"[29]梁斌在谈到创作《红旗谱》的过程时说："当我写这本书时，为了悼念我的朋友及战友们，曾经无数次的掉下眼泪，是流着泪写完这本书的。"[30]杨沫谈到《青春之歌》的人物创作时也说："我爱他们尤其是卢嘉川。当写到他在牺牲前给林道静的那封最后的信时，我的泪水滚落在稿纸上，一滴一滴地都把纸湿透了。"[31]周克芹也说："我坐在小河边上带弟妹玩耍，心里编起故事来，编了一个又一个，都是讲一个家境贫寒、无依无靠的柔弱女子，备受欺凌，只身出走，四处飘零，终于找到善良人

---

[27] 中国社会科学院外国文学研究资料丛刊编辑委员会编：《外国理论家、作家论形象思维》，中国社会科学出版社，1979年，第74页。
[28] 《马克思恩格斯选集》（第3卷），第189页。
[29] 《古典文艺理论译丛》（第1册），人民文学出版社，1961年，第189页。
[30] 《文艺报》编辑部编：《革命英雄的谱系:〈红旗谱〉评论集》，作家出版社，1959年，第94页。
[31] 转引自彭立勋《美感心理研究》，湖南人民出版社，1985年，第190页。

家。主人公常常就是我自己,我为自己编故事常常感动得泪流满面。"[32]正如鲁迅所说:"创作总根于爱。"[33]又说:"创作须情感,至少总得发点热。"[34]

我国古代美学思想更是重视情感在艺术创作中的作用。如《毛诗序》中说:"情动于中而形于言。言之不足,故嗟叹之;嗟叹之不足,故咏歌之;咏歌之不足,不知手之舞之,足之蹈之也。"《文心雕龙》更明确地提到"为情而造文",认为情感是"文"的基础和前提,所以,"情动而辞发""情动而言形""情变所孕""为情者要约而写真"等。这些都说明有了情感才能描写与塑造出真实而生动的美的艺术形象。

明代大戏剧家汤显祖创作了轰动一时的《牡丹亭》,据说有一个好心的老者看了这出戏,颇有些惋惜地对汤显祖说,你既然有如此卓绝的才能,为什么不去讲学,却偏要写戏。汤显祖回答道,我写戏也是讲学,不过我所讲的内容与一般教书先生讲的不同,我讲的是一个"情"字。"情"是情感,这完全说到艺术创作的要害。如果艺术创作中没有作家、艺术家的深厚的情感,则创作出来的艺术形象是干巴巴的,既缺乏生动,又缺乏美。

如果说在艺术美的创作过程中浸透着、饱和着艺术家的情感,那么在艺术美的欣赏过程中也会引起强烈的情感,使人陶醉在愉悦的情感之中。正如白居易在《与元九书》所说:"感人心者,莫先乎情。"因此,艺术美中包含着巨大的和深邃的情感,才有这样大的感人力量。冯梦龙在《古今小说·序》中认为以情感人的特点是有"可喜可愕,可悲可涕,可歌可舞"的强烈的感染力,足以使"怯者勇,淫者贞,薄者敦,顽钝者汗下。虽小诵《孝经》《论语》,其感人未必如是之捷且深

---

[32] 周克芹、谌容、刘心武等:《新时期获奖小说创作经验谈》,湖南人民出版社,1985年,第5页。
[33]《鲁迅全集》(第3卷),第533页。
[34] 同上书,第441页。

也"。在西方，亚里士多德也说：音乐"是一种最愉快的东西"，它"的确使人心畅神怡"[35]。柴可夫斯基在谈到音乐作品《奥涅金》时甚至说："由于难以借用笔墨表示的欣赏，我甚至完全都融化了，身体都在颤抖着。"[36] 这也说明艺术美的欣赏能引起人巨大的情感，具有深刻感人的魅力。

情感对艺术作品来说，甚至比艺术的形象更为重要，它是艺术生命之所在。艺术之所以为艺术，就在于它渗透着感人的情感。王汶石在论散文时说："李密的《陈情表》，王勃的《滕王阁序》，韩愈的《祭十二郎文》，欧阳修的《醉翁亭记》《秋声赋》，林觉民的《与妻诀别书》，高尔基的《海燕》，方志敏的《可爱的中国》《清贫》……"，它们没有多少艺术形象，而"有内容，有真情，有文采"，"这样的散文，像古典诗词一样，可以吟哦，可以背诵，反复诵读，越读越显其韵味"。[37]

再如鲁迅的杂文，并没有许多具体形象，然而通过对某些事、某些人、某些历史的叙述议论，或娓娓道来，或迂回曲折，使人感到可笑、可气、可叹、可憎，完全被吸引住了。贯穿在这种似乎是非形象的议论、叙述中的，正是伟大作家爱憎分明的强烈情感，正是这强烈的情感深刻地感染着人们。郭沫若指出："我们知道文学的本质是始于情感而终于情感的。文学家把自己的情感表现出来，而他的目的——不管是有意识的或无意识的，——总要在读者的心中引起同样情感的作用的。那么作家的感情愈强烈，愈普遍，而作品的效果也就愈强烈，愈普遍。"[38] 罗丹也说："艺术就是感情。"[39]

---

[35] 北京大学哲学系美学教研室编：《西方美学家论美和美感》，第45页。
[36] 转引自捷普洛夫《心理学》，商务印书馆，1953年，第7章第42节。
[37] 参见《人民日报》1986年5月7日第8版。
[38]《郭沫若论创作》，上海文艺出版社，1983年，第33页。
[39][法]罗丹口述、葛赛尔记：《罗丹艺术论》，第3页。

如果艺术不表现情感，不能打动人、感染人、扣人心弦，就不成其为艺术作品，或者不是好的艺术作品。

关于情感的生理机制，是许多生理学家和心理学家多年来探讨的重要课题。情感的中枢神经机制有"大脑皮层说""丘脑说""下丘脑说""情绪激动说"等学说。在这些学说中以"大脑皮层说"影响较大，它在情感的产生中起着主导作用，它可以抑制皮层下中枢的兴奋，直接控制情感。把情感的生理机制建立在大脑皮层神经过程的暂时联系系统的基础上，暂时联系系统的维持或破坏，使人改变对客观现实的态度，即产生积极的情感或消极的情感。巴甫洛夫说："在建立和维持动力定型的情况下，大脑两半球的神经过程是符合于我们通常称为两种基本范畴的情感的东西，即积极的与消极的情感，以及由这些情感的组合或不同的紧张性而发生的一系列的色调的变化。"[40]

"大脑皮层中所建立的暂时联系系统，包括了个体与其生活条件的各种各样的关系，它表现为个体的生活习惯、生活态度，以及每个人的观点、信仰、立场和思想体系等等。但是，它的建立、发展和改变，受当前事物与过去经验的影响，以及和人的愿望或意向联系着，因此，它是情感的机制。"[41]情感作为主体对于外物某种属性所持态度的自我体验，总是以起码的理性认识为前提。"谈虎色变"，是因为认识虎的威猛凶残足以伤害人的生命，所以"谈虎色变"；"初生牛犊不怕虎"，是因为刚生下来的牛犊还没认识老虎为何物，所以不怕。由此可见，情感不仅受生理机制所制约，更主要受个人的生活条件以及理性认识所制约，在不同的生活条件下以及不同的理性认识中，会产生不同的情感体验。

---

[40]［俄］巴甫洛夫：《巴甫洛夫选集》，吴生林、贾耕等译，科学出版社，第65页。
[41] 全国九所综合性大学《心理学》教材编写组编：《心理学》，1955年，第451页。

在审美情感中，人的理智（认识）、意志（需要）和情感处于和谐的统一中。正是这种和谐的统一，在审美中才会感到无私的和自由的愉快。例如演员的表演，一方面，必须根据人物的身份、性格、习惯等进行深入的体验，并且融化到自己的人物当中去；另一方面，又要知道自己是在演戏，必须有清醒的认识，对自己的一言一行，一抬手、一投足，都要知道是否符合人物的身份和性格。如果一味深入体验，没有理性认识和控制，哭则号啕大哭，笑则大声狂笑，毫无节制，那也不叫演戏。如果演员没有深入体验，只凭理性的认识来演戏，那就会出现矫揉造作，使人一看便知道是假的。因此，深刻的体验必须与理性的认识、评价相结合，要能假戏真做，才能有感人的艺术魅力。无论在怎么激烈的感情中都必须能冷静地控制自己，正如斯坦尼斯拉夫斯基说："演员在舞台上哭和笑，可是他在哭和笑的同时，观察着自己的笑声和眼泪。"[42] 这样的演员才是好的演员，这样的艺术才是好的艺术。审美当中的理性虽然规范着、引导着情感，"情必依乎理""理以导情"，但理又必须沉淀在、融化在情中，"理在情中"就是说的这种情形。只有理融化在情中，这样才使情感得到提炼、加深，才会具有普遍的社会意义，才能得到自由的美感。

审美情感是以日常生活情感为基础的，但两者之间存在着显著的不同，这是由于在审美情感中蕴含着理性认识，比日常生活情感有着丰富的、深刻的社会内容。它已经从物质的狭隘的需要中升华出来，具有社会的精神的内容。所以，它不仅在情调上比日常生活情感更丰富、更深刻和更充实，有着更广阔的精神上的东西，有着无限的情趣和韵味，而且，它比日常生活情感更能丰富人们的精神生活，陶冶和净化人的心灵和情操，更能激发人们对美的热爱与追求，提高人们更

---

[42] 转引自李泽厚《美学论集》，上海文艺出版社，1980年，第240页。

自觉地做一个真正有益于人们的人。因此，审美的情感被称为高级情感之一。

审美情感包含着理性认识，是情与理的统一，科学探求真理的认识也包含着情感活动，特别是像列宁所说的：如果"没有'人的情感'，就从来没有也不可能有人对于真理的追求"[43]。那么审美情感与探求真理的认识有什么不同呢？探求真理的科学认识都有这样或那样的利害关系，有情感，甚至很强烈的情感，没有情感就不会有对真理的热烈追求。但科学家所追求的是真，虽有热烈的情感，但情感只是作为追求真理的动力，它不能进入认识过程，更不能作为认识的结果。追求真理的认识毕竟是以理智、思想等抽象逻辑认识为其特征的。审美情感是对美的认识，与追求真理的抽象逻辑认识不同，它不脱离生动的、具体的感性形象。它是以情感体验为特征，在情感体验中虽也有理性的思维活动、理性认识的内容，但它是融化在、沉淀在情感之中的。如果说科学家的认识是以抽象的逻辑为主的话，那么，美感认识则以对美的体验为主。

意志情感是伴随着意志活动而产生的情感体验，它与人的道德要求、愿望和理想密切联系在一起。两者（认识和意志）虽然与审美情感一样都同属于精神的需要，但它们在体验的内容与特点上有着较大的区别：第一，真（认识）、善（意志）、美（情感）分属于不同的精神领域，它们都有特定的对象和范围，它们的要求、愿望和理想各不相同；第二，认识情感和意志情感不依附具体、完整和生动的形象，而审美情感则不能脱离具体、完整、生动的形象，它直接对这些形象产生情感体验；第三，认识情感和意志情感具有广泛的社会普遍性，而审美情感则具有复杂的个性和多样性，同一审美对象对不同的欣赏者能产

---

[43]《列宁全集》（第20卷），第255页。

生复杂多样的审美情感体验,在审美活动中,对象与主体之间具有复杂多样的情感联系。

第四节　理解

对于美感来说,有没有理性因素,至今仍是一个争论的问题。西方资产阶级的直觉主义者、反理性主义者看到了美感的感性性质,而否认美感的认识作用和理性内容。他们认为美感根本是与理性对立的,直觉主义者克罗齐就是如此,这是根本错误的。而有的机械唯物主义者则与此相反,他们看到美感的认识作用和理性内容,因而否认了美感的理性和抽象思维中的理性的根本区别,否定了美感中的理性是溶解于、渗透于知觉、想象、情感之中,从而也否定了美感的特殊规律,这种看法也是片面的、错误的。我们认为美感既有感性形式,又有理性的内容,是感性与理性的统一,是认识美的事物的一种特殊形式。

美感中特殊的理性内容,一般称为理解。什么是理解呢?理解是通过揭示事物间的联系而认识新事物的心理过程,按照理解深浅程度的不同,可分为对事物外部联系的理解和对事物内部联系的理解。这两种理解形式在美感活动中都是不依靠概念、判断和推理的逻辑思维进行的,是与感知、联想、想象、情感等心理因素密切联系在一起的,具有具体的生动的形象性和直接领悟的特点。正因为美感中的理解因素,既有不脱离具体的生动的形象体验,而又在审美感受之中包含着领悟、比较、推敲、品味等思维和理解的理性活动。它突出的是用形象说话,而不是用概念说话,它是超越感性而又不离开感性,是趋向概念而又不归结为某一概念。它在感性形式中展示理性的本质,而又非任何概念所能穷尽和表达的。正因为如此,美感中的理解即理性思维才不同于逻辑的概念。正如人们所常说的,美感是可言而又不可言,可喻而又不可喻,具有"言有尽而意无穷"和"只可意会而难以言说"的特点。

黑格尔在谈到审美欣赏的直接领悟时,称做"敏感的观照"。他说:"'敏感'一方面涉及存在的直接的外在的方面,另一方面也涉及存在的内在本质。充满敏感的观照并不很把这两方面分别开来,而是把对立的方面包括在一个方面里,在感性直接观照里同时了解到本质和概念。"[44] 在这里,黑格尔肯定了审美过程中的理解因素,从而揭示了审美理解因素是通过"敏感的观照"即直接领悟的特点表现出来的。

美感活动为什么有直接领悟的特点呢?这一点,我们在上一讲中已经提到过,在这里我们再从心理学角度讲一点。我们所讲的美感不是动物式的单纯感官的生理反应,也不是克罗齐所认为的那种不辨真伪的初生婴儿第一次看世界的感觉,而是指马克思所讲的"通过自己的实践直接变成了理论家"那种人类的高级感觉能力。从心理学上说,这种感觉能力是感性中沉淀着理性,是感性和理性的统一。美感必须是感性和理性互相结合、互相渗透,既有不脱离形象的感受,又能理解美的内容,是一种理解之后的深刻感觉。这是完善的感觉能力,是美感直接领悟的决定条件。从客观世界的普遍联系来看,它在人们无数次实践经验中反复呈现,使人建立了稳定的暂时联系。在这个暂时联系系统中,某一现象出现,可以充当另一现象的信号,引起主体的条件反射。例如小孩子听惯了妈妈的脚步声,脚步声便成为妈妈到来的信号,就能引起孩子的条件反射,冲口喊妈妈。对于孩子来说,这个条件反射已经暗含一种连孩子自己也不曾意识到的理性内容。既然这是妈妈的脚步声,那是妈妈回来了。脚步声已从单纯的音响,变成

---

[44][德]黑格尔:《美学》(第1卷),第167页。

有意义的音响,这种意义,直接包含在孩子对脚步声感受的理解里。丰富的经验再加上深刻的认识,能使感受能力发展为较复杂、比条件反射更为高级的形态,使人能凭借某事物的直接感知,对复杂事物做出准确的判断,如有丰富经验的指挥员可以根据战场上枪炮声的变化,准确地判断敌人的作战意图,这当中包含着深刻的理解。

审美心理过程尽管没有一个单独的理解阶段,但是理解在审美心理过程中有着重要的作用,它广泛地渗透于感知、联想、想象、情感等活动中。从知觉与理解的关系来看,知觉必须依赖过去的知识和经验,过去的知识和经验就包含着理解因素,它必然渗透在当前的感知活动中。没有理解活动参与,感知的整体性、选择性和情感性就不可能是积极主动的。就理解与联想和想象的关系来看,在审美联想和想象活动中,理解作用更为显著。各种不同形式的联想都是建立在对事物间普遍联系的理解的基础之上的。没有对事物间关系的理解,任何形式的联想都不可能形成。至于想象,则具有更深刻的理性内容,想象不仅需要对事物间外部关系的理解,更需对事物间内部关系的理解,没有对事物间本质和规律性的理解,则不可能在改造旧的表象基础上创造出新颖的、独特的形象来。情感和理解在审美活动中是互为动力的,理解越深刻,则审美情感越丰富、浓郁;审美中的情感愈丰富、浓郁,则理解愈深刻。由此可见,审美理解与知觉、联想、想象、情感等是不可分的,它们是互相渗透、互相作用的,最终审美理解规范着、指导着美感的内容与发展方向。

审美理解是一个由浅到深的发展过程,美感亦是如此。那种认为美感是凝固不变的、没有发展的观点,则是根本不对的。在审美创造中有一个发展过程,这是大家都承认的,事实上审美欣赏也是如此。在审美欣赏过程中,我们是一边感受,一边理解,使美感不断发展。

感受、理解等诸心理因素不仅相辅相成、互相补充，而且又是互相融合，不着痕迹地推动着美感的发展。如听贝多芬的交响乐，初听时只能感到旋律、节奏的美，对其内容还不太了解，这时虽有美感但不深刻。反复听了多遍之后，不仅对其节奏、旋律有更深的了解，而且对其表现的内容也有较深入的把握。这种对内容把握和对旋律、节奏的理解又是融为一体、互相促进的，最后才能达到感受与理解，内容与形式的有机统一，才能获得真正深刻的美感享受。贝多芬第六交响曲也叫《田园交响曲》，初听时只感到旋律、节奏非常丰富、非常美，但还不知道它的内容。接着我们反复地听，反复地琢磨，才逐渐了解到它分四个乐章：第一乐章是到达乡村后的愉快感觉，充满生活和大自然的音响，具有精神上安静和活泼的律动两种感觉，第二乐章描绘"溪畔小景"，描绘幽静、和平的景象，这一乐章的末尾，杜鹃、鹌鹑和夜莺叫声汇合成一个柔和的充满感情的旋律，第三乐章是农民欢乐集合，是一个美妙的场面，其中有一段粗犷的热情的民间舞蹈，第四乐章是"暴风雨"，农民的节日欢乐都被"暴风雨"给打断了；不过雨过天晴，一切又都在非常安宁、静谧和光明景色及牧歌声中结束。它表明这位伟大的作曲家的兴趣是多么宽广，在音乐创造中有着多么丰富的形象表现。这形象表现是理解大自然的欢乐，理解大自然对人的思想感情的影响，从而给人以深刻的强烈的美感享受。这不正说明美感由浅到深的螺旋式发展过程吗？

理解是美感不可缺少的一种重要的心理活动。它在美感中的作用，可归纳为三点：

第一，自觉地理解到自己是在欣赏，理解到自己是处于一种非实用的审美状态中，不必对所见所闻做出实际行动的反映。这是对美感中的理解最起码的要求，否则就不能进入欣赏活动。如看戏知道这是演员的表演，一切都是假的。所以，"演员今天演一个国王、明天演一个乞丐，今天演一个健康的人，明天演一个带伤生病、命在垂危的人。但是演员本人既不是国王，也不是乞丐。我们看到死在台上的也不是他。如果有人认为死的就是演员而忙着去救护他，他对于艺术作品就显示出很少的理解"[45]。这是看演员演戏时，把戏剧所表现的生活与现实的实际生活等同起来，把演戏的表演当作现实行动，因而做出了实际的反映。这是欣赏者缺乏欣赏中的非实用态度，也是欣赏者缺乏审美理解的表现。所以，审美欣赏者必须自觉地控制自己的实际行动，才能真正进入欣赏。审美欣赏的理解虽是潜在的，但只有在理解的控制下，才能保持欣赏者的态度，才能获得真正的美感体验。

审美理解的第二个作用，是指对审美对象的来历、背景、意义、题材、典故、技法、程式等各类艺术的特点和规律的理解，没有对审美对象的背景、意义、题材等的理解，也就不能进行欣赏，获得美感。例如看西方宗教画时，如果你不懂得野百合花象征着玛丽娅的童贞，羔羊象征着信徒，那么你在欣赏时便会感到莫名其妙，为什么出现羔羊，为什么会出现野百合花，你便看不懂。再如，游览西湖时，你若是知道历代诗文、佳话、传统故事，就会获得丰富的审美感受。对"断桥残雪"，你就不会只看到一座普通的石桥，从神话中联想到白娘子和许仙那一段惊心动魄的爱情故事，你就会觉得这座石桥不平常了。如果你欣赏从"钟馗嫁妹""罗汉伏虎"等故事为题材的绘画时，你不知道这些故事的来历和情节，就会感到十分怪诞。懂得京剧程式和技法的人，仅仅从几个人打斗场面中，就能理解到这是千军万马的沙场；懂得京剧《三岔口》表演技法的人，纵然舞台上灯光明亮，但仍然可从演员的神态、表情、动作等，理解到这是一个伸手不见五指的黑夜。

审美理解的第三个作用，也是审美理解最重要的作用，即审美理

---

[45] 朱光潜：《朱光潜全集》(第7卷)，安徽教育出版社，1991年，第469—470页。

解渗透于、沉淀于感知、想象、情感诸心理因素中,并与之合为一体,构成鲜明、生动的形象,在这形象中包含理解内容。前面说的两种理解还只是审美理解的潜在因素,并不是审美感受本身,它们只是审美的必要条件。只有将这些潜在的理解融入审美感受中去,转化为想象和情感,化为生动的形象才是真正审美感受中的理解。这也就是"象外之旨""弦外之音""韵外之致",它的特点是只可"心领神会""不可言传",具有宽泛性和多义性。我国古代人早就了解这一点。唐代司空图在《诗品·含蓄》中说:"不著一字,尽得风流。语不涉难,已不堪忧。"《诗品》是早期论述诗歌的意境和风格的专著。诗歌本来是用字写的,司空图偏说不著一字。不是不用字,而是不用一个概念的字,用富有感染力的构成形象的字,在生动形象中表现理解,就能够"尽得风流"了。"语不涉难",就是说,虽没有怎样言说苦难忧愁,而只是用生动形象来表现,但苦难"已不堪忧"了。至于苦难是什么呢?那是多义的,是明确的概念所不能完全表达的。

为了说明在生动的形象中蕴含着理解的道理,我们举李白的《玉阶怨》一诗为例:"玉阶生白露,夜久侵罗袜。却下水晶帘,玲珑望秋月。"此诗主旨是咏"怨",但诗中并无一怨字出现,正如后人肖士赟评论时所说:"无一字言怨而隐然幽怨之意,见于言外。"[46]诗人没有用一个概念的怨字,而是通过一系列的景物、动作,如"生白露""侵罗袜""水晶帘""望秋月"等富有感染力的语言,组成生动的形象,把一个月夜思妇栩栩如生地表现出来了。通过对生动形象的感受和体验,自然会理解诗中的主人公因离别和思念而产生的幽怨和寂寞之情。

再如宋代曹豳的《春暮》一诗:"门外无人问落花,绿荫冉冉遍天涯。林莺啼到无声处,春草池塘独听蛙。"这首诗是吟咏一个村庄春暮

---

[46] 转引自《文艺理论与批评》1992年第2期。

的景象，妙在无一字写春，也无一字写暮，四句诗勾勒了四个形象，把暮春的景象有声有色地描绘出来。全诗质朴自然，轻松明快。再如温庭筠的《商山早行》："鸡声茅店月，人迹板桥霜。"诗人只用六样景物巧妙地组合成鲜明而独特的生活画面，虽没有用一个字说明旅客思乡的焦急和赶路的辛苦，但人们完全可以领略、理解到它包含这种意义。欧阳修在《六一诗话》中，称赞这两句诗写赶路辛苦、羁愁旅思"见于言外"。

刘勰曾深刻地论述过形象、情感和理解在审美心理过程中的相互关系："神用象通，情变所孕，物以貌求，心以理应。"（《文心雕龙·神思篇》）象、情、理在同一想象过程中融为一体，构成生动的审美形象，产生特殊的审美感受和认识。清代沈德潜在《清诗别裁·凡例》中说："诗不能离理，然贵有理趣，不贵下理语。""理语"即概念性的语言。"理趣"则是在生动的形象中蕴含着可言而又不可言、言有尽而意无穷的思想。这种特殊的审美感受和认识，正是审美理解不同于科学之处，也正是审美理解具有感人的力量之处。

虽然我们分开来讲美感心理因素，但事实上它们是不可分的。在美感中以情感为中心、为枢纽，密切联系其他心理因素，它们是互相渗透、互相作用的有机整体。各种心理因素在对不同艺术门类的欣赏中虽各有偏重，但不论偏重在哪种心理，都是以情感为枢纽并融化于其中，都能感染人、激动人，并引起人的强烈共鸣，丰富人的思想境界和提高人的情操。我们所说的偏重并不是不要其他心理因素，而是说美感的心理因素结构中，各种因素组织不同罢了。

思考题

1. 美感心理因素主要包括哪些内容?
2. 想象在美感中的作用是什么,为什么说创作和欣赏都离不开想象?
3. 美感中的情感与日常生活的情感有何区别,如何理解美感中的情感作用?
4. 理解在美感中的作用是什么,如何起这种作用?

第十五章
美感的个性与共性

前面我们讲了美感的心理因素，可以看出，美感是各种心理因素的综合与和谐统一。这种和谐统一中表现出来的美感又带有很大的差异性和多样性。同样一个审美对象，有时你觉得它美，我认为它不美，这就显出了差异。为什么有差异呢？这是由审美主体的个性特征决定的。而个性特征又是从个人的爱好、兴趣表现出来的，必然要受一定的审美趣味、审美观念、审美理想的指导和制约，而审美趣味、审美观念、审美理想在不同时代、不同民族、不同阶级又是各不相同的，特别是个人的境遇、性格、职业、文化、修养、实践等更是千差万别。这都制约着美感的多样性与差异性，即美感的个性与共性。美感虽然因个人爱好、兴趣不同，具有明显的差异性和个性，但它又不是纯粹孤立的个人现象，而是具有鲜明的社会性。人都是生活在一定的社会关系之中，他的思想和欲望、爱好和兴趣等，不会不带有历史的社会的普遍内容，这就是说，在美感的个性中一定要表现社会的普遍性，即共性。共性寓于个性之中，个性则表现共性，二者是辩证统一的。

首先谈谈美感的差异性、多样性，即美感的个性。

第一节 美感的差异性

1. 美感的时代差异性。人由于受特定时代的物质生活条件、社会关系以及一定的政治、哲学、文化等思想的影响和制约，形成不同时代的审美理想、审美观念、审美趣味以及爱好等。例如在奴隶社会的初期，以饕餮为代表的青铜纹饰，给人的感受是一种神秘的威力和狞厉的美，它反映了人类进入文明前必经的血与火的那个野蛮时代。从原始公社向奴隶社会过渡，并不是温情脉脉的，而是用残酷的、野蛮的战争手段来完成的。炫耀暴力和武功是当时部落、氏族大合并的奴隶制早期的特点，青铜器制作又多半作为祭祀的"礼器"，奉献给祖先或记载征战的胜利，而饕餮纹饰恰好成为这一时代的标志。到了汉代，残酷、凶狠的饕餮纹饰已成为陈迹。汉代的雕刻变得气势宏大、简练古朴，如汉武帝元狩六年（公元前117年），在陕西省兴平市霍去病墓前，刻制了一组大型圆雕，其中石马、石虎最生动。这种情况正反映了汉代的精神。从社会发展的角度来说，汉代作为地主阶级的统治正处于上升时期，政治上有作为、有信心，那种气魄雄伟、简练古朴的风格，是汉代封建王朝统一中国的生气勃勃的审美理想的象征。

再以敦煌莫高窟的彩塑为例。我国古代的雕塑匠师们具有卓越的创作才能，他们用熟练的技巧和丰富的想象力，创作出不同时代风格的彩塑。莫高窟最早的彩塑是魏塑，表现比较质朴，塑像体格比较高大，面貌清瘦，前额宽阔，鼻梁平直，眉眼细长，发髻呈波状，衣服的折纹紧贴身上，风格朴实清秀。到了隋代，一改北魏时"秀骨清相"的风格，雕塑的面部变得丰满起来，鼻梁低下，耳朵下垂而且变大，衣褶的线纹也变得柔和而真实，很富于民族风格。唐代是雕塑最盛的时代，各个时期的塑像、艺术风格也不尽相同。初唐的塑像改变了隋代头大身小的毛病，代之以健康丰满的面形，比例适当，精神焕发，衣折更加流畅。盛唐时，雕塑的面相更加丰腴、慈祥、和蔼，体现了盛唐以丰腴为美的特色。塑像的形象和比例、肌肉的解剖、人物个性和刻画，都有了进一步的发展。一尊佛像或一组佛像都有其相应的神情和面貌形态，如本尊的仁慈、严肃，阿难的聪慧、温顺，迦叶的深厚、沉着，菩萨的文静、矜持，天王的威力、强壮，力士的凶猛、暴烈等。中唐时塑像在写实技巧方面有进一步的发展。到了晚唐时期，雕塑失去了磅礴的气魄，但彩塑的技巧水平依然很高。

马克思说："色彩的感觉是一般美感中最大众化的形式。"[1]这种最大众化形式的美感，即色彩的感觉，在不同的时代风尚、审美趣味的影响下，也会使人产生不同的感受。在春秋时代，齐国成为丝绸的中心，用植物染成的"齐紫"风行一时，齐桓公自己也穿上了紫袍，由于统治者的提倡，紫色便成为时代的色彩。秦始皇认为自己因水德而得天下，因此提倡黑色。汉高祖从南方起兵，认为是火德兴邦，故提倡穿红色。唐时社会兴盛，用色则五彩缤纷，富丽堂皇。这说明不同时代的人，对色彩的感觉、趣味和爱好也不同，色彩的美感是随着时代而变化的。

不同时代都有自己的审美趣味、审美理想等，随着时代变化，审美趣味、审美理想也就或迟或速地变化，美感也是如此。如唐代画家周昉的仕女画，画的都是丰肌的形象。当时从士大夫到民间画工，从中原到边疆，这种形象蔚然成风，没有人不以为美，也没有人感到奇怪。但到了宋代画家李公麟，他对唐代妇女丰肌的美却难以理解。李公麟拿周昉的画去问董逌："人物丰浓，肌胜于骨，盖画者自有所好哉？"董逌回答他说："此固唐世所尚。尝见诸说太真（杨贵妃）丰肥秀骨，今见于画，亦肥胜于骨。昔韩公言，曲眉丰颊，便知唐人所尚以丰肥为美，昉于此知时所好而图之矣。"《广川画跋》唐代以丰肥为美，而到宋代则不可理

---

[1]《马克思恩格斯全集》（第30卷），第154页。

解,不仅不以丰肥为美,而认为是"一弊"(一病)了。宋代《宣和画谱》中说:"世谓昉画妇女,多为丰厚态度者,亦是一弊。"这是为什么呢?因为时代风尚变了,审美趣味、审美理想变了,美感也随之变了。

2. 美感的民族差异性。由于各个民族的经济状况、生活习惯、地域、性格、趣味、爱好等的不同,这种不同又渗透到美感中,形成不同民族的美感的不同特点和差异。以我国少数民族为例,如蒙古族生活在北方,地处塞外边疆,沃土千里,水草丰富,牧民的生活陶冶了他们粗犷、开朗、勇敢的民族性格,因而他们喜爱节奏明快、热情奔放的刀马舞。对他们来说,马、牛、羊、骆驼等,不仅是生活资料的来源,更对之有特殊的感情。马既是他们的交通工具,也是骁勇善战的象征。刀马舞运用寓意而强烈的舞蹈语言,充分表现豪放、雄浑的民族舞蹈风格。地处我国南方边陲的少数民族(图42),如壮族、苗族,他们多喜欢脚鼓舞、竹竿舞、芦笙舞,这些舞动作优雅,配上悠扬的笛声,表现了他们民族的欢快、爽朗的性格。再如朝鲜族性格比较温和、文静,妇女们喜爱腰鼓,演奏时挂在腰间,用两手掌拍击,舞姿翩翩、秀丽典雅。维吾尔族由游牧逐渐转化为农业,文化艺术也有相当的发展,尤以歌舞较为发达。这种不同民族的喜好,是与他们的生活条件、地理环境、性格等特点分不开的。

对人体和皮肤美的欣赏,不同民族的审美趣味、美感的差异性也是很大的,甚至是根本对立的。据达尔文在《人类的由来及性选择》一书的记载,非洲摩尔族人看见白人的皮肤便皱起眉头来,好像不寒而栗。

图42 少数民族舞

非洲西海岸的黑人认为皮肤越黑越美。卡菲尔人中男子长得较白的话,没有一个女子愿意嫁给他。在欧洲白种人那里,丧服是黑色的;而在澳洲黑人那里,丧服是白色的。在基督教神话中,安琪儿是白色的,魔鬼是黑色的,而在非洲艺术家那里,魔鬼被描写成白色的。再如马来西亚人和新加坡人喜欢绿色,绿色象征宗教,然而他们忌禁黄色,因为黄色为王室使用,一般人不穿黄色服装。日本人喜欢黑色,黑色象征男子,他们也喜欢红色。法国人喜欢粉红色、蓝色,而认为灰色高雅。比利时女孩喜爱蓝色,男孩喜爱粉红色。这种不同民族的喜爱和美感,是与他们的生活习惯和各种复杂的观念等联系在一起的。英国18世纪美学家、艺术家越诺尔兹说:"爱好这一种,不爱好那一种,理由很多,其中最带一般性的我认为是风俗习惯。习俗在某种意义上可以颠倒黑白,只是由于习俗,我们才偏爱欧洲人的肤色而不爱非洲人的肤色,同理非洲人也偏爱他们自己的肤色。我想没有人会怀疑,如果非洲画家画美女神,他一定把她画成黑颜色、厚嘴唇、平滑的鼻子、羊毛似的头发。他如果不这样画,我认为那反而是不自然;我们根据什么标准能说它(他)的观念不恰当呢?我们固然常说欧洲人的模样和肤色胜过非洲人的;但是除掉看惯了之外,我们找不出任何理由。……就美来说,黑种民族和白种民族是不同种的。"[2]越诺尔兹的分析是很有道理的,正是由于各个民族生活习俗的不同,才使他们在审美上有自己的趣味和爱好。这也恰恰说明了美感具有民族性的不同差异。

再如,在绘画艺术上,中西绘画有很大的不同,这是由民族不同所致。中华民族有独特的绘画传统,有自己的审美实践、审美观念、审美趣味,与西方民族在绘画艺术上大异其趣。西方油画特别重视透视学、解剖学、光影凹凸的晕染,大都是以色块构图,色彩浓丽。而中国画则

---

[2] 北京大学哲学系美学教研室编:《西方美学家论美和美感》,第117页。

有很大不同,中国画是借笔墨的飞动写胸中的逸气,所以不重视具体物象的逼真刻画,而用笔墨来表达人的性格、心情与意境。画家任意挥洒,笔墨浓淡相济,虚实相生,乃能笔笔虚灵,而又能笔笔写实,为物传神。这可以说是中国画不同于西方油画的第一个特点。第二个特点,是中国书法为中国画之骨干。为了表现画中的意境,中国画须借书法题写诗句,而且画中线条本身所具有的表现力,也离不开书法的用笔。诗、书、印融在一幅画中,不仅不破坏画境,而且加深了画的深度与意境。第三个特点,中国画不像西方油画那样重视固定点上的视距这一画法。正如宗白华所说:"画家的眼睛不是从固定的角度集中于一个透视的焦点,而是流动着飘瞥上下四方,一目千里,把握大自然的内部节奏,把全部景界组织成一幅气韵生动的艺术画面。"[3]这是由中西民族在绘画传统、欣赏习惯,民族心理结构上的不同所致。

3. 美感的阶级差异性。在阶级社会里,由于经济地位、生活方式、文化观念等不同,不同阶级的人们形成了不同的审美趣味、审美理想和美感。鲁迅说:"自然,'喜怒哀乐,人之情也'。然而穷人决无开交易所折本的懊恼,煤油大王那会知道北京捡煤渣老婆子身受的酸辛,饥区的灾民,大约总不去种兰花,像阔人老太爷一样,贾府上的焦大,也不爱林妹妹的。"[4]这说明不同阶级的经济地位、生活方式、心理和需要等制约着人的趣味和爱好,趣味和爱好又制约人对美的不同体验。他们的美感在有些问题上甚至是互相对立的,互相排斥的。

不同的阶级有不同的世界观和审美观。世界观和审美观,特别是审美观制约着审美理想,是美感的灵魂。美感都是在一定的审美观指导下进行的。不同的审美观规定着美感的不同内容和倾向。美感都是具体的,表现在喜欢、爱好什么,不喜欢、不爱好什么的趣味上。一个阶级的趣

---

[3]宗白华:《美学与意境》,第400页。
[4]《鲁迅论文学》,第74页。

味往往集中地反映了这个阶级的审美需要和审美爱好。不同阶级的趣味的对立，不仅反映了阶级的对立，而且反映了思想斗争，这最集中地反映在不同阶级的文艺思想斗争中。例如高尔基的《母亲》刚刚在俄罗斯国外出版时，就引起了不同阶级截然相反的评价。列宁对这部小说是高度喜爱和赞扬的，认为是"一本非常及时的书"，"这是一本必需的书，很多工人都是不自觉地、自发地参加了革命运动，现在他们读一读《母亲》，一定会得到很大的益处"[5]。但资产阶级则不欢迎，对它大加污蔑和排斥，等到《母亲》在国内出版时，便被沙皇走卒们删砍得不成样子。他们之所以对它有如此的仇恨，是因为《母亲》这部小说，第一次描写了工人阶级从不自觉到自觉地参加革命斗争。在这个问题上，正是因为与他们的阶级利益是根本对立的，对小说《母亲》的评价和态度也是根本对立的，因而对它的美感阶级差异性、对立性也是极其明显的。

　　阶级是一个历史的具体的存在，一个阶级的趣味和美感也必然表现出具体的历史的内容。处于上升时期的阶级趣味和美感，是在先进的世界观特别是先进的审美观指导下形成的。因而，在一般情况下，它们能表现社会发展的趋向和要求，能够认识和反映客观事物的美，具有一定的真实性和进步意义。处于没落时期的反动阶级，由于他们的世界观、特别是审美观随着社会的发展，已是腐朽的、反动的，其审美趣味和美感也是腐朽的、反动的，不仅不能反映出客观世界的美的事物，而且歪曲了客观事物的真实性质。例如国民党反动派视红军为青面獠牙的"恶魔"，而劳动群众却把红军看作自己的亲人、救星。这里面不仅存在着善与恶的客观标准，同时还存在着美与丑的客观标准。我们认为历史上的农民起义和红军的战斗形象是很美的，这不过如实地反映了生活中客观存在的美。因为这些形象符合社会实践的进步要求和社会发展，是与

---

[5][俄]列宁：《论文学与艺术》（第2册），第882页。

人民利益相一致的。他们的形象本身就是美的,而反动阶级对农民起义或对红军进行诋毁则是出自他们的偏见,因此视美为丑。这不仅反映农民阶级与旧统治阶级不同的美感,而且也反映了同一个阶级在不同时期(上升时期与反动时期),对有些事物美感的不同内容。

在一个阶级内部,虽然他们阶级地位相同,但每个人的生活环境、生活道路、命运和遭遇,以及文化艺术修养与心境等,是各不相同的。每一个人的差异好像树的叶子一样,是没有完全相同的。这种不同决定了一个人的特殊性格、需要、爱好和情感的体验,形成了个人的审美趣味和美感。审美活动中的这种个性差异是随时随地可以见到的。例如有人喜爱杜甫,有人喜爱李白;有人喜欢激昂的热烈的进行曲,有人则喜欢优美的沉思的抒情曲;有人喜欢悲剧,有人喜欢喜剧;有人喜欢李思训的金碧山水,也有人喜欢八大山人的写意抒情;在戏曲爱好上,有人喜欢京剧,有人喜欢评剧;在京剧喜爱者中,有的喜爱梅派唱腔,有的则喜爱程派唱腔。即使同时面对一个审美对象,由于欣赏者的个人生活经验和环境的不同,所引起的审美感受和审美体验也是各不相同的。同是菊花,陶渊明所感受到的与李清照所感受到的是迥然不同的。陶渊明的"采菊东篱下,悠然见南山"那种怡然自得、田园牧歌式的感受,与李清照的"莫道不销魂,帘卷西风,人比黄花瘦"那种苦闷、忧郁、多愁的感受,是多么的不同啊!同是明月,既有苏轼在《水调歌头》中的"明月几时有,把酒问青天"那种飞进神话世界里的浪漫主义幻想,也有李白在《静夜思》中的"床前明月光,疑是地上霜。举头望明月,低头思故乡"那种明月引起的乡愁和情怀。这种个性的差异表现在诗词中最为明显。再如杭州的西湖的美,从古至今,不知吸引了多少诗人骚客,写了那么多诗篇,歌咏西湖的美。每个人总是从自己认为最美的景色、最美的角度来描写、来吟唱,所以没有一篇是相同的。同是欣赏桂林山水,一个有生活经验、阅历与文化修养较深的成年人,和一个缺乏生活阅历、文化修养较差的年轻人，他们对风景的领悟，感受到的意趣和韵味，就大不相同，前者深，后者浅，这是显而易见的。

美感在一定程度上随着个人的心境、情绪的不同而有所不同。心境在美感中的作用：其一是抑制审美情感的产生。当人们心境不好时，即使是平时感兴趣的东西，也没有了兴趣，引不起审美情感体验。如马克思所说："忧心忡忡的穷人甚至对最美丽的景色都无动于衷。"[6] 鲁迅也曾说："看桃花的名所，是龙华，也有屠场，我有好几个青年朋友就死在那里面，所以我是不去的。"[7] 中国古代荀子也讲道："心忧恐，则口衔刍豢而不知其味，耳听钟鼓而不知其声，目视黼黻而不知其状，轻暖平簟而体不知其安。"[8] 这说明人在心情忧郁、恐惧时，即使是美味佳肴也尝不出味道，听钟鼓的音乐也不觉悦耳，鲜艳美丽的服装也感觉不到好看。这些事实都说明美感的产生受到人的主观心境的影响。忧心忡忡的穷人为什么对美的景色无动于衷、没有感觉呢？这是由于他们处在饥寒交迫中，迫切要求的是吃穿问题，既无情趣也无心境去欣赏自然的最美的景色。其二是从特定的心境去看事物，使事物着上不同的心境的色彩。所谓"感时花溅泪，恨别鸟惊心"，花也不会溅泪，鸟也不会惊心，都是由于人的不同心境，才写出了个人的独特感受。如《西厢记》中："碧云天，黄花地，西风紧，北雁南飞。晓来谁染霜林醉？总是离人泪。"秋天的霜林，满树的红叶，好像离人的眼泪把它染醉了似的，这正是由于崔莺莺在离别张生时的心境造成的。生活遭遇、审美经验、性格、想象和联想的不同，也表现出各个人的不同心境。如《红楼梦》中填柳絮词时，林黛玉和薛宝钗的心境就有很大的不同，填出的词也就有很大差别。林黛玉的词是："一团团逐对成毬。飘泊亦如人命薄，空缱绻，说风

---

[6][德]马克思：《1844年经济学—哲学手稿》，第79页。
[7]《鲁迅书信集》(下卷)，第983页。
[8]北京大学哲学系美学教研室编：《中国美学史资料选编》(上)，第52页。

流。""嫁与东风春不管,凭尔去,忍淹留。"薛宝钗的词则是:"万缕千丝终不改,任他随聚随分。韶华休笑本无根。好风凭借力,送我上青云。"一个是那样"缠绵悲戚",一个是那样"情致妩媚",这是因为两人的遭遇、心境和想象的不同所致。林黛玉是寄人篱下,没有亲人,这种遭遇是"飘泊亦如人命薄",心境总是悲戚的,作诗填词总是带悲戚之感;薛宝钗则是有母亲在身旁,诸事顺心,心境总是好的,自然有"好风凭借力,送我上青云"的欢悦之感。

美感差异和人所处的不同的生活环境也有密切联系。五代时花鸟画出现了以黄筌、徐熙为代表的两大派,两派艺术风格各不相同,代表着"富贵"的美与"野逸"的美两种不同的倾向。黄筌是五代时西蜀(今四川)的宫廷画家,擅长真实地将禽鸟花卉的生动意态描绘出来。徐熙是五代时南唐画家,"善画花木、禽鱼、蝉蝶、疏果",画法质朴、简练,粗笔浓墨,笔迹不隐,素有"落墨花"之称。宋统一后,徐、黄两大派汇集在国都汴京(今河南开封),当时评论"徐、黄异体",认为黄家富贵,徐熙野逸。郭若虚在《图画见闻志》中对徐、黄两派形成的原因做了分析:"谚云黄家富贵、徐熙野逸,不唯各言其志,盖亦耳目所习,得之于心而应之于手也。"黄筌是宫廷的待诏,多写珍禽瑞鸟,奇花怪石;徐熙是江南处士,志节高迈,放达不羁,多状汀花野竹,水鸟渊鱼。黄家富贵,多为统治者所崇尚;徐熙野逸,多为封建文人所欣赏。这种不同的审美趣味和美感的差异,正是生活环境影响的结果。

美感的个人差异性还表现在不同的实践上。特别是由于社会的分工所带来的实践不同,对美感的个人差异性有很大的影响。一般来说,画家对颜色、线条、形体、笔墨等都非常敏锐,能在别人看不出美的地方见出了美,引起美感,能够画出自己独特的感受。歌德就认为自己在欣赏绘画作品方面不如迈约(他的朋友),他说:"迈约比我看到的当然要深刻得多，在许多地方他看出我没有看出的东西。"[9] 这因为迈约是个精通绘画的大艺术家，所以能看出歌德所没有看出的东西。再如音乐家对声音的感受能力也是非常敏感的，如对音色、音量、音调、旋律、节奏等的分辨能力是很强、很精细的。这是因为音乐家终生大部分时间都从事音乐训练，在这方面比别人敏感是当然的。在日常生活中这种情况是很多的，木匠对树木质地、硬度等有很高的敏感程度，可以很快地分辨出不同木头；石匠则对石头有很大的分辨能力。这正是由于在实践中分工的不同，造成了对美的敏感程度的不同，这也是造成美感个人差异的原因。

俗话说："一花一世界"，更何况具有复杂社会性的人呢？千差万别的个性特征，使得美感活动呈现出千姿百态、异象纷呈的特点，这充分地反映了美感活动的主动性、丰富性和创造性。

第二节 美感的普遍性

美感虽然以个人的爱好、趣味表现出来，有各种各样的差异，但个人的差异之中，却表现了美感的共同性和普遍性。这是因为审美主体的个性特征既然是在社会环境中形成和发展的，那么，它必然渗透和凝结了特定的时代、民族和阶级的文化传统、社会心理、风俗习惯、审美趣味、审美观念、审美理想等，这就使得审美主体在千差万别的个性特征中，蕴含着时代的、民族的和阶级的共同性。

美感的共同性与普遍性表现于美感的时代性之中，没有差异性也就没有普遍性。差异性与普遍性，这是一个问题的两个方面。如哥特式建筑是从12—16世纪盛行于欧洲的一种建筑风格，它改变了罗马式建筑

---

[9][德]艾克曼:《歌德谈话录》，第81页。

那种厚重、阴暗、圆顶拱门的样式，内部有高大明亮、涂金的柱子和镶着彩色的玻璃窗，显得辉煌而神秘；从外部看细密修长的拱柱，高耸入云的尖塔，给人一种向上升腾的感觉。这种哥特式的建筑风格当然与罗马式的建筑风格，有时代的差异性，但就哥特式建筑风格盛行的那个时代来说，则有普遍性与共同性。在盛行时期内，不仅宗教的建筑是这种风格，而且民间建筑也仿效这种风格，甚至服饰、家具和盔甲都留有哥特式风格的影子，这还不是有着共同性与普遍性吗？再如，我们在前面所讲的，唐代的仕女画都是丰肌的艺术形象，当时认为这是很美的，但是到了宋代不仅认为不美，而且觉得是不可理解的了，这当然是时代的差异性。但在唐代那个时代来说，从士大夫画家到民间画家，从中原到边疆，没有人不以为丰腴是美的。这种普遍性正是时代所造成的。

　　同一时代的美感共同性尚好理解，不同时代之间的人们的美感有无共同性呢？有的，因为人类生产实践和政治、法律、宗教、哲学、道德等社会意识形态，以及文艺实践、审美观念和理想等，不是随着一个时代的结束而结束，而是处于承传更新的过程之中。新时代是对旧时代的扬弃，在新时代中包含着旧时代合理的东西，因此，在不同时代的人们中必然有着共同的文化传统、社会心理、风俗习惯、审美趣味、审美观念、审美理想，在此基础上能产生共同的美感。如好的诗词、戏曲、小说、绘画、音乐等，都能产生这种共同的美感。

　　美感的民族差异性也包含着美感的共同性。如前面所讲的非洲赞比西河上游地区的巴托克族那里，没有拔掉上门牙的人是丑的，与其他民族相比，这种审美趣味与观念，当然带有民族的差异性，但在巴托克族内部来说，这种审美趣味与观念又有普遍性。马可洛洛族的妇女在自己嘴唇上钻一个孔，孔里穿上一个叫呸来来的金属或竹的大环子。有人问这个部落的一个首领，为什么妇女戴这样的环子，他对这样愚蠢的问题感到很惊讶，回答道："为了美呀！"[10]这种审美趣味和观念，与其他民族相比带有很大的民族差异性，就本民族内部来说也具有普遍性。中华民族传统的绘画形式对其他民族具有差异性，对本民族来说则是人民大众喜闻乐见的艺术形式，其审美趣味和美感具有普遍性，这是显而易见的。

不仅同一民族内部能够产生美感的共同性，不同民族之间也能产生美感的共同性。因为历史发展从来就不是各个地区、各个民族孤立进行的，随着生产领域的扩大，生产力水平的提高，各民族人民并不满足于本民族的物质文明和精神文明，他们不断地与邻近民族、地区进行贸易往来和文化交流；并且这种贸易往来和文化交流随着科学技术的发展而不断扩大，比如航海业的大发展，使得欧洲和亚洲的贸易往来和文化交流成为可能。这种民族和国家的频繁交往，使各民族、国家间的文化融合、相互吸收成为可能。长期的文化交往使各民族文化和心理中不断注入新的血液，被本民族人民所消化、理解，并不断积淀在民族共同心理素质和思想意识中，这就为不同民族间产生共同的美感提供了思想和心理基础。如音乐上隋至盛唐以"龟兹乐"为首的胡乐为汉民族所接受，并得到广泛的流传，这不就是在不同民族间产生共同的美感吗？

至于美感在阶级的差异性中更是包含了它的普遍性。不仅从一个阶级内部来说有普遍性，就是在不同阶级之间亦有共同性。毛泽东在引用孟子的话"口之于味，有同嗜焉"时，指出："各个阶级有各个阶级的美，各个阶级也有共同的美。"[11]共同美也就是共同的美感存在。

美感的共同性是美感中的一个重要问题。我们很有必要再对美感的普遍性做些阐释：

否认美感有共同性的人，认为各个阶级的利益是根本对立的，不可能有共同的美感。如前面我们所讲的农民起义，在封建统治阶级看来不

---

[10] 参见普列汉诺夫《没有地址的信 艺术与社会生活》，第14页。
[11] 引自何其芳《毛泽东之歌》，《人民文学》1977年第9期。

过是"盗",是"贼",是根本不美的。在这点上是与农民阶级的利益和审美观点根本对立的。这只是问题的一个方面,问题还有另一个方面。虽然不同阶级由于经济地位和生活方式的不同,由于阶级利益的不同,形成了不同的美感,但是各个不同阶级又是处于同一社会之中,它们是互相对立而又互相依存,是失去一方另一方就不存在的共同体。在思想感情方面,它们是对立的,但又不是绝对地"一刀切",而是能够互相渗透和互相影响的,特别是民族因素的影响,如地理环境的一致;风俗习惯、语言气质、心理特征以及文化传统、道德修养等,有许多共同之处。斯大林说:"民族是人们在历史上形成的一个有共同语言、共同地域、共同经济生活以及表现共同文化上的共同心理素质的稳定的共同体。"[12] 在这样一个有着民族特征的共同体内,不同的阶级除有本阶级的阶级利益外,还有共同利益、共同的审美兴趣和审美爱好,也就是共同的美感。

第一,在阶级社会里,某些对立的阶级在特定的历史时期内和一定的社会条件下,可能产生共同的利益,因而也就能产生共同的审美趣味和爱好。马克思曾经讲过:"进行革命的阶级,仅就它对抗另一个阶级这一点来说,从一开始就不是作为一个阶级,而是作为全社会的代表出现的……它之所以能这样做,是因为它的利益在开始时的确同其余一切非统治阶级的共同利益还有更多的联系。"[13] 如资产阶级民主革命时期,资产阶级就其对抗封建阶级来说,它不是作为一个阶级的代表,而是作为全社会的代表出现的,它代表着各个革命阶级(包括工人阶级和农民阶级)的利益。既然有共同的利益,这样在美感问题上就有着共同的审美趣味和爱好。就以孙中山来说,他的伟大功绩是领导人民推翻了帝制,建立了共和国,将旧三民主义发展为新三民主义,联俄、联共和扶持工农三大政策等。因此,他不仅代表资产阶级的利益,而且代表了全体人

---

[12]《斯大林选集》(上卷),第64页。
[13]《马克思恩格斯选集》(第1卷),第53—54页。

民（包括工人和农民阶级）的共同利益。"他全心全意地为了改造中国而耗费了毕生的精力，真是鞠躬尽瘁，死而后已。"[14] 作为资产阶级的伟大先行者，孙中山是资产阶级革命派的旗帜。他不仅受到资产阶级的敬仰，也受到工人农民和一切革命阶级的敬仰，他那雄伟的气魄，坚韧不拔的品质，为了中国人民"鞠躬尽瘁、死而后已"的革命精神，作为审美对象引起了各个阶级的共同喜爱和赞扬，这就是美感的普遍性。一切先进的革命家、思想家为实现革命阶级及全体人民的利益而奔走、呼喊，甚至牺牲生命，他们的品德、智慧、才能与不屈不挠的斗争精神和生动形象，不是给各个阶级的人们以强烈的感染和巨大的鼓舞吗？

第二，在阶级社会里，社会生活现象是非常复杂、丰富的，这种生活现象并不都是阶级和阶级斗争的结果，也不是都与阶级和阶级斗争相联系的。如人的传统美德，刚正不阿的情操，廉洁奉公的高尚品格，坚贞不渝的爱情，纯洁无私的友谊等，这些优良传统和品质，很难说是属于哪一个阶级或为哪一个阶级所专有，它们是全民族共同创造的精神财富，是属于全体人民的。当这些情操以鲜明生动的形象表现出来时，就能超越阶级，引起人民的共同喜爱，产生共同的美感。如诸葛亮的聪明才智、张飞的鲁莽勇敢，这是大家都知道的。诸葛亮的《草船借箭》《空城计》表现了多么惊人的智慧和胆略；张飞怒打督邮的鲁莽，长坂坡前的勇敢，不论是在小说里，还是在戏曲舞台上，不都吸引着不同阶级的共同喜爱吗？至于像梁山伯与祝英台，贾宝玉与林黛玉，《西厢记》中的崔莺莺与张生，《牡丹亭》中的杜丽娘与柳梦梅的那种忠贞不渝、至死不悔的爱情，又引起了不同阶级的人们多少强烈的审美情感啊！包公刚正不阿，不怕皇戚国舅，敢为人民申冤；海瑞廉洁奉公、疾恶如仇，在戏曲舞台上为多少人赞扬、喝彩。

第三，在一个阶级内部也不是铁板一块，它不仅有不同的阶层，而

---

[14]《毛泽东著作选读》(下册)，第755页。

且在审美趣味和爱好上更是各式各样。统治阶级有一部分人可能同情劳动人民,对剥削压迫则表示痛恨。如杜甫虽是统治阶级一员,但处于统治阶级的最底层,饱受战乱流离之苦,他的千古名句"朱门酒肉臭,路有冻死骨"就是对剥削者那种不顾人民死活的花天酒地的生活的深刻揭露。他的《自京赴奉先县咏怀五百字》诗,以及"三吏""三别"等写出了劳动人民的心声,不仅为劳动人民所喜爱和赞赏,亦为有良心的统治者所同情和欣赏。白居易是唐代有名的讽喻诗人,他"每作诗,令老妪解之,问曰:'解否?'妪曰:'解',则录之,不解,又改之。故唐末之诗,近于鄙俚也。"(魏庆之编《诗人玉屑》)所以,千百年来他能为劳动人民及各个阶级所传颂。他的《长恨歌》是描写唐玄宗与杨贵妃的爱情故事,加以语言精练而流畅,优美易懂,具有强烈的形象性和音乐性,更为各阶级的广大读者所喜爱。元稹在《白氏长庆集序》中,描写它在当时不同阶级中流行的盛况时说:"二十年间,禁省、观寺、邮侯墙壁之上无不书,王公、妾妇、牛童、马走之口无不道。"《长恨歌》作为不同阶级的审美对象,能为各个阶级所欣赏,不是很明显吗?

郑板桥虽不是劳动人民,而是清朝的一位县吏,但他的《风竹图》的题诗中却写道:"衙斋卧听萧萧竹,疑是民间疾苦声;些小吾曹州县吏,一枝一叶总关情。"读了这首诗,再细看风竹的形象,竹叶在风中颤动,枯瘦的幼竹在风中摇曳。这风竹的一枝一叶既是贫苦百姓的写照,又是画家真挚情感的流露。他的画不仅为各个阶级的人们所欣赏、爱好,而且他的诗也能为各阶级的人们所欣赏、赞扬。在今天,那种明朗、健康、高尚以及充满乐观主义精神的审美趣味,无疑是各个阶级和劳动人民共同的审美趣味。

第四,爱国主义是千百年来各族人民对祖国深厚的感情。这种对祖国的感情是超越阶级的,是与他们的共同利益相联系的。当外族入侵,祖国遭到蹂躏,民族处于危亡,尊严受到屈辱的时候,爱国主义精神就会激励各个阶级的爱国志士拿起武器,奋起反抗。"虽九死其犹未悔"

的屈原,"愿将血泪寄山河"的李清照,"待从头、收拾旧山河"的岳飞,"留取丹心照汗青"的文天祥……他们在民族危亡的关头,不顾个人安危,奋起反抗。这种爱国主义的英雄行为和思想,肝胆照人,千古传颂。他们的爱国热情激励着、鼓舞着人们去为祖国而战斗,深受各个阶级的人们所崇敬和赞扬。他们留下的爱国主义的诗篇更为各阶级的人们反复吟咏,一唱三叹!如陆游的《示儿》诗:"死去元知万事空,但悲不见九州同。王师北定中原日,家祭无忘告乃翁。"这首诗写于南宋嘉定三年(1210)春,是诗人临死前的最后一篇作品,集中表现了他在临死时忧国忧民的伟大爱国主义精神,抒写了他对于南宋政权向侵略者妥协投降所造成屈辱局势的悲愤。此诗为人民所共同喜爱和传颂。

第五,山水花鸟、草木虫鱼等,这些自然美一般说来是没有阶级性的。欣赏这些自然美很少触动阶级利益或政治思想,如郭熙在《林泉高致·山水训》中说:"真山水之烟岚,四时不同:春山淡冶而如笑,夏山苍翠而如滴,秋山明净而如妆,冬山惨淡而如睡。"欣赏这种"山岚"的四时的不同,"山岚"变化之美,又触动哪一个阶级的独特的利益呢?所以更能引起不同阶级的共同美感。再如桂林山水的美,人人都可以欣赏,不论达官贵人,还是劳动人民,都会对它的雄奇秀逸和变幻多姿的美景,产生心旷神怡、流连忘返的情感。欣赏其他自然美也是如此。如庐山的险峰飞瀑,黄山的奇松云海,泰山的日出,西湖的妩媚等,这些奇、险、雄的自然美,都能引起不同阶级的共同美感。因此,车尔尼雪夫斯基曾说:"对于自然美的了解,贵族和农民是完全一样的……单是有教养者所喜爱而普通人却认为不好的风景,是没有的。"[15]那些描写山水、花鸟、虫鱼、猛兽等自然美的诗词、游记、绘画,不仅吸引着不同时代、不同民族、不同阶级成千上万的人去欣赏、去赞美,而且有些已成为人类艺术宝库中的珍品。

---

[15][俄]车尔尼雪夫斯基:《美学论文选》,第55页。

形式美和自然美一样，也是没有阶级性。如对称、均衡、调和、对比、节奏、韵律、多样性中的统一等，这些形式美法则，可以为资产阶级所喜爱，也可以为无产阶级所喜爱。以线造型为主的中国画，以及用笔设色的效果等，都可以引起不同阶级的人的审美享受，可见在形式美的问题上更易引起共同的美感。

第六，文学艺术中那种敢于揭露和抨击统治者昏庸腐败、贪婪、冷酷、无情，而又能同情人民疾苦的作品，也可以引起不同的阶级的共同美感。如《水浒传》，作者把矛头直指封建最高统治者宋徽宗赵佶。正是在这昏庸皇帝的纵容下，以高俅、蔡京、童贯为首的统治集团才能把持朝政，卖官爵，无恶不作。在忍无可忍的情况下，劳动人民造反的怒火才迸发出来，并以势不可挡的冲击力，揭开反抗宋王朝的帷幕。在这种官逼民反的斗争中，作者生动地塑造了一百零八位好汉，不仅为劳动人民所喜爱，而且即使在统治阶级内部有正义感的人们也会为之赞叹。

再如《西游记》塑造了会七十二变的神话英雄孙悟空。他是一个天不怕、地不怕的人物。哪里有不平，哪里有压迫，他就在哪里造反。他不理睬天宫是神圣不可侵犯的说教，抡起金箍棒，打上灵霄宝殿，闯入兜率宫，把天宫闹得乱七八糟。就连在天上至尊的玉帝面前，他也口称"咱老孙"。他不仅敢打敢骂，而且在斗争面前从无退缩之感、恐惧之情。他那大胆的叛逆行动，以及他那乐观、勇敢和机智的性格，引起了不同阶级的人们共同的美感。《西游记》深刻地揭露了统治者的腐朽、昏庸和凶暴。作品中所描写的天上人间都没有一块干净"乐土"，就连天上玉帝，这个剥削阶级用来愚弄人民的偶像，在《西游记》里也是贤愚莫辨、独断专横的家伙，在太白金星、太上老君一伙的策划下，他对孙悟空软硬兼施，无所不用其极。恰恰在天上人间昏庸的统治者面前，《西游记》塑造了一个敢于造反的美猴王的形象，不仅人民喜爱他，就连统治者也非常喜爱他。

古今中外许多名著，之所以流传至今，引起不同阶级的共同美感，其中一个主要原因，就是这些作品揭露了统治阶级的凶暴残忍、腐败没落，同情被压迫人民的疾苦或反抗，塑造了鲜明的或典型的艺术形象，能生动、真实地反映社会生活，因而具有感人的艺术魅力。即便不是如此，只要是深刻地、真实地反映生活中的意境，能够寄情于景，即景生情，情景交融，这样的艺术作品也常常引起不同阶级的共同美感。

在这里，我们要说明一下，在阶级社会里不同阶级的共同美感并不是完全一致，或没有任何矛盾和差异性，而只是在产生愉悦性的情感上大体一致或具有共同性，在同一社会中，所谓共同美感，并不是说各个阶级和阶层的人们一律都得有同样的美感。所谓共同美感是指社会上各个阶级都有人，甚至多数人承认它是美的，能够赞美它、欣赏它。虽然欣赏的方面和角度不同，引起的联想和想象不同，但都能够得到大体一致的或近似的审美感受和评价。至于资产阶级认为美感的普遍性是绝对的，这是因为他们不懂得普遍性寓于差异性之中，共性寓于个性之中。普遍性只有寓于千千万万的差异性之中，共性只有寓于千千万万的个性之中，才能得以实现。离开了差异性的普遍性，离开了个性的共性，单纯的普遍性与共性是不存在的。这正如列宁所说的："'因为当然不能设想：在个别房屋之外还存在着一般的房屋'。这就是说，对立面（个别跟一般相对立）是同一的：个别一定与一般相联系而存在。一般只能在个别中存在，只能通过个别而存在。"[16] 也正如奥依则尔曼教授所说的："各个民族都有自己的特殊文化，存在着不同的特点，有的甚至有重大的差异。但同样明显的是，现时代存在着社会生活的国际化，在这个过程中产生着共同的文化价值、文化情景和共同理想，当前和平运动成为全世界的运动，充分表明了文化共性的形成。文化的接近并不排斥各民族文化的特殊性，而是促使其更加丰富。"[17] 这就是说，国际化的文化特点，必须通过独特的民族文化方能形成，愈有民族性，就愈有国际性。

---

[16]［俄］列宁：《哲学笔记》，第409页。
[17] 参见《光明日报》1988年10月5日第4版。

美感也是如此，愈具有个性和差异性，才愈具有普遍性与共同性。

一些资产阶级美学家认为有所谓绝对的普遍性与共同性，实际上这种普遍性是抽象的。我们所说的美感的普遍性与共同性，是具体的、历史的，在不同时代、不同的历史条件下是有不同的历史内容的。随着社会的发展、时代的进步，人民的审美趣味与爱好也随之发展变化。原来认为美的，并有一定的普遍性，随着社会时代的发展，审美趣味的发展与变化，以后可能会认为不美了，因而丧失了美感的普遍性。美感的差异性与普遍性就是在这种对立矛盾中发展的，具有一定的历史的具体内容，而把美感的普遍性绝对化，实际上是否认美感的具体的历史内容，这是把美感抽象化的一种形而上学的思想。

思考题

1. 造成美感差异性的原因是什么？简述美感差异性的主要表现。
2. 美感的共同性有哪些表现，共同性与个性是什么关系？

第十六章
现代西方审美心理学主要流派

自从19世纪费希纳提出"自下而上"的美学研究方法以来,在西方美学研究中这一研究方法得到了普遍重视,从心理学的感觉经验出发研究美学逐步成为主流。什么是"自下而上"的美学研究方法呢?费希纳反对古典美学研究中那种只重视哲学的思辨,轻视感觉经验和科学实验的研究方法,而主张"自上而下"的方法;费希纳主张的这种研究方法与古典美学中的研究方法相反,注重心理的感觉经验的分析,从经验上升为理论的研究方法,他称这种方法为"自下而上"的方法。自从他提出这种方法以后,在美学研究上取得了一定的积极成果,在逐步成为西方美学研究的主流的同时,也分别出现了各种不同的流派。有的流派被介绍到中国来,在中国也产生了或多或少的影响。现择其主要发生过影响的流派,简要介绍如下。

第一节 "移情说"

"移情说"是在西方现代美学中影响最大的流派之一,也是心理学美学流派中最有代表性的一种理论,比较早地被介绍到中国来。对移情现象，在西方美学史上和中国美学史上早已有理论家、艺术家论及。例如中国古典诗词中将主客观融为一体的"寄情于物"，就是移情。这种情况在艺术创作和欣赏中是一种常见现象。当艺术家凝神构想，情动于中，想象异常活跃和驰骋的时候，他也就往往不自觉地寄情于物。在欣赏时为艺术形象所感染，也往往将自己的喜怒哀乐之情寄托于艺术对象。这种移情现象虽然不乏实例，但还是很朴素的。真正从心理学出发，对移情说做了全面、系统的阐明的，是德国的心理学家、美学家里普斯。通常都把里普斯作为"移情说"的主要代表和创立者，甚至有人如英国的评论家、美学家浮龙·李，把里普斯比作达尔文，把美学中"移情说"比作生物学中的进化论，可见里普斯的"移情说"在西方美学中影响是很大的。

什么是移情现象呢？移情现象是一种"外射"作用，即把我的情感"外射"到事物身上去，使它变成事物的属性，达到物我同一的境界，也就是把原来没有生命的东西看成有生命的。这种东西仿佛也有感觉、思想、情感、意志和活动，同时人也受到这种事物的感染，与它发生共鸣。这种事物的属性使人感到喜悦和快慰，才是美的。用里普斯的话来说："移情作用所指的不是一种身体感觉，而是把自己'感'到审美对象里面去。"[1]如我觉得花凝愁带恨，花本来是无生命的一种东西，怎么会凝愁带恨呢？花之所以凝愁带恨是人的感情"外射"过去的，所以才觉得花有和人一样的凝愁带恨的性质。如果我在凝神观照时，看到花凝愁带恨，我也不免为它所感动，在不知不觉中我自己也凝愁带恨，把我自己感到审美对象里去了。这就是移情作用。为什么把我们自己感到审美对象里去呢？这样就易于理解对象。里普斯说，就是我们的感觉、情感、意志等"移置到外在于我们的事物里去，移置到在这种事物身上发

---

[1] [德]里普斯：《论移情作用》，朱光潜译，《古典文艺理论译丛》（第 8 册），第 52 页。

生的或和它一起发生的事件里去。这种向内移置的活动使事物更接近我们，更亲切，因而显得更易理解"[2]。

里普斯在《空间美学》里，常举古希腊建筑中的道芮式石柱为例来说明移情现象。道芮式石柱原是支撑古希腊平顶建筑重量的，上细下粗，柱面刻有凸凹形状的纵直槽纹。它本是大理石构成的，是无生命的，可是我们在观照它时，却显得有生命，给我们的感觉是"耸立上腾"和"凝成整体"。为什么石柱有"耸立上腾"和"凝成整体"这种感觉活动呢？这是因为石柱克服了重量的下压而显示出来的。石柱"这个形象不顾重量而且在克服这重量中自己凝成整体和耸立上腾"。这好比"在我们自己身上发生的事件，和外在的事件是相类似或可相比拟的。我们都有一种自然倾向或愿望，要把类似的事物放在同一个观点下去理解。这个观点总是由和我们最接近的东西来决定的。所以我们总是按照在我们自己身上发生的事件的类比，即按照我们切身经验的例比，去看待在我们身外发生的事件"[3]。

外在事件和在我们身上发生的类似事件有某些相同，才会发生移情。石柱凝成整体和耸立上腾，"就像我自己在镇定自持和昂然挺立，或是抗拒自己身体重量压力而继续维持这种镇定挺立姿态时所做的一样"[4]。所以无生命的柱石，才会有耸立上腾和凝成整体的活的感觉。因此，里普斯说："这个道芮式石柱的凝成整体和耸立上腾的充满力量的姿态对于我是可喜的，正如我所回想起的自己或旁人在类似情况下的类似姿态对于我是可喜的一样。我对这个道芮式石柱的这种镇定自持或发挥一种内在生气的模样起同情，因为我在这种模样里再认识到自己的一种符合自然的使我愉快的仪表。所以一切来自空间形式的喜悦——我们

---
[2][德]里普斯:《论移情作用》,《古典文艺理论译丛》(第8册),第40页。
[3]同上书,第39页。
[4]同上书,第41页。

还可补充说,一切审美的喜悦——都是一种令人愉快的同情感。"[5] 在这里"一种令人愉快的同情感"就是移情。

道芮式石柱耸立上腾时,究竟是什么东西发出这种动作呢?是造成石柱的那块大石头吗?不是,不是石柱本身而是石柱所呈给我的"空间意象"。现出弯曲、伸张或收缩那些动作的是些线、面和形体所构成的形式,只有形式才会成为充满力量和有生命的,才会成为"空间意象"。米隆的《掷铁饼者》弯着腰,伸着胳膊,头向后转着。"这一切动作都不是制成雕像的那块大理石而是雕像所表现的那个人所发出的。对于我们来说,这个人在雕像上并没有现出实体而只是现出形式或像是人的空间意象,只有这个空间意象对于我们的幻想才是由人的生命所充塞起来的。"[6]

"空间意象"是感性的,是审美欣赏的对象,但还不是审美欣赏的原因。由审美对象过渡到审美欣赏,还须经过移情作用所产生的情感,如活力、自由、自豪等感觉。正如里普斯所说:"在对美的对象进行审美的观照之中,我感到精力旺盛,活泼,轻松自由或自豪。但是我感到这些,并不是面对着对象或和对象对立,而是自己就在对象里面。"[7] 因此,"审美欣赏的原因就在我自己,或自我,也就是'看到''对立的'对象而感到欢乐或愉快的那个自我"[8]。

里普斯把自我的情感看作审美快感的原因,而这种情感实际上是对象在主体上面引起而由主体移置到对象里面去,是移情作用的结果。不过它不同于现实生活中的自我,而是移置到对象里面去的那个自我,实际上是自我的情感。所以,里普斯才说:"审美的欣赏并非对于一个对象的欣赏,而是对于一个自我的欣赏。它是一种位于人自己身上的直

---

[5] [德]里普斯:《论移情作用》,《古典文艺理论译丛》(第8册),第41页。
[6] 同上书,第42页。
[7] 同上书,第43—44页。
[8] 同上书,第43页。

接的价值感觉，而不是一种涉及对象的感觉。无宁说，审美欣赏的特征在于在它里面我的感到愉快的自我和使我感到愉快的对象并不是分割开来成为两回事，这两方面都是同一个自我，即直接经验到的自我。"[9]又说，"审美的快感是对于一种对象的欣赏，这对象就其为欣赏的对象来说，却不是一个对象而是我自己。或则换个方式说，它是对于自我的欣赏，这个自我就其受到审美的欣赏来说，却不是我自己而是客观的自我。"[10]这就是说，怎样理解移情作用中的审美欣赏对象可以一方面，审美欣赏对象不只是形式问题，而是灌注生命于形式的这两方面都是同一个自我。这已经是寄情于物，物我同一了。所以说对象就其为欣赏的对象来说，却不是一个对象而是我自己。自我毕竟是对象化了，是在对象里面的，所以是"客观的自我"。总之，移情作用不是对对象的欣赏，而是对自我的欣赏，不过自我是在对象里面，与对象结合在一起而不可分割的。

关于移情作用，朱光潜先生在《西方美学史》中有很好的说明。他说："里普斯从三方面界定了审美的移情作用的特征，不过这三方面又不能割裂开来而要综合在一起来看。第一，审美的对象不是对象的存在或实体而是体现一种受到主体灌注生命的有力量能活动的形象，因此它不是和主体对立的对象。第二，审美的主体不是日常的'实用的自我'而是'观照的自我'，只在对象里生活着的自我，因此它也不是和对象对立的主体。第三，就主体与对象的关系来说，它不是一般知觉中对象在主体心中产生一个印象或观念那种对立的关系，而是主体就生活在对象里，对象就从主体受到'生命灌注'那种统一的关系。因此，对象的形式就表现了人的生命、思想和情感，一个美的事物形式就是一种精神

---

[9] [德] 里普斯:《论移情作用》,《古典文艺理论译丛》(第8册), 第44页。
[10] 同上书, 第45页。

内容的象征。"[11] 由此可以看出，里普斯的"移情说"是建立在唯心主义基础上的。把审美对象与审美欣赏都视为同一个自我，即没有自我的欣赏、没有自我的移情，也就没有美的对象。也就是说离开了人的主观感觉，就不存在美。

移情作用侧重于主体心理功能和体验，把主体感觉、情感等提到了审美对象的地位。虽抓住了审美主体的积极性和主动性特征，但它的最大缺陷是否定了审美对象的客观性；在强调主体能动作用的同时，忘记了客体的外部因素的分析，特别是实践作用的分析。移情现象并不是任意的，而是在实践基础上才可能发生的。在古代原始社会中生产力极端低下，自然界是作为一种完全异己的、有无限威力、不可克服的力量与人们对立，这时候人为什么不向大自然移情呢？其后，随着生产力的提高，人在实践基础上的认识发展了，人与自然界的关系改变了，自然已不再是异己的、与人对立的自然了，而是变成了可以亲近、可以欣赏的对象了。这时欣赏大自然时，当主体情感体验达到了物我同一、情景交融，主体的情感就可以移置到对象上去。主体审美能力越高，审美情感体验越强烈，移情的内容也就越丰富，形式也就越多样。这种移情现象不管自觉或不自觉都是以实践为基础的。里普斯谈的许多移情现象，有合理的一面，但没有谈这种现象的实践基础则是片面的。

第二节 "心理距离说"

瑞士心理学家、语言学家、美学家布洛从 1902 年起在英国剑桥大学先讲授德语，后又讲文学课和美学课，1912 年发表了《"心理距离"作为一项艺术因素与审美原则》论文，用"心理距离"解释一切审美现

---

[11] 朱光潜：《西方美学史》（下册），第 264 页。

象，提出了著名的"心理距离说"，其观点虽是唯心主义，但在现代西方美学史上却为人共知，是心理学美学的一个重要的分支。

布洛认为，"心理距离"是"审美意识"的本质特征之一，是"一切艺术的共同因素"，"也就成了一种审美原则"。那么，什么是"心理距离"呢？即要求人们自己与外物分离。他说："距离是通过把客体及其吸引力与人的本身分离开来而获得的，也是通过使客体摆脱了人本身的实际需要与目的而取得的。"[12]这就是说，"距离"不仅要求客观事物与人本身分离开来，而且要求客体与人本身的实际需要与目的分离开来。也就是"距离"这种审美现象完全是超脱人的实用功利目的，即人从外界事物中的功利目的、实际用途超脱出来，从实际生活中超脱出来，与宇宙人生保持一定的距离，冷静地、客观地观察事物。"正因为如此，对客体的'静观'才成为可能。"[13]即客体才成为审美的客体，才有对客体的审美的欣赏，在欣赏中才有审美的愉快。因此，他认为"心理距离"是产生美与美感的根源。他说："适意是一种无距离的快感。美，最广义的审美价值，没有距离的间隔就不可能成立。"[14]"适意"如吃一种美食，喝一种饮料，对身体很有适意快感。但这种快感是一种有功利的实用的快感，它像功利价值那样"直接地切身的"，所以，"适意"是一种无距离的快感，这种快感不是美感。美与美感和适意的快感是不同的，它们的成立必须超脱现实，必须超脱一切功利目的关系，也就是要有距离间隔。距离间隔是美与美感成立的根源。

为了说明距离的实质，我们在这里引用布洛所举的航海中遇大雾的例子。他说：

---

[12] 蒋孔阳、朱立元主编：《二十世纪西方美学名著选》（上册），复旦大学出版社，1987年，第245页。
[13] 同上。
[14] 北京大学哲学系美学教研室编：《西方美学家论美和美感》，第278页。

设想海上起了大雾,这对于大多数人都是一种极为伤脑筋的事情。除了身体上感到的烦闷以及诸如因担心延误日程而对未来感到忧虑之外,它还常常引起一种奇特的焦急之情,对难以预料的危险的恐惧,以及由于看不见远方,听不到声音,判别不出某些信号的方位而感到情绪紧张。船只的胡乱飘动及其发出的警报很快就会打乱旅客的心神;而且当人们处于这种情境之中时往往会伴随而来的那种特殊的、充满希冀而又缄默无言的焦急之情与紧张状态,一切都使得这场大雾变成了海上的一场大恐怖(由于它那极端的沉寂与轻飘迷茫而显得更为可怕),不论是对不谙航海的陆上居民,抑或是对于那些惯于海上生活的海员们都是这样。

然而,海上的雾也能成为浓郁的趣味与欢乐的源泉。就象所有那些兴高采烈地登山的人们并不计较体力上的劳累及其危险性一样(尽管无可否认,有时这种情况也偶然会渗入欢乐的情绪之中,并增强欢乐之情),你也同样可以暂时摆脱海雾的上述情境,忘掉那危险性与实际的忧闷,把注意力转向'客观地'形成周围景色的种种风物——围绕着你的是那仿佛由半透明的乳汁做成的看不透的帷幕,它使周围的一切轮廓模糊而变了形,形成一些奇形怪状的形象;你可以观察大气的负荷力量,它给你形成一种印象,仿佛你只要把手伸出去,让它飞到那堵白墙的后面,你就可能摸到远处的什么能歌善舞的女怪;你瞧那平滑柔润的水面,仿佛是在伪善地否认它会预示着什么危险;最后还有那出奇的孤寂以及与世隔绝的情境,宛如只有在高山绝顶才能感受到的情况。这种经历把宁静与恐怖离奇地揉(糅)合在一起,人们可以从中尝到一种浓烈的痛楚与欢快混同起来的滋味。这种情绪与另一些方面所形成的盲目而反常的焦躁之情形成了尖锐的对比。[15]

我们之所以引这么两大段在于说明什么是距离、距离的实质是什么。第一大段说明在海上遇到了大雾,除了怕耽误行期引起烦闷、忧虑,还担心船会不会触礁、会不会发生意外以致沉没等,因而更加恐惧,情绪更紧张,海雾简直成了一场大恐怖。这些思想和情绪都具有实际的功利目的,所以是没有距离的。第二大段说明,如果忘掉现实的处境,忘雾,海雾也能成为浓郁的趣味与欢乐的源泉。忘掉所有的恐怖和紧张情绪,忘掉一切功利,而"客观的"看待海的乳汁做成的看不透的帷幕,使周围的一切轮廓模糊而变了形,好像轻烟似的薄纱笼罩着这平谧如镜的海水,许多远山和飞鸟被盖上了一层面网,都像梦境般地出现,依稀隐约。它把天和地连成一气,只要你把手伸出去就可以摸到远处能歌善舞的女怪和天上的浮游仙子。这不是一种极快乐、趣味深厚的经验吗?前后两种情况形成了鲜明的对比。这两种情况之所以出现,是因为前者无距离,后者有距离造成的。所谓距离是脱离现实、脱离功利、客观地看待事物的一种心理状态。有了这种心理状态,才能悠然自得地欣赏。这样才有了审美态度。

布洛说"距离的作用"是极复杂的。"它有其否定的,抑制性的一面——摒弃了事物实际的一面,也摒弃了我们对待这些事物的实际态度——也有其肯定的一面——在距离的抑制作用所创造出来的新基础上将我们经验予以精炼。"[16] 这就是说,距离有否定方面(也叫消极的方面)和肯定方面(也叫积极的方面):就否定方面来说,它扬弃和抛开了事物实用的一面、目的和需要;就肯定方面说,它可以使我和物的关系在抑制实用的基础上,变为审美心理创造,产生形象和观赏。它把实

---

[15] 蒋孔阳、朱立元主编:《二十世纪西方美学名著选》(上册),第241—242页。
[16] 同上书,第243页。

用关系变成欣赏关系。朱光潜早年曾在《文艺心理学》中对距离说做过分析,他说:"就我说,距离是'超脱';就物说,距离是'孤立'。从前人称赞诗人往往说他'潇洒出尘',说他'超然物表',说他'脱尽人间烟火气',这都是说他能把事物摆在某种'距离'以外去看。反过来说,'形为物役','凝滞于物''名缰利锁',都是说把事物的利害看得太'切身',不能在我和物中间留出'距离'来。"[17] 没有距离也就不能产生不同于实用态度的审美观照、审美欣赏。

科学家和艺术家一样能维持"距离",科学家的态度是纯客观的,他的兴趣是纯理论的。所谓纯客观的就是把自己的成见和情感丢开,正如布洛所说:"为了取得'客观而又牢靠'的结果,科学家必须排除'人情因素',即他对于他所取得的结果的可靠性的个人愿望,以及他对于他的研究将予以证明或将予以否定的任何一种体系的个人偏爱。"[18] 这就是说,科学家为了取得可靠的结果,必须排除"人情因素"和个人的"偏爱",也就是科学家须"超脱"到"不切身的"地步。艺术家距离的"超脱"则不同。艺术家一方面要超脱,一方面和事物又存在"切身的"关系。布洛又说:艺术的"距离并不意味着非人情的纯理性关系。恰恰相反,它所描述的是人情的关系,并且往往带有浓厚的感情色彩,只不过有其奇异的特性罢了。距离的特异性在于这种关系中的个性特征,可以这样说,它是已经经过过滤的。它的吸引力的实际的具体性已经去除,只不过还未丧失其本来的结构罢了"[19]。这种艺术的距离是有人情的,但去掉了具体的实用性,所以人和艺术之间的关系,是既有人情又有距离的关系。艺术能超脱现实目的,却不能超脱经验。艺术尽管和实用世界隔着一种距离,可是从来没有一件真正的艺术作品不是人生的返照。我

---

[17]《朱光潜美学文学论文选集》,第 57 页。
[18] 蒋孔阳、朱立元主编:《二十世纪西方美学名著选》(上册),第 245 页。
[19] 同上书,第 245—246 页。

们愈能拿自己经验来印证艺术作品，也就愈能了解它、欣赏它。因此，在我们的美感中，一方面要从实际生活跳出来，一方面又不能超脱实际生活。正如王国维所说："诗人对于宇宙人生，须入乎其内，又须出乎其外。入乎其内，故能写之。出乎其外，故能观之。"[20]这正是艺术距离所要求的。一方面要入乎其内，要忘我，一方面又要出乎其外，又要拿我的经验印证作品。这种矛盾状况，正是布洛所说的"距离的内部矛盾"（也叫作"距离的二律背反"）。创造与欣赏的成功与失败，就在于恰当地处理"距离的内部矛盾"。"距离"太远了，结果是不可了解；"距离"太近了，结果是让实用的动机压倒美感。这都是"距离"的丧失。

布洛也说："距离的丧失可以出于如下两种原因：或失之于'距离太近'，或失之于'距离太远'。'距离太近'是主体方面常见的通病；而'距离太远'则是艺术的通病，过去的情形尤其是这样的。"[21]如过去的文艺作品在时间和空间上如果离我们太远，我们缺乏了解它们的知识和经验，也就无从欣赏它。年代愈久，愈无法欣赏。这种文艺作品失之过远，也就失去了"距离"。下面举一例说明文艺作品失之太近：如一个人素来疑心妻子不忠，也认为有理由嫉妒自己的妻子。如果看《奥赛罗》悲剧，他一定比平常人能较了解奥赛罗的境遇和情感，当奥赛罗的情感与经历和他自己的情感与经历愈加吻合一致时，他对奥赛罗的处境、行为与性格的领会就愈加深刻。照理，他是最能欣赏这部悲剧的人，但事实却恰恰相反，这种切身的情节经验，最容易使他想起自己和妻子处于类似的情境。实际情况是：他更痛切地意识到自己的嫉妒心，感到自己与自己的妻子处于相同情况，因而导致距离的消失，这是距离太近的必然结果。距离太远或太近都会导致距离的消失。"所以说，无论是在艺术欣赏的领域，还是在艺术生产之中，最受欢迎的境界乃是把距离最大

---

[20] 北京大学哲学系美学教研室编：《中国美学史资料选编》（下），第452页。
[21] 蒋孔阳、朱立元主编：《二十世纪西方美学名著选》（上册），第249页。

限度地缩小，而又不至于使其消失的境界。"[22]

距离是有程度的不同的。它不仅依照能够形成大小程度不同的距离的客体的性质而发生变化，而且还要依据个人保持大小不同程度的距离的能力而发生变化。在这里，人们可以看到，不但不同的人度量距离的习惯尺度各异，而且同一个人在不同的客体与不同的艺术面前，保持距离的能力也是不一样的。

布洛说："从理论上讲，距离的缩短是可以无止境的。所以在理论上，不仅一般的艺术题材可以使其保有足够的距离，以便达到可供审美欣赏的境地。"[23]要保持距离最大限度地缩小而又不丧失距离的境界是极其困难的，这需要有极高的艺术修养，平常人是极难做到的。要想确定一个"距离极限"，由于"缺乏资料是无法办到的；同时这个极限在不同的人中间高低悬殊也很大，因此，也同样确定不下来"[24]。因此，所谓最好的距离，实际上不过是一种空想，在现实生活中是根本确定不下来的。布洛的"心理距离说"抓住了创作和欣赏的某些规律，有一定的积极意义。如鲁迅曾经劝许广平说："我以为感情正烈的时候，不宜做诗，否则锋芒太露，能将'诗美'杀掉。"[25]这就是说，感情太浓烈的时候，或过于愤怒，或过于悲伤，或过于喜悦等，都不宜创作，这是因锋芒太露，不易于创作出好的作品，或将"诗美"杀掉。用布洛的话来说，这因距离太近，以致消失的缘故，不能形成审美态度。艺术创作是如此，艺术欣赏也是如此。"距离"的消失都使一切正常的审美活动不能进行。布洛的"心理距离说"虽有可以借鉴之处，但主要缺陷是：整个美学体系是建立在唯心主义基础上的。第一，他脱离社会、脱离社会实践活动观察审美现象，把美和美感建立在"距离"的基础上。第二，"距离"是超脱实用的、

---

[22] 蒋孔阳、朱立元主编：《二十世纪西方美学名著选》（上册），第 248 页。
[23] 同上书，第 249 页。
[24] 同上。
[25]《鲁迅全集》（第 11 卷），第 97 页。

功利的关系，是形象的直觉。虽然在创作和欣赏时想不到功利或不归结到功利，但还是潜藏着功利的。布洛的"距离说"超脱功利则是绝对的，看不到潜藏着的功利，也是片面的。

第三节 "直觉说"

"直觉说"也称"表现说"，最主要的代表是意大利的克罗齐。他是一个哲学家、文学批评家、历史学家和美学家，他的美学思想在现代西方美学中产生极为广泛的影响。科林伍德、伯德纳·鲍桑葵等，都是这一派的重要人物。克罗齐在哲学上继承了康德、黑格尔，可是又抛弃了他们哲学的合理内核，把唯心主义发展到极端。

克罗齐的美学思想是表现主义的，他的最基本的美学概念是直觉即表现。他从这个概念出发，得出了一系列的结论：直觉是抒情的表现，直觉就是艺术，也就是美。他把艺术从周围的事物中孤立出来，认为艺术不是物理的事实，没有功利，没有概念和逻辑，也不是道德活动等。克罗齐说："直觉的知识就是表现的知识。"又说："直觉是表现，而且只是表现（没有多于表现的，却也没有少于表现的）。"[26] 那么，什么是直觉呢？根据克罗齐的哲学观点，认为"知识有两种形式：不是直觉的，就是逻辑的；不是从想象得来的，就是从理智得来的"[27]。所谓从逻辑、理智得来的知识，即是概念、理性的知识；而所谓直觉的知识，即是一种从最低级、最原始的认识得来的知识，也是离理智的作用而独立的。这种知识不掺杂概念，比所谓实在界的知识更单纯。好比婴儿，他根本不懂事，很难辨别真和伪、历史和寓言。"这些对于他都无分别。这事

---

[26][意]克罗齐：《美学原理·美学纲要》，第18页。
[27]同上书，第7页。

实可以使我们约略明白直觉的纯朴心境。"[28]所谓纯朴的心境就是没有概念和理智的作用。早在《文艺心理学》中，朱光潜对直觉就有非常恰当的说明，他说："拿桌子为例来说。假如一个初出生的小孩子第一次睁眼去看世界，就看到这张桌子，他不能算是没有'认识'它。不过他所认识的和成人所认识的绝不相同。桌子对于他只是一个很混沌的形相（Form），不能有什么意义（Meaning）。因为它不能唤起任何由经验得来的联想。这种见形相而不见意义的'认识'就是'直觉'。"[29]正因此，"直觉的知识就是表现的知识。直觉是离理智作用而独立自主的"[30]。总之，在直觉的认识或知识里是没有任何理智、理性，直觉和理智、理性或概念是根本对立的。

直觉是一种最原始的基层感性认识，它没有任何理智与概念，既单纯又独立。它只见形相而不见意义，就是形相的直觉。形相直觉不旁牵他涉，全身心都注意到形相上，在心中只是一个"无沾无碍的独立自足意象"。这种独立自足的意象才能把一件事物看成美的，或在你的眼中现出具体的境界，或是一幅新鲜的图画。朱光潜曾举例说明克罗齐的这一观点，他说："比如见到梅花，就把它和其他事物的关系一刀截断，把它的联想和意义一齐忘去，使它只剩一个赤裸裸的孤立绝缘的形相存在那里，无所为而为地去观照它，赏玩它，这就是美感的态度了。"[31]在这里要说明一点：直觉、形相直觉、意象或审美态度都是一个意思，即把事物摆在心目中当作一幅图画去玩赏。"不过审美者的目的不象实用人，不去盘问效用，所以心中没有意志和欲念；也不象科学家，不去寻求事物的关系条理，所以心中没有概念和思考。他只是在观赏事物的形

---

[28][意]克罗齐:《美学原理·美学纲要》，第10页。
[29]《朱光潜美学文学论文集》，第44页。
[30][意]克罗齐:《美学原理·美学纲要》，第18页。
[31]《朱光潜美学文学论文集》，第48页。

相。"[32] 这就是说，没有意志和欲念，没有概念和思考，实际上就是没有理智和功利，只是无所为而为地观赏事物的形相。用克罗齐自己的话来说，就是"画家所给的一幅月景的印象，制图家所画的一个疆域的轮廓，一段柔美的或雄壮的乐曲，一首嗟叹的抒情诗的文字，或是我们在日常生活中发疑问，下命令，和表示哀悼所用的文字，都很可以只是直觉的事实，毫不带理智的关系"[33]。这种毫不带理智的关系，毫无功利的知识，即是直觉。直觉本质是低级的感性认识，是毫无理智、毫无功利地对形相的观赏。无理性、无功利，这正是克罗齐的孤立绝缘的形相直觉。

根据克罗齐的哲学观点，所谓"物质"不是客观的物质世界或现实世界。在他的词汇里"物质"只有"材料"一个意义，而"材料"并不是来自客观世界，而是来自精神世界或心灵活动。心灵必须赋予物质以形式，才可以被认识，才可成为现实世界的各种事物。因此，他否认有客观的物质世界的存在，而现实世界的各种事物不过是心灵活动和创造的结果。他说："在直觉界线以下的是感受，或无形式的物质。这物质就其为单纯的物质而言，心灵永不能认识。心灵要认识它，只有赋予它以形式，把它纳入形式才行。单纯的物质对心灵为不存在，不过心灵须假定有这么一种东西，作为直觉以下的一个界线。"[34]无形式的物质是在直觉界线以下的，心灵永远不能认识它，它对心灵也是不存在的。可见，克罗齐是否认有客观的物质世界的。直觉是不反映客观物质世界最低级的认识，明白了这一点，是理解克罗齐美学的关键之一。

克罗齐认为，我们的感官感受到事物时，就可能在心里抓住它的完整形象。这个完整形象的形成即是表现，也是直觉。所以，克罗齐

---

[32]《朱光潜美学文学论文集》，第50页。
[33][意]克罗齐:《美学原理·美学纲要》，第8页。
[34]同上书，第11—12页。

认为每一个直觉同时也就是表现，没有在对象中对象化了的东西就不是直觉。"心灵只有借造作、赋形、表现才能直觉。"[35] 无论表现是图画的、音乐的，或是任何其他形式的，它对于直觉都是不可缺少的，直觉必须以某一种形式表现出来，表现其实是与直觉不可分的，因为它们并非二物实为一体。

克罗齐认为艺术与直觉的知识是统一的。直觉的知识也就是艺术。正如克罗齐所说的："我们已经坦白地把直觉的（即表现的）知识和审美的（即艺术的）事实看成统一，用艺术作品做直觉的知识的实例，把直觉的特性都付与艺术作品，也把艺术作品的特性都付与直觉。"[36] 艺术即直觉，也就是表现，在它们之中根本就没有什么差别。艺术的直觉与一般的直觉只有量的差别，在根本性质上也没有什么不同。所以，他又说："美学只有一种，就是直觉（或表现的知识）的科学。这种知识就是审美的或艺术的事实。"[37] 艺术即是直觉，也即表现，因而他否定了作品作为艺术创作活动的艺术传达。在我们看来，只有艺术传达，才能把艺术家的构思表现为艺术作品。但是，在克罗齐看来直觉本身即是表现，艺术家在思想中的构思即是直觉，构思完成了，艺术家创作的作品便已在心中表现出来，便已算完成了，根本不需要艺术传达。艺术传达是物理的事实，它不产生艺术品，而是产生艺术作品的"备忘录"。这种不要艺术传达，不要艺术作品，正是克罗齐直觉即表现的发展。

直觉即表现，还包含着美即成功的表现。直觉的功用在于赋予形式以本无形式的情感，使情感成为意象而对象化。这些意象便是世界的事物，这也就是美。因此，美也是心灵的创造。表现也有成功的，也有失败的。所谓成功与失败，指的就是情感是否能恰如其分地被意象表现出

---

[35] [意] 克罗齐:《美学原理·美学纲要》，第 14—15 页。
[36] 同上书，第 19 页。
[37] 同上书，第 21 页。

来。表现成功的,就效果方面来说,便生快感,就价值方面来说,便是美;表现失败的,就效果方面来说,便生痛感,就价值方面来说,便是丑。美是成功的表现,是正价值;丑是失败的或受阻挠的表现,是反价值。克罗齐还认为不成功的表现就不能算是表现,所以美其实就是表现。他说:"我们觉得以'成功的表现'作'美'的定义,似很稳妥;或是更好一点,把美干脆地当作表现,不加形容字,因为不成功的表现就不是表现。"[38]

成功的表现没有多寡和优劣的分别,所以美是一种绝对价值。在克罗齐看来,我们只能说此美彼丑,如果彼此都美,就不能说此比彼较美。例如莎士比亚的《哈姆雷特》是成功的表现,是美的;他的某一首十四行诗也是成功的表现,也是美的,我们就不能因为内容广狭或篇幅长短不同,说《哈姆雷特》比某一首十四行诗更美,因为这两部作品在各自的限度以内都已尽了表现的能事。丑却不然,成功虽没有程度之分,不成功却有程度之分(例如某部分成功,某部分失败,失败可多可少,可大可小),所以美虽无比较,而丑却可比较。美是绝对的,丑却是相对的;美就是整一,丑却现为杂多。这也正如克罗齐所说的:"不成功的作品可以有各种程度的优点,甚至于最卓越的优点。美并没有程度上的差别,所谓较美的美,较富于表现性的表现,较恰当的恰当,是不可思议的。丑却不同,它有程度上的差别,从颇丑(或几乎是美的)到极丑。但是如果丑到极点,没有一点美的因素,它就因此失其为丑,因为它没有借以生存的矛盾。"[39] 这就是说,丑到极点,没有表现,丑就失其为丑。

克罗齐表面上也承认,审美与艺术都涉及内容和形式的关系,但他强调形式。克罗齐认为,内容尽管千变万化,但不重要。而形式只有一个,那就是直觉活动。直觉活动就是艺术,这样就把形式提高到艺术的

---

[38][意]克罗齐:《美学原理·美学纲要》,第89页。
[39]同上。

唯一重要地位。因此，他说："所以审美的事实就是形式，而且只是形式。"[40] 又说："诗人或画家缺乏了形式，就缺乏了一切，因为他缺乏了他自己。诗的素材可以存在于一切人的心灵，只有表现，这就是说，只有形式，才使诗人成其为诗人。"[41] 由此可见，美和艺术都是直觉，直觉即表现，表现即形式。

克罗齐的美学观点不仅是唯心主义的，而且是形式主义的。克罗齐的美学思想，在西方美学中至今仍有重要的影响，也不可否认它有其合理的东西。如他提出了形象思维与抽象思维的对立，并强调了形象思维在艺术创作中的作用，虽不全面，却可以帮助我们认识形象思维的重要性。再如人人既不能脱离直觉，又不能离开艺术活动。那就是把艺术活动看作人人皆有的基本活动和最普遍的活动，也就是说，人既是人，就有几分是艺术家。在克罗齐看来，我们平常人与艺术家之间只有量的区别（我们是小艺术家，他们是大艺术家），没有什么质的区别（同用直觉）。在过去许多文艺理论家认为只有少数"优选者"和"天才"才是艺术家，才有分辨美丑的权利和本领，而大多数人不过是芸芸众生，不懂艺术，不能分辨美丑。克罗齐抛弃了这种"精神贵族"的观点，这一点上他继承了维柯的优良传统。

第四节 "格式塔心理学"派

"格式塔"心理学创始于 20 世纪初的德国，是一个著名的心理学派。其主要代表人物之一，是德裔美籍著名美学家、心理学家鲁道夫·阿恩海姆。他在 30 年代从事电影理论的研究，著书立说。由于不满希特勒

---

[40]［意］克罗齐:《美学原理·美学纲要》，第 23 页。
[41] 同上书，第 33 页。

的统治，他于1939年移居美国。此后转向对审美中的视知觉进行研究。他著有《视觉思维》《走向艺术心理学》《艺术与视知觉》等，成为格式塔心理学美学流派主要代表人物之一。格式塔心理学是内容较为复杂，立论较为严整，在当今有着广泛影响的心理学的美学流派。

格式塔是德文Gestalt字的译音，中文一般译为"完形"。格式塔心理学在谈到形的时候，非常强调它的整体性，这形的整体性不是客观事物本身原有的，是由知觉活动组成的经验中的整体，是知觉进行了积极组织或建构的结果。所谓格式塔的"形"，乃是经验中的一种组织或结构，与视知觉活动密不可分，因此，绝不能把它理解为一种静态的和不变的。

格式塔既是一种组织或结构，那么不同的格式塔就有不同的组织水平，而不同组织水平的格式塔往往又伴随着不同感受。这种感受是大脑皮层对外界的刺激进行了积极地组织的结果。格式塔心理学发现，有些格式塔给人的感受是极为愉快的，因为在这些特定的条件下视觉刺激物被组织得很好，如对称、统一、和谐等最有规则和具有最大限度的简单明了性的格式塔，这种"简约合宜"的格式塔我们也可叫作更好的格式塔。格式塔心理学的贡献，大都是与"艺术息息相关"的。"对于大多数艺术家来说，'整体不能通过各部分相加的和来达到'的思想，并不算什么新奇的东西了。多少世纪以来，科学家们就能通过那些排除了复杂的组织和相互作用的简单推理，而达到对现实作出极其有价值的分析。然而，无论在什么情况下，假如不能把握事物的整体或统一结构，就永远也不能创造和欣赏艺术品。"[42]

格式塔的完形，是由各种要素或部分组成的，但不等于构成它的所有部分相加之和。一个格式塔是一个完全独立的全新的整体，是一种新

---

[42][美]鲁道夫·阿恩海姆：《艺术与视知觉》"引言"，滕守尧、朱疆源译，中国社会科学出版社，1984年，第5页。

的组织，是一种新的结构。这种组织与结构，绝不等于各部分相加之和，而是与视知觉的活动密切不可分的。

这种"完形"的整体结构，正如鲁道夫·阿恩海姆所说："冯·艾伦费尔斯在他那篇首次提到格式塔这个名字的论文中指出，如果让十二名听众同时倾听一首由十二个乐音组成的曲子，每一个人规定只听取其中的一个乐音，这十二个人的经验相加的和就决不会等同于仅有一个人听了整首曲子之后所得到的经验。"[43]这是为什么呢？因为整体不等于部分相加之和。十二个人每个人都只听全部曲子的部分，所以与一个人听完了全部曲子之后的经验是根本不同的。

这种不同感受，也说明了"视觉形象永远不是对于感性材料的机械复制，而是对现实的一种创造性把握，它把握到的形象是含有丰富的想象性、创造性、敏锐性的美的形象"[44]。这种美的形象是由心灵创造和赋予的，整体性结构不仅存在于视觉形象中，而且存在于心理功能中。"人的各种心理能力中差不多都有心灵在发挥作用，因为人的诸心理能力在任何时候都是作为一个整体活动着，一切知觉中都包含着思维，一切推理中都包含着直觉，一切观测中都包含着创造。"[45]这是格式塔心理学的"完形"在视觉形象中的创造。

格式塔心理学提出了"大脑力场"说，解释了在审美知觉中力的样式。格式塔心理学认为有两种力：一种是外在世界的物理的力；一种是内在世界的心理的力。这两种力如果在结构样式上相同，则是"同形同构"；相异则是"异质同构"。这就是说，虽然是质料不同，但力的结构样式是相同的，在大脑中所激起的电脉冲是相同的，与情感活动所具有的力的样式也是相同的。因此，表面上极不相同的质料，因为力的样

---

[43][美]鲁道夫·阿恩海姆：《艺术与视知觉》"引言"，第5页。
[44]同上。
[45]同上。

式相同，在艺术家眼里就有了相同的情感表现。在这种情况下，艺术家可以把有意识的人与无意识的生物、树等合并为一类。虽然这两类事物在常人看来决然是不同的，但在艺术家眼里则有相同的表现。如人有高风亮节，树也有高风亮节；人有直立挺拔的表现，树也有直立挺拔的表现。所谓物我同一，主客观协调，外在对象与内在情感合拍一致，都是这种"同形同构"或"异质同构"的结果。有了"同形同构"或"异质同构"，才能有相映成对的对称、均衡、秩序、和谐等，从而产生心理体验和审美快感。

这种心理体验和审美快感，正如阿恩海姆引用威廉·詹姆斯的话说的那样："在一般的情况下，我们不仅能从时间的连续性中看到心理事实与物理现实之间的同一性，就是在它们的某些属性当中，比如它们的强度和响度、简单性和复杂性、流畅性和阻塞性、安静性和骚乱性中，同样也能看到它们之间的同一性。"虽然，"身与心是两种不同的媒质，一个是物质的，另一个是非物质的——但它们之间在结构性质上还是可以是等同的"[46]。为什么两种不同事物之间可以是等同的呢？这是因为它们有相同的力或力的样式是等同的，所以能引起共同的心理体验或审美愉快。

为了更好地解释上述道理，他举舞蹈试验为例：被试者是一组舞蹈学院的学生，他们被要求分别即席表演出悲哀、力量或夜晚等主题。"试验结果证明，所有的演员在表演同一个主题时所作出的动作，都是一致的。举例说，当要求他们分别表现出'悲哀'这一主题时，所有演员的舞蹈动作看上去都是缓慢的，每一种动作的幅度都很小，每一个舞蹈动作的造型也大都是呈曲线形式，呈现出来的张力也都比较小……应该承认，'悲哀'这种心理情绪，其本身的结构样式在性质上与上述舞蹈动

---

[46]［美］鲁道夫·阿恩海姆：《艺术与视知觉》，第614页。

作的结构样式是相似的。"[47]事实是一个心情十分悲哀的人,其心理过程也是十分缓慢的,他的一切思想和追求都是软弱无力的。在"悲哀"所展示出来的结构性质与它所要表现的情感活动的结构性质,既然存在着一致性,那么这些性质所传达的表现性,既是视觉所直接把握的,也是共同力的作用。

正因为共同的力的样式具有这样的表现性,所以,不仅在我们心目中那些有意识的有机体具有表现性,就是那些不具有意识的事物,如"一块陡峭的岩石、一棵垂柳、落日的余晖、墙上的裂缝、飘零的落叶、一汪清泉,甚至一条抽象的线条、一片孤立的色彩或是在银幕上起舞的抽象形状——都和人体具有同样的表现性,在艺术家眼睛里也都具有和人体一样的表现价值,有时候甚至比人体还更加有用"[48]。无生命的事物所具有的人类感情,所具有的表现性,似乎是由"感情误置""移情作用""拟人作用"或原始的"泛灵观"产生出来的,事实上,"表现性乃是知觉样式本身的固有性质"。"一棵垂柳之所以看上去是悲哀的,并不是因为它看上去像是一个悲哀的人,而是因为垂柳枝条的形状、方向和柔软性本身就传递了一种被动下垂的表现性,那种将垂柳的结构与一个悲哀的人或悲哀的心理结构所进行的比较,却是在知觉到垂柳的表现性之后才进行的事情。一根神庙中的立柱,之所以看上去挺拔向上,似乎是承担着屋顶的压力,并不在于观看者设身处地的站在了立柱的位置上,而是因为那精心设计出来的立柱的位置、比例和形状中就已经包含了这种表现性。"[49]造成这种表现性的基础是一种力的结构,这种结构之所以会引起我们的兴趣,不仅在于具有这种结构的客观事物有意义,而且在于它对一般的物理世界和精神世界均有意义。如上升和下降、统治

---

[47][美]鲁道夫·阿恩海姆:《艺术与视知觉》,第615页。
[48]同上书,第623页。
[49]同上书,第624页。

和服从、软弱和坚强、和谐和混乱、前进和退让等基调，实际上乃是一切存在物和基本存在的形式。不论在我们自己的心灵中，还是在人与人之间的关系中，不论在人类社会中，还是在自然现象中，都存在着这样一种基调。因此，"我们必须认识到，那推动我们自己的情感活动起来的力，与那些作用于整个宇宙的普遍性的力，实际上是同一种力。只有这样去看问题，我们才能意识到自身在整个宇宙中所处的地位，以及这个整体的内在统一"[50]。

在世上诸事物中，在某些事物之间，其力的基本样式看上去是一致的，而在另一部分事物（或事件）之间，其力的基本样式看上去就不相似。这说明世间事物是纷繁复杂的，有些事物其力的样式看上去是一致的，有些事物的力的样式看上去是不一致的，事物的力样式一致才能对事物进行分类。"乔治·布洛克曾经规劝艺术家们应该注意从不同的事物之中寻找和表现它们的等同点，'例如，当诗人吟诵出燕子（刀切似的）掠过天空时，他实际上已经在一把锋利的刀子和一只在天空中迅疾飞过的燕子之间找到了共同点'。这种暗喻还可以使得读者们透过客观事物的外壳，将那些除了力的基本样式相同，其余一切都很少有共同之处的不同事物联系起来。当然，比喻手法要想达到完美的效果，还须要诗歌读者们在自己的日常经验中，对各种表象和各类活动的象征性或比喻性含义有着丰富的体验。"[51]例如，当听到某种击打或折断东西的声音或动作时，就应该产生出一种进攻或破坏的体验；当从事一种上升的运动时，就要有一种征服和进取的体验等。这时在观赏者的头脑中唤起一种与它的力的结构相同形的力样式，并使观赏者处于一种激动的参与状态，而这种参与状态，"才是真正的艺术经验"。

在静态的自然事物中，我们之所以感觉到强烈的运动，往往是由于

---

[50][美]鲁道夫·阿恩海姆：《艺术与视知觉》，第 625 页。
[51]同上书，第 627—628 页。

物理力的作用，正是物理力的流动、扩张、收缩等活动，才把自然物的形状创造出来。"大海波浪所具有的那种富有运动感的曲线，是由于海水的上涨力受到海水本身的重力的反作用之后才弯曲过来的；我们在一个刚刚退潮的海岸沙滩上所看的那些波浪形的曲线轮廓，是由海水的运动造成的；在那种向四面八方扩展的凸状云朵和那些起伏的山峦的轮廓线上，我们从中直接知觉到的也是造成这种轮廓线的物理力的运动。"[52]按照同样的道理，我们也完全可以在钢笔和毛笔的笔迹中直接感觉到手中力的运动。"书写的过程，实际上也就是用内在的力量，将那些具有标准化的字母形状进行再制造的过程。"[53]"不同的大艺术家，其笔迹也十分不同。例如：费拉兹奎兹或弗兰斯·哈尔斯的笔触看上去是挥洒自如和放荡不羁的，而凡高的作品中就充满了激烈扭曲的线条，印象派画家的作品和塞尚的油画又显得用笔细致谨慎、色彩清新淡雅、层次分明。笔迹不同，其中包含的意义和表现性当然也就不同。"[54]

许多艺术家不仅运用自己的手腕和胳膊的灵活自由地去创造流畅的和富有生命力的线条，而且还常常把全身都发动起来，在创作中使全身都处于运动之中。"布维在讨论日本绘画时，曾经把这样的动作称之为'活生生的动作'，他说：'日本绘画的一个典型特征就是它的笔画中所蕴含的力量，这在技术上被称为'笔力'或'笔势'，当日本画家们再现某种象征力量的物体时悬崖峭壁，猛兽的嘴或爪子，老虎的爪子或树的树干部分一如就要在运笔之前首先唤起一种力量的感受。在真正运笔时，这种遍及全身的力量就顺着他的胳膊和手指传入画笔，并随之输送到所画的事物之中。'"[55]艺术家的画虽是静止的，但给人的印象则具有强烈的运动感，有无穷的意味和感染力，都是画家运用力的结果。任何

---

[52][美]鲁道夫·阿恩海姆：《艺术与视知觉》，第596页。
[53]同上书，第597页。
[54]同上书，第598页。
[55]同上书，第598—599页。

艺术作品，只要缺乏运动和力的感觉，它看上去就是死的，即使在别的地方画得很好，也不会引起观赏者的兴趣。

格式塔心理学在形的整体性、在力的表现性和运动性等研究方面有其独到之处，但在艺术创作和欣赏中有许多值得怀疑之处，它最大的致命的弱点，就是忽视社会实践在艺术创作和欣赏中具有决定性的作用，只用生理学和心理学解释了事物和情感的力的关系，从而忽视了人与动物的区别，忽视了社会和历史对人的心理结构起着决定性的影响；它所探讨的人仅仅看到人的心理追求平衡与和谐的倾向，这是片面的。随着社会历史的发展，人的心理结构、趣味、爱好等也是时时发展与变化的，仅仅通过个体的力的倾向，去解释艺术那种深刻、复杂的情感作用，必然是唯心的，因而必然是脱离实际的。

第五节　心理分析学派

心理分析学派的创始人是现代著名的奥地利精神病和心理分析学家西格蒙德·弗洛伊德，他本人并不是一位美学家，但他和他的学生以精神分析的方法阐释美、艺术创作与欣赏有关的问题，对当代西方美学有深刻的影响，以其为代表的心理分析学派逐渐成为心理学美学中势力最大的一个流派。他的《梦的解析——揭开人类心灵的奥秘》1956年被美国的唐斯博士列为"改变历史的书"之一。这是一部与达尔文的《物种起源》及哥白尼的《天体运行论》同列为导致人类三大思想革命的书，可见他对西方学术影响之深。

弗洛伊德作为一位著名的精神病学方面的专家和医生，他所开创的精神分析既是一种精神病的治疗方法，又是一套心理学理论。作为心理学理论，其理论结构有五大支柱：无意识、婴儿性欲、恋母情结、抑制和转移。其核心部分是"无意识",也是对美学影响最大的部分。无意识和意识是两个对立的概念。意识是与直接感知有关的心理部分,是清醒的,却是无力的,在日常心理中是不重要的,它只是心灵上的外壳。无意识虽是感觉不到的、盲目的,却是心灵的核心,它能起决定作用,是决定人类行为的广阔而有力的"内驱力"。无意识又分为潜意识和前意识两部分。潜意识包括人的原始冲动和各种本能,特别是性本能;前意识是介于无意识与意识之间,它是一种可以被回想起来的意识中的无意识。如果把人的心理比作一个岛屿,意识只是露出水面的一小部分,无意识则是深藏在水底的绝大部分,它是整个心理的基础和主体。

既然潜意识(无意识)包括原始冲动和各种本能特别是性本能,那么人在生下来之后,这种原始冲动和各种本能,特别是性本能构成基本心理并要求实现。弗洛伊德认为,由于社会的习俗、道德规范、法律制度等等因素,这些欲望和本能,特别是性欲望不仅很难得到满足,而且在社会形成的意识中人们觉得这些欲望是可耻的,不正当的。于是这些欲望和本能便被压抑到了潜意识深处,甚至人们忘记了它们的实际存在。但实际上它们并没有消灭,而是不自觉地积极活动,变相追求满足。这种本能欲望乃是人的心理活动结构最根本的东西,不自觉地支配着人的意志和行为。精神分析说作为一个心理学流派即是在这种潜意识中建立起来的。

弗洛伊德在晚期又提出了"本我""自我"和"超我"三个层次的心理结构学说。"本我"(又译伊德)是心理的第一个层次,相当于早期提出的"无意识",它处于心灵的最底层。由于它是动物性的本能冲动的基本源泉,无时无刻不追求着,以期得到本能的满足。它不知道什么是好,什么是坏,也不知道什么是道德,只知道按"享乐原则"活动。"自我"是心理的第二个层次,是一种根据周围环境的条件来调节自己行为的意识,它遵守"现实原则"活动。社会现实生活使人们意识到,本能冲动和社会现实往往不相容。社会现实生活限制那些只顾个人享乐而不顾别人幸福的人，如果人们不克制自己的本能以适应现实生活，不但不能获得享受，反而会得到痛苦的结果。正因为如此，"自我"不得不抑制本能的欲望和冲动。"超我"也就是通常所说的良心，受社会伦理道德的制约，被称为人格中专管道德的司法部门，按照"至善原则"活动。这三个层次经常处于矛盾斗争中，"自我"和"超我"的主要任务就是对"本我"实行压抑、控制和监督。

不论在前期还是在后期，弗洛伊德都是极力强调本能和无意识的，在无意识中又突出强调人的性欲本能，以此来解释人的各种精神活动和实践活动。他把这种被压抑的性本能称为"力比多"。"力比多"被压抑到心理最深层（所以精神分析心理学又称深层心理学），并不是静止不动的，而是永动不息的，是流动的、动态。在一个方面受阻或受到压力之后，它就转变方向，在其他地方寻求出路。"力比多"是流离不定的，在正常的情况下可以通过正当的行为使性欲得到发泄，但在性生活失调或受阻的情况下，它可以附加到别的活动上去，这种活动表面上看似乎和性无关，实际上却是它的象征性的表现。这是一种受抑制本能的转移，也就是"力比多"的转移，而梦就是这种"力比多"本能的转移和补偿。所以，梦是研究无意识状态的最理想的对象，在弗洛伊德心理学中占有极其重要的位置。

弗洛伊德还用精神分析方法来说明艺术与审美现象，认为艺术是性欲的升华，是潜意识的象征的表现。艺术功用在于使作者与读者受到压抑的本能、欲望，特别是性欲望，得到一种补偿或变相的满足。他说："精神分析学一再把行为看作是想要缓解不满足的愿望——首先在创造性艺术家本人身上，继而在听众和观众身上。艺术家的动力，与使某些人成为精神病患者和促使社会建立它的制度的动力是同一种冲突。因此，艺术家获得他的创造能力不是一个心理学的问题。艺术家的第一个目标是使自己自由,并且靠着把他的作品传达给其他一些有着同样被抑制的愿望的人们,他使这些人得到同样的发泄。"[56]艺术家在创作中让无意识的本能在幻想中得到强烈的发泄,再以艺术的形式表现出来,这便是艺术品。艺术品的动力基本上与精神病人是一致的,二者都是在无意识中蕴藏着必须寻找出路的心理欲望。这欲望找不到出路的时候,就会转化精神病理的症候。这症候是被压抑的本能冲动的代替品。艺术家也是一样,在本能欲望的驱使下,有种种不现实的要求,好像精神病患者一样,事实上也常常像精神病患者那样中断与现实的联系,从而进入一种虚幻的世界。如果说与精神病患者有什么区别,那就是艺术家有一种特殊本领,即在幻想世界中实现欲望得不到满足的一种补偿,使自己重新返回现实中去,避免精神病的厄运。

艺术家是把受压抑的欲望转移到幻想世界的创造中去,以便使性本能得到释放和满足。正因此,艺术家和其他人一样,都忙于幻想,大做所谓白日梦。艺术家与众不同的地方在于:人的幻想大多是枯燥的,而且与社会习俗、道德规范等现实是相冲突的,因此,他的幻想是耻于告人的,他竭力把它隐瞒起来;而艺术家则不然,他不仅不把自己的幻想隐瞒起来,而且要以生动的艺术形式表现出来。他具有处理题材的高超本领,能改变幻想并将其伪装起来,使之不仅不与现实发生矛盾,而且能够与现实本身统一起来。他不仅使自己的欲望在艺术品中得到满足,而且可以使艺术品成为观赏的对象,引诱别人的欲望也能得到满足,从而得到浓厚的兴趣和快乐,虽然,"在幻想带来的快乐中居于首位的是对艺术作品的享受——靠着艺术家的能力,这种享受甚至被那些自己并没有创造力的人得到了。那些受到艺术影响的人并不能把它作为生活中快乐和安慰的源泉从而给它过高的评价,艺术在我们身上引起的温和的

---

[56] 蒋孔阳、朱立元主编:《二十世纪西方美学名著选》(上册),第398页。

麻醉可以暂时抵消对生命需求的压抑，但是它决不强到可以使我们忘记现实的痛苦"[57]。艺术虽不能使我们忘记现实的痛苦，但可以抵消对生命需求的压抑。艺术所能提供给人们的毕竟是一个幻想的世界，而不是真实的现实世界，人们从中得到的满足不过是幻觉的愉快，是所谓"想象中的满足"。从这个意义上来说，艺术作品不过是精制的白日梦而已，其意义是有限的。艺术不过是使观赏者可以避开现实生活的条件，在不显露与"现实原则"相矛盾的幻想世界中，以求得本能欲望的发泄和转移，让受压抑的本能欲望通过艺术得到升华，也就是性欲的升华。

艺术一方面可以使艺术家本人在其中放纵情欲，求得内心的满足；另一方面，又为他人提供放纵情欲，求得内心满足的对象，这样，人们在对艺术的审美观照中，就可以不依赖外部世界而寻找到内部幸福。"在这个情况中，生活中的幸福主要得自于对美的享受，我们的感觉和判断究竟在哪里发现了美呢——人类形体和运动的美，自然对象的美，风景的美，艺术的美，甚至科学创造物的美。为了生活的目的，审美态度稍许防卫了痛苦的威胁，但是它提供了大量的补偿。美的享受具有一种感情的、特殊的、温和的陶醉性质。美没有明显的用处，也不需要刻意的修养。但文明不能没有它。美学科学的考察被认为是美的条件，但是它不能对美的本质和起源作任何说明……精神分析学对美几乎也说不出任何话来。看来，所有这些确实是性感领域的衍生物。对美的爱好象是被拗制的冲动的最完美的例子。'美'和'魅力'是性对象的最原始的特征。"[58]在弗洛伊德看来，"美"是性的对象的最原始特征，可见，美是最能释放被压抑的性欲，使性欲求得缓解、净化和补偿，以便得到变相满足。

幼儿的性欲要求被压抑以后，在潜意识中逐渐形成"情结"。"情结"

---

[57] 蒋孔阳、朱立元主编：《二十世纪西方美学名著选》（上册），第396—397页。
[58] 同上书，第397页。

使幼儿要求别人亲爱、体贴，喜欢偎依别人，这些在弗洛伊德看来都是性欲的表现。他认为从本质上来看，所有男孩都有恋母忌父的情结（即俄狄浦斯情结，以希腊神话中俄狄浦斯杀父娶母而得名），所有的女孩都有恋父忌母的情结（即埃勒克特拉情结，以希腊神话中埃勒克特拉曾怂恿其兄为父报仇杀害其母而得名）。正如弗洛伊德所说，在"儿童的精神生活中，他们的父母亲起了主要作用。爱双亲中的一个而恨另一个，这是精神冲动的基本因素之一"[59]。俄狄浦斯情结就是希腊神话中的俄狄浦斯王的故事：

> 俄狄浦斯是忒拜国王拉伊俄斯和王后伊俄卡斯忒的儿子，由于神警告拉伊俄斯说，这个尚未出生的孩子将是杀死他父亲的凶手，因此俄狄浦斯刚刚出生就被遗弃了。后来，这个孩子得救了，并作为邻国的王子长大了。由于他怀疑自己的出身，他也去求助神谕，神警告他说，他必须离乡背井，因为他注定要弑父娶母。就在他离开他误以为是自己的家乡的道路上，他遇到了拉伊俄斯王，并在一场突发的争吵中杀死了他。然后他来到忒拜，并且解答了阻挡道路的斯劳克斯向他提出的谜语。忒拜人出于感激，拥戴他为国王，让他娶了伊俄卡斯忒为妻。他在位的一个长时期里，国家安宁，君主荣耀，不为他所知的他的母亲为他生下了两个儿子和两个女儿。终于，瘟疫流行起来，忒拜人再一次求助神谕。正是在这个时候，索福克勒斯的悲剧开场了。使者带回了神谕，神谕说，杀死拉伊俄斯的凶手被逐出忒拜以后，瘟疫就会停止。

---

[59] 蒋孔阳、朱立元主编：《二十世纪西方美学名著选》（上册），第400页。

> 但是他，他在哪儿？在哪儿才能找到
> 以前的罪犯消失了的踪迹？
>
> ……逐步揭出俄狄浦斯本人正是杀死拉伊俄斯的凶手，他还是被害人和伊俄卡斯忒的儿子。俄狄浦斯被他无意犯下的罪恶所震惊，他弄瞎了自己的双眼，离开了家乡。神谕应验了。[60]

《俄狄浦斯王》作为一出命运悲剧为世人所称道。它的悲剧冲突是至高无上的神的意志与人类逃避即将来临的不幸时毫无结果的努力。它所以产生感人肺腑的效果，就因为它与普遍潜在人体中的情结一拍即合，仿佛使人感到俄狄浦斯王的命运就是自己的命运。这种恋母情结，只不过向我们显示出自己童年时的愿望实现了。这种本能欲望和冲动，乃是艺术创造与欣赏的基础。

另一个伟大的悲剧是莎士比亚的《哈姆雷特》，由于它与《俄狄浦斯王》相隔时间太远，精神生活、文明程度都有很大不同，因而在题材处理上也就有很大不同。《哈姆雷特》的戏剧基础，是他完成为父复仇任务时犹豫不决，但戏剧并没有说明犹豫不决的原因或动机，因而长期以来引起五花八门的议论。一种观点认为哈姆雷特代表一种典型人物，他的行动力量被过分发达的智力麻醉了，所以犹豫不决。根据另一种观点，剧作家试图描绘出一种优柔寡断的性格。但是，"戏剧的情节告诉我们，哈姆雷特根本不是代表一个没有任何行动能力的人。我们在两个场合看到了他的行动：第一次是一怒之下，用剑刺穿了花毯后面的窃听者；另一次，他怀着文艺复兴时期王子的全部冷酷，在预谋，甚至使用

---

[60] 蒋孔阳、朱立元主编：《二十世纪西方美学名著选》（上册），第400—401页。

诡计的情况中让两个设计谋害他的朝臣去送死。那么是什么阻碍着他去完成他父亲的鬼魂吩咐给他的任务呢？答案再一次说明，这个任务有一个特殊的性质。哈姆雷特可以做任何事情，就是不能对杀死他父亲，篡夺王位并娶了他母亲的人进行报复，这个人向他展示了他自己童年时代被压抑的愿望的实现。这样，在他心里驱使复仇的敌意就被自我谴责和良心的顾虑所代替了，它们告诉他，他实在并不比他要惩罚的罪犯好多少"[61]。在弗洛伊德看来，哈姆雷特之所以对报杀父娶母之仇优柔寡断，犹豫不决，完全是恋母情结所致。

弗洛伊德在《列奥纳多·达·芬奇和他的一个童年记忆》里，认为达·芬奇的艺术和科学活动，都是由恋母情结引起的。达·芬奇《岩间圣母》中婴儿所流露出来的对生母的依恋和爱慕之情是那么强烈，正是达·分奇本人恋母情结的表现。柴可夫斯基的音乐、惠特曼的诗篇等，都是性的升华，恋母情结的表现。弗洛伊德对无意识或潜意识的心理研究，可以说弥补了传统心理学的缺漏，但他否认社会对心理的决定性的影响。弗洛伊德对病态或畸形心理学的研究也有积极意义。他把现代心理同文艺创作和欣赏联系起来，注重审美心理特点的研究，也是有借鉴作用的。但不可否认，弗洛伊德的精神分析美学有片面性和武断性，特别是以性本能来解释艺术和美，其错误是显而易见的。正如托马斯·芒罗所说："某些研究文化现象的心理学家们发现有理由去怀疑所谓的'恋母情结'究竟有多大的普遍性。"[62]事实上，艺术创造或对美的事物的欣赏，都与性本能和恋母情结毫无关系。当然，有人认为弗洛伊德只是提倡艺术描写性生活，并把西方艺术中出现的纵欲、下流的作品归罪于他，也是不公平的。

弗洛伊德的根本错误还在于，他根本不理解人的社会性和实践性，

---

[61] 蒋孔阳、朱立元主编：《二十世纪西方美学名著选》（上册），第 404—405 页。
[62] 转引自朱狄《当代西方美学》，第 28 页。

根本不理解人和动物的区别，把人理解为"单个的人"，用纯生物学观点来研究社会、研究人类的心理活动。更有甚者，他硬把他研究的病态心理学说成普遍适合整个人类，结果把正常人的心理活动与精神病患者混为一谈。他把无意识性和性本能欲望看成为人类心理核心和支配人类行为的内驱力，无视人的伟大力量和心理品质。这种片面的研究，正如一位心理学家所批评的："只能产生一种残缺的心理学和残缺的哲学。"这种批评可以说抓住了它的要害。

思考题

1. 什么是"移情说"，它的局限性是什么？
2. 什么是"直觉说"，如何评价"直觉说"？
3. 什么是心理分析学派，你对其有何分析批判？

第十七章
美育

美育又称审美教育或美感教育，它是人类文明发展的必然结果，也是人类自身建设的一个重要方面。它的任务是提高和培养人们对现实世界（包括自然和社会生活）以及文学艺术的鉴赏和创造能力，陶冶人的情操，提高人们的生活趣味，使人们变得更高尚、积极，在思想感情上得到健康成长。美育对培养社会主义新人，建设社会主义物质文明和精神文明都有重要的意义。

第一节 美学史上对美育的探讨

为了更清楚地阐述美育的重要意义，我们从中国和西方古代对美育的论述说起。

一、中国古代关于美育的论述

1. 中国追求以人为中心，以美、善的结合为基础的审美境界。先秦孔子的"里仁为美"，孟子的"充实之谓美"，荀子的"不全不粹之不足以为美"，这都是强调美和善的联系。这里所说的"美"，实际上讲的是伦理学上的"善"。宋代张载提出"充内形外之谓美",他认为内在的德性显示在外部才能成为美。这虽然把伦理学的善和美学的美做了进一步的区分,但是仍然强调内在品质对美的形象的决定作用。汉代刘向《说苑·反质》曾说:"丹漆不文,白玉不雕,宝珠不饰,何也?质有余者,不受饰也。"《淮南子》中写道:"白玉不琢,美珠不文,质有余也。"这里面包含了一个重要的审美观念,即重视人的素质的美,也就是强调人的内在的美。过多的外在装饰,反而会掩盖这种素质的美。《韩非子·解老》曾说:"夫物之待饰而后行者,其质不美也。"完全依靠外在装饰的人,往往是由于他的素质不美,想借外部的装饰来掩盖内在的空虚。中国古代以玉比德,用玉的素质象征人的道德境界,因此把玉看作最高的美的理想,在《世说新语》中就把素质美好的人称作玉人。这在自然美上曲折地反映了自然和人的精神生活的联系。如孔子在《论语》中提出:"知者乐水,仁者乐山。知者动,仁者静。"为什么知者乐水呢?因为知者总是在探索事物的发展变化,喜爱动,水的清澈也象征着人的明智。仁者为什么乐山呢?因为山处在静态,显得稳重,山林丰富的蕴藏又可以施惠于人。古代诗画中常以梅兰竹菊比喻君子,这些情况说明人们在欣赏自然美中渗透着人的道德精神。自然美不但能使人怡情悦性,而且还可以寄托理想。

2. 我国古代教育思想中很重视艺术在陶冶性情上的作用。《周礼》"礼、乐、射、御(驭)、书、数",其中的"乐",就是指音乐(还包括舞蹈、诗歌)。孔子曾说:"兴于《诗》,立于礼,成于乐。"诗使人从伦理上受到感发,礼是把这种感发变为一种行为的规范、制度,而乐是陶冶人的性情德性。诗、礼、乐三者是一个统一体,以礼为中心,诗、乐都从属于礼。礼之所以重要是因为它和政治有着直接的联系,作为一种行为规范,它是直接维护一定的政治制度,它要求人们应该怎样做,不应该怎样做;而乐却是通过陶冶性情的方式,把理智上认为应该这样做,变为在情感上自觉去做。这样才能把统治者的道德要求深入人心,也就是把道德的境界和审美的境界统一起来。所以《荀子·乐论》说:"乐者,圣人之所乐也,而可以善民心。其感人深,其移风易俗,故先王导之以礼乐而民和睦。"这里强调乐可以"感人深""善民心",移风易俗、礼乐相济就能更有效地实现统治。所以荀子又说:"乐合同,礼别异,礼乐之统,管乎人心矣!"这是说"礼"标明封建等级差别,强调的是"异",而"乐"是把封建等级秩序看作一种和谐,强调的是"同"(一致),也就是通过感情上的潜移默化,使人们恭顺地服从封建统治。

在其他艺术部门中同样存在类似情况,如古代强调绘画的鉴戒作用,但这种鉴戒作用,也是通过情感上的影响来实现的。例如曹植《画赞·序》曾提出:"观画者,见三皇五帝,莫不仰戴;见三季暴主,莫不悲惋;见篡臣贼嗣,莫不切齿;见高节妙士,莫不忘食;见忠节死难,莫不抗首;见忠臣斥子,莫不叹息;见淫夫妒妇,莫不侧目;见令妃顺后,莫不嘉贵。是知存乎鉴戒图画也。"这里所说的鉴戒,并不是一种抽象的说教,而是通过形象影响人的情感。曹植所说的"仰戴""悲惋""切齿""叹息""侧目",都是强调绘画在情感上对人的影响。

对文学也是这样,诗歌的作用也是首先给人情感的影响。白居易在《与元九书》中写道:"圣人感人心而天下和平。感人心者,莫先乎情,莫始乎言,莫切乎声,莫深乎义。诗者:根情、苗言、华声、实义。"也就是说诗歌是通过以情感人来达到教育的作用。清人刘开《论诗说》:"诗者,先王诱天下之人而归之于善也。"和上面肯定文艺的教育作用持相反观点的是老子和庄子。老子主张"绝圣弃智""归真返璞",因此他反对文学艺术,认为"五色令人目盲,五音令人耳聋,五味令人口爽,驰骋畋猎令人心发狂;难得之货,令人行妨。是以圣人为腹不为目,故去彼取此"(《道德经·第十二章》)。

虽然在我国古代美育思想的发展有悠久的历史，但是直到近代才明确提出"美育"的概念，这和接受西方资产阶级思潮的影响有密切的联系。例如梁启超说："天下最神圣的莫过于情感。""用情感来激发人，好像磁力吸铁一般，有多大分量的磁，便能引多大分量的铁，丝毫容不得躲闪。""所以古来大宗教家大教育家，都注意情感的陶养。老实说，是把情感教育放在第一位。情感教育的目的，不外将情感善的美的方面尽量发挥，把那恶的丑的方面渐渐压伏淘汰下去。"情感教育即是我们所说的美育。梁启超还认为情感教育的"最大的利器，就是艺术，音乐、美术、文学这三件法宝，把'情感秘密'的钥匙都掌握住了"。[1] 这就是说美育不能离开艺术。因此他认为艺术家"最要紧的功夫，是要修养自己的情感"。梁启超在审美教育问题上的这些论述是具有一定进步意义的。

蔡元培提倡"以美育代宗教"的思想（图43），他对美育的本质、内容、作用和途径做了较系统的考察。他认为："美育者，应用美学之理论于教育，以陶养感情为目的者也。"[2] 他的美学理论基础，是把西方康德的美学观点和中国儒家的美学观点糅合在一起。他按照西方哲学家的观点，把人的心理功能分为知、意、情三种，认为这三种心理功能是一个统一整体，和这三种功能相对应的就是科学、伦理学和美学，他说："科学在乎探究，故论理学之判断，所以别真伪。道德在乎执行，故伦理学之判断，所以别善恶。美感在乎鉴赏，故美学之判断，所以别美丑。"[3] 由于他在美学理论上接受了康德的美与功利无关的观点，因此主张美育是超越功利的。因为美具有普遍性，所以在美的欣赏中"无人我差别之见"，他举例："如北京左近之西山，我游之，人亦游之，我无

---

[1] 北京大学哲学系美学教研室编：《中国美学史资料选编》（下），第417页。
[2] 《蔡元培美学文选》，北京大学出版社，1983年，第174页。
[3] 同上书，第66页。

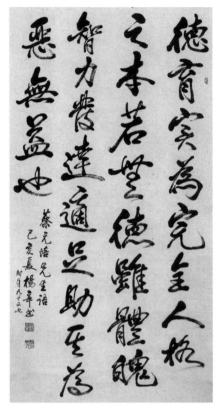

图43　杨辛书《蔡元培语句》

损于人,人亦无损于我也。隔千里兮共明月,我与人均不得而私之。"[4]但是他提出的"以美育代宗教",在当时是有进步性的,是人类文化发展的必然趋势。这具体表现在知、意、情三个方面,如随着科学的发展,生物进化论取代了上帝创世说;近世伦理学的发展,也促使道德逐渐脱离宗教而独立;和宗教关系最密切的唯有情感,也就是美感。他认为宗教建筑多是选择山水最胜之处,所谓"天下名山僧占多"……但是唐以后诗文多以风景、人情、世事为对象,宋元以后的绘画多写山水花鸟等自然美。从西方看文艺复兴以后,各种美术也逐渐脱离宗教而尚人文。

蔡元培在美学上的贡献是在审美教育方面,为了实施美育,他多方筹划,亲自讲授,是美育的开拓者与先行者。

二、西方古代关于美育的论述

在西方美学史上,古希腊的哲学家就提出了艺术对陶冶感情的作用。如柏拉图从奴隶主贵族的主场出发,认为人的灵魂包括理智、意志、

---

[4]《蔡元培美学文选》,第70页。

情欲三个部分，和这三部分相对应的等级是统治者、战士、劳动者。其中情欲是属于低劣的部分，应受到理性的节制，就像劳动者应受统治者支配一样，因此他认为对于那种满足情欲，追求摹仿的诗人应逐出他的理想国。但是他并不反对一切艺术，他提倡所谓"理智"的艺术，要求艺术能为改善人的灵魂服务，特别强调音乐的教育作用，他认为："音乐教育比起其他教育来是一种更强有力的工具，因为节奏和和声有一种渗入人的灵魂深处的特殊方法。"而且指出音乐、艺术的潜移默化的作用，主张从儿童时代起就应接受音乐艺术的熏陶，"应该寻找一些有本领的艺术家把自然的优美方面描绘出来，使我们的青年像住在风和日丽的地带一样，四围一切都对健康有益，天天耳濡目染于优美的作品，像从一种清幽境界呼吸一阵清风，来呼吸它们的好影响，使他们不知不觉地从小就培养起对于美的爱好，并且培养起融美于心灵的习惯"。柏拉图还认为通过艺术教育可以提高识别美丑的能力，"受过这种良好音乐教育的人，可以很敏捷地看出一切艺术作品和自然界事物的丑陋，很正确地加以厌恶；但是一看到美的东西，他就会赞赏它们，很快地把它们吸收到心灵里，作为滋养，因此自己的性格也变成高尚优美"。[5]

在柏拉图美学思想中强调美育与德育的结合，亚里士多德则强调美育与智育的结合。他认为艺术起源于摹仿，人类最初的知识就是从摹仿得来的。艺术之所以引起人们的快感在于求知，他说："我们看见那些图象所以感到快感，就因为我们一面在看，一面在求知，断定每一事物是某一事物。"[6] 他认为悲剧也是一种摹仿，"悲剧是对于一个严肃、完整、有一定长度的行动的摹仿"[7]，悲剧是通过对人物动作的摹仿来引起怜悯与恐惧，使情感得到陶冶。

---

[5]《柏拉图文艺对话集》，第56页。
[6][古希腊]亚里士多德：《诗学·诗艺》，第11页。
[7]同上书，第19页。

中世纪是神学统治时期，教会采取愚民政策，僧侣是唯一受教育的阶层。天主教反对世俗文化，基督教的基本教义是神权中心和来世主义。把现世生活说成是"孽海"，认为人一生下来就是赎罪，人应该抛弃现世一切欢乐和享受，刻苦修行。

基督教认为文艺是虚构说谎，是挑拨情欲，是伤风败俗，是罪恶的根源。基督教认为文艺妨碍对神的虔诚默祷。圣奥古斯丁在忏悔录中对他早年酷爱荷马和维吉尔诗中一些描写爱情的部分，痛自忏悔。基督教会史上还发生过几次镇压文艺活动的运动。754年君士坦丁宗教会曾正式决议，认为对基督的赞颂，"决不能通过人的艺术，按照一般人身类比，用形象把基督表现出来"，宣布凡是用图像去表现基督和圣徒的人一律开除教籍。但当基督教发现艺术可以充作宣传宗教的工具时，又转向积极利用文艺为宗教服务，但总是把艺术严格局限在宗教范围内。

席勒是德国启蒙运动的代表人物，在他的《审美教育书简》中提出了以下观点：

1.把感性的人变成理性的人，唯一的路径是先使人成为审美的人。席勒把人分为感性与理性两部分，他认为在古希腊时期，人在物质与精神、感性与理性两方面是和谐统一的，是完整的人，因此，是自由的。到了近代，由于科学技术的严密分工和国家机器造成的各个等级、各个职业之间的严格差别，使本来处于和谐统一的人性分裂开来。这样就使得在人身上产生两种相反的要求，即"感性冲动"和"理性冲动"。所谓感性冲动是指人的欲求，这种欲求要受到自然必然性的限制，如人需要饮食才能维持生存；而理性冲动要受到来自道德必然性方面的限制。他认为在这两种冲动中人都没有自由，人是双重奴隶。如何才能回到理想中的完整的人性呢？他避开了革命的道路而依赖美的艺术。他认为在艺术的审美活动中，既不受理性法则的强迫，也不受自然力量和物质需要的强迫，因为审美活动是一种不带有任何功利目的的自由活动。在席勒看来只有美，我们才同时以个人和种族的身份去享受，这就是说，以种族代表的身份去享受。感性的善（指满足实际需要的东西）只能使一个人快乐，因为它以私人占有为基础，而私人占有总是排他的。感性的善只能使这一个人得到部分快乐，因为它不涉及人格。……只有美才使全世界人都快乐，在美的魔力下，每个人都忘掉他的局限。例如吃苹果，一个苹果，两个人都想吃，这一个人吃了，另一个人就不能吃了，而且吃苹果只能使人部分快乐。苹果的甜，只能使味觉得到快感，而不涉及人格，不是心灵的享受。所以他认为美是一切人共同的东西，只有通过美的交流才导致社会的和谐，达到社会的团结。也就是说通过审美的自由活动，人类就可以从受自然力量支配的"感性的人"，变为充分发挥自己意志主动精神的"理性的人"，形成完美的人格而得到自由。

2. 把这种审美的自由活动，称作"游戏"。他所谓的"游戏"和"强迫"是相对立的。他认为人只有在游戏时，才感觉不到自然和理性的强迫要求，才是自由的活的形象，才能成为美。他说别人会对他提出反驳"把美当成单纯的游戏，将它与'游戏'一词通常所指的那些轻薄对象等量齐观，这不是降低了美吗？"席勒认为这不是降低了美，并提出："只有当人在充分意义上是人的时候，他才游戏；只有当人游戏的时候，他才是完整的人。"[8] 他认为游戏是人性达到感性与理性和谐统一的表现。席勒的这种观点曲折地反映了他对法国大革命的态度，反映了18世纪德国资产阶级的软弱性和脱离实际的社会改革的幻想。他认为社会的进步无须经过社会斗争，而是靠发扬人的"美的天性"。"只有审美趣味才能给社会带来和谐"，他认为从形象显现的观照中才能获得完全的自由，审美的自由不需经过政治制度的变革，就可以作为政治自由的基础。这一方面反映了他对德国现实庸俗风气的厌恶，另一方面又想借审

---

[8][德] 席勒:《美育书简》,徐恒醇译,中国文联出版公司,1984年,第89—90页。

美教育作为逃避现实的一种乌托邦式的幻想。

第二节 美育的本质特征

美育是人类认识世界、按照美的规律改造世界、改造自身的重要手段。一方面，它和其他教育一样，是在人类生产实践和社会实践的基础上形成和发展起来的，反过来又促进和影响人类的生产实践和社会实践。另一方面，它又和其他教育不同，是特殊的美感教育。这种不同正是美育的本质特点。

德育、智育、体育、美育是培养人的全面发展的几个重要方面，其中德育、智育、美育主要涉及人的精神生活，体育主要是增强人的体质，也和人的精神生活有密切的联系。

美是以真、善作为前提的，美育也是如此。离开真、善就没有美，也就没有了美育。有人认为美育没有功利、没有善的内容，这是不对的。美育若离开了真，成为虚假的，那也是根本不对的。美育虽然离不开真、善，但它本身又不是真、善，它们之间又有不同，如果把美育看成即是智育和德育，那也是错误的。从德育、智育、美育的关系上看，三者既有联系，又有区别。从美育与德育、智育的比较中才能认识美育的本质。客观世界有真、善、美三方面，主观世界有知、意、情三方面，教育要求在这三方面同时发展，于是提出了智育、德育、美育。智育主要是求知，辨别真伪，寻求真理；德育主要是培养品德，趋善避恶；美育主要是培养人们的正确审美观，提高人们鉴赏美、创造美的能力。

在实际生活中，德育、智育与美育三者虽各有特点，但又是相互渗透的。正如王朝闻所说："德育、智育、体育与美育的关系不是一种加法，而是一种化合，前三育离不开美育，美育的作用渗透在前三育之中。"

德育中包含了美育，因为在德育中培养人的高尚品德实际上涉及人的精神美、心灵美。在中国先秦美学思想中往往美善不分，正是体现了德育和美育的密切联系。智育中也渗透着美育。在学习历史知识中对革命历史英雄人物崇高品德的景仰，体现了智育与美育的联系；在科学的领域中往往伴随着美的鉴赏，蔡元培曾说："矿物学不过为应用矿物起见。但因此得见美丽的结晶，金类、宝石类的光彩，很可以悦目。生物学固然可以知动植物构造的同异，生理的作用，但因此得见种种植物花叶的美，动物毛羽与体段的美。凡是美术家在雕刻上，图画上或装饰品上用作材料的，治生物学的人都时时可以遇到。天文学固然可以知各种星体引力的规则，与星座的多寡；但如月光的魔力，星光的异态，凡是文学家几千年来叹赏不尽的，有较多机会可以赏玩。"[9]这体现了智育和审美的联系。同样，在美育中也包含了德育和智育。关于美育和德育的关系，恩格斯在评论德国画家许布纳尔的《西里西亚织工》一画时，曾说："请允许我提一下优秀的德国画家许布纳尔的一幅画；从宣传社会主义这个角度看，这幅画所起的作用要比一百本小册子大得多……"[10]恩格斯还在谈民间艺术的作用时说过："民间故事书还有这样的使命：同圣经一样培养他的道德感，使他认清自己的力量、自己的权利、自己的自由，激起他的勇气，唤起他对祖国的爱。"[11]鲁迅也说过："美术之目的，虽与道德不尽符，然其力足以渊邃人之性情，崇高人之好尚，亦可辅道德以为治。"[12]蔡元培也讲过："美育者，与智育相辅而行，以图德育之完成者也。"[13]这些都说明在审美教育中包含了德育。

在美育中还包含着智育。马克思在评价现代英国的一批杰出的小说

---

[9] 高平叔编：《蔡元培美育论集》，湖南教育出版社，1987年，第106—107页。
[10]《马克思恩格斯全集》（第2卷），第590页。
[11]《马克思恩格斯论艺术》（第4卷），第401页。
[12]《鲁迅全集》（第7卷），第273页。
[13]《蔡元培美学文选》，第174页。

家时指出:"他们在自己的卓越的、描写生动的书籍中向世界揭示的政治和社会真理,比一切职业政客、政论家和道德家加在一起所揭示的还要多。"[14] 恩格斯评价巴尔扎克的《人间喜剧》是卓越的现实主义作品,对于1816—1848年法国的历史,甚至在经济的细节上所学到的东西也比从当时所有专门"历史学家、经济学家和统计学家那里学到的全部东西还要多"(《恩格斯致玛·哈克奈斯的信》)。美育中所培养的敏锐感知力和丰富的想象力也有助于科学工作者的探索与创造。总之以美引真,爱美、爱生活、爱创造,会引导人们去探索科学真理,促进科学发展。

王国维在《论教育之宗旨》中说:"完全之人物不可不备其真、善、美之三德,欲达此理想,于是教育之事起。教育之事亦分三部,智育、德育(即意志)、美育(即情育)是也。"美育和德育、智育在教育事业中是一个有机整体,但又各有自己的特点。美育是以美引真,以美导善,但美育不能代替智育和德育;反过来说,智育和德育也不能代替美育。从美育本身看,它具有什么特点呢?下面我们对美育的特点做一初步分析。

一、以情感人,理在情中

情感是人们对客观现实的一种态度,如爱与憎。在美育中主要是培养人们对美的热爱和对丑的憎恶,使人在情感上受到陶冶。当然,在德育、智育中也包含了情感的因素。例如儒家道德观的核心是"仁",所谓"仁者爱人",这里面就体现了特定阶级的情感因素。真正的德育并不是空洞枯燥的说教,而是建立在一定情感基础之上。同样,对真理的追求也不能没有热情。恩格斯所写的《英国工人阶级状况》虽然属于科学的社会调查,但是流露出对无产阶级的热爱和对资产阶级的憎恨。正

---

[14]《马克思恩格斯全集》(第10卷),第686页。

如列宁所说:"没有'人'的感情,从来就没有也不可能有人对于真理的追求。"[15]尽管德育、智育都包含着情感,但是德育的本质毕竟在于它的社会功利性质,智育的本质毕竟在于认识和掌握客观的规律,在美育中情感的因素却是作为本质的东西而存在。美育能使人怡情养性,从艺术的审美作用上明显地表现了这个特点。鲁迅曾指出:"文艺之所以为文艺,并不贵在教训,若把小说变成修身教科书,还说什么文艺。"[16]这里所说的"情",里面包含了理性的因素,是在情感的陶冶中、观照的愉悦中接受教育,也就是寓教育于娱乐之中。情感是美育的核心,情感既受理性的调节,又可以转化为意志,在美育中知、意、情诸种心理因素和谐统一。这种情与理的结合体现了一种更高的精神境界。孔子曾说:"知之者不如好之者,好之者不如乐之者。"这里所说的"知之者"指懂得应该如何去做;"好之者"指在习惯上成为爱好,这表现了行为的主动性,不是强制的;"乐之者"则是完全自觉去做,不仅不是强制的,而且是一种快乐。孟子也说过:"仁言不如仁声之入人深也。"他说的"仁声"是指音乐,他认为"仁声"较"仁言"更能对人产生深刻的精神影响,因为"仁声"是通过情感陶冶来实现特定的伦理要求。

在现实生活中有一些矛盾,有时理性上觉得对,但情感上不一定接受;有时情感上喜爱,但从理性上看是错误的。美育的特点就是要使人不仅在理论上认识到是正确的,而且在情感上产生热爱。从这个意义上看,美可以说是善的升华。

二、美育以生动鲜明的形象为手段

美育中以情感人是通过形象的手段来实现的。无论是美的欣赏还是

---

[15]《列宁全集》(第20卷),第255页。
[16]《鲁迅全集》(第8卷),第331页。

美的创造,都离不开形象。美育的这个特点是与美本身的特点相联系的,因为美的事物都是具体可感的个别形象,个体性是美的重要特征。形象有如美的躯体,离开形象,美的生命也就无所寄托了。人们在欣赏美的时候,不论是社会美、自然美还是艺术美,都是以其鲜明生动的形象(由色彩、线条、形体、声音等形式因素构成)诉诸人的感官,影响人的思想情感。所以车尔尼雪夫斯基曾说:"个体性是美的最根本的特征。"所谓"个体性"也就是指形象,所以他又说:"形象在美的领域中占着统治地位。"个性的多样性决定了形象的丰富性,正像一位诗人所写:

> 我佩服许多新楼房,
> 不愿盖成一个模样,
> 我赞赏今天的姑娘,
> 喜穿各色新颖衣裳,
> 大千世界多姿多彩,
> 动的静的各式各样。
> 人有不同脾气,
> 物有尺短寸长,
> 松柏别于杨柳,
> 豆麦异于高粱,
> 泰山不是黄山,
> 大刀不是长枪,
> 各种鸟唱不同的歌,
> 各种花放特有的香,
> 天上云有无穷奥妙,
> 亲生儿女也不全像爹娘,
> ……

这首诗生动地体现了我们的生活是美好而多样的。美育正是以这样一个五光十色的丰富的感性世界为基础。中国近代思想家、美学家陈望道也说过：审美的境界是以"具象化、直接化为其特性。它始终摄无限于有限，藏普遍于特殊，也始终是具体地而又直接地，通过了官能而感受到达愉悦的境界"[17]。这就是说，在美的领域只有形象才能给人以愉悦的感受。这里需要说明一点，就是美育中所说的形象，是具有感染力的形象，是饱和着情感的生动形象，而不是那种图解知识的形象。所以美育要以各种美的形象来感染人、打动人心，使人产生情感的共鸣。所谓"随风潜入夜，润物细无声"，在不知不觉中受到教育，才能收到最好的美育效果。

三、美育是在个人爱好兴趣的形式中、在娱乐中接受教育

美育是在个人爱好兴趣的形式中、在娱乐中接受教育，这种教育形式使受教育者身心都处在愉快、自由的状态中。看戏的人常常不是为了受教育才上戏院的，而是去娱乐，去找美的享受。当一位观众看完悲剧，含着眼泪，离开剧场的时候，他是自愿的，根据个人爱好、兴趣去看戏的。虽然难过地流泪，但所得到的是美的享受。不管自觉还是不自觉、自愿还是不自愿，在情感上都已经受到教育，变得更高尚、更善良了。中外许多美学家都指出"寓教于乐"是美育的一个重要特点。人是有情之物，娱乐是不可缺少的。当然娱乐有高尚的和卑下的，我们提倡高尚的，抵制卑下的。高尚娱乐有益于身心健康的发展，也有益于教育，事实上，许多品德、知识，是从娱乐中学来的，美育便是从娱乐中接受教育。

美育的娱乐性，就是要使人在情感上感到自由、舒畅。所以，有的

---

[17]《陈望道文集》(第2卷)，上海人民出版社，1980年，第18页。

同志说,古人常常用来比喻美育,认为美育像风那样无影无踪,又像风那样有力而又不可抗拒。这是说美育是一个潜移默化的过程。为什么美育是潜移默化呢?因为像上面所说的美育是以情感人,理在情中。人们在欣赏美的时候,直接的效果是情感的体验,但是在情感的体验中就暗含着理性的认识,不论是对美的热爱或丑的憎恶,都不是无缘无故的,而是基于一定的理解,尽管我们在欣赏美的时候似乎是不假思索,但是在这种"直感"的形式中已经包含着平时所积累的对事物的理解。所以,认识审美活动中情理结合,理在情中的特点,有助于我们认识潜移默化过程的形成原因。但是美育中的潜移默化,并不是靠一两次美的欣赏活动就能够完成的,而是要靠"陶冶""熏陶",靠经常的影响。梁启超曾谈到文艺对人的精神影响是"如入云烟中而为其所烘,如近墨朱处而为其所染",又说:"人之读小说也,不知不觉之间,而眼识为之迷漾,而脑筋为之摇扬,而神经为之营注;今日变一二焉,明日变一二焉,刹那刹那,相断相续;久之而此小说之境界,遂入其灵台而据之。"[18]这段话说明美育中潜移默化的两个特点:一是对人的精神影响有一个渐变的过程,二是在不知不觉中接受影响。

以上分析说明,美育是以陶冶感情、培养情操为特征,以生动形象为手段,通过富有个性爱好的自由形式,潜移默化,以促进人的全面发展的一种教育形式。

第三节 美育的任务和意义

美育的任务是全面地培养人,通过爱美的教育,培养人们热爱生

---

[18] 北京大学哲学系美学教研室编:《中国美学史资料选编》(下),第418页。

活，追求真、善、美相结合的人生境界。美虽不等于真、善，但可以涵盖真、善。我们认为真、善、美的统一是建立在实践的基础上，在实践中真赋予行动以正确的方向；善体现了行动的社会功利目的，而美是作为人类实践中自由创造力量和智慧的肯定，是合目的性与合规律性的统一。统一的基础是实践中的自由创造，没有实践主体的创造，真与善就不会发生联系。通过人类实践的自由创造，真和善才能交融在一起，并在形象中体现。所以当我们爱美的时候，实际上也就接受潜在的真、善的内容。美育在培养人的全面发展上的特殊意义主要表现在这里。

在社会主义建设时期美育是为建设社会主义的精神文明服务的。精神文明体现了人类追求真、善、美所取得的历史成果。它表现在两个方面：一方面，表现为科学、哲学、伦理学、美学（艺术）等方面取得的成果，这是在追求真、善、美方面的理论概括；另一方面，表现为社会风气，表现为人的精神面貌。

美育就是继承发展人类在历史上取得的审美方面的积极成果，我们是在批判旧世界和创造新世界中，在培养全面发展的新人中发挥美育的重要作用。

一、培养全面发展的新人是时代的要求

私有制条件束缚人的发展。在私有制条件下，劳动者虽然创造了美，但在肉体和精神上却受到摧残。

在私有制条件下，劳动者由于生活的贫困，被剥夺了欣赏美的机会。马克思说："忧心忡忡的穷人甚至对最美丽的景色都没有什么感觉。"[19]鲁迅也讲过："饥区的灾民，大约总不去种兰花。"[20]劳动者在饥寒交迫的情况下，为了生存，整天为衣食焦虑，在这种条件下，对

---

[19][德]马克思：《1844年经济学—哲学手稿》，第83页。
[20]鲁迅：《论文学》，第74页。

最美的自然景色也会失去感觉。这说明人的感觉是受社会关系制约的，在私有制条件下人的感觉是受束缚的。因此马克思认为私有制的废除就是人的感觉和属性的完全解放。这还说明一个问题，就是在研究人的审美需要时不能脱离生活中的其他需要。车尔尼雪夫斯基把人的需要分为三种，他认为人对吃、喝、穿、住的需要是占第一位的问题，智力生活需要占第二位，第三位才是审美性质的享受。我们现在提倡美育，也不能脱离经济条件来提出某些审美要求。

从美的创造方面看，在私有制条件下劳动者美的创造才能被压抑下去。在封建社会的条件下，工匠对完成自己的产品需要技艺、才能和想象。"行会内部，各劳动者之间则根本没有什么分工。每个劳动者必须熟悉全部工序，凡是用他的工具所能做的一切，他都必须会做……每一个想当师傅的人都必须全盘掌握本行手艺。正因为如此，中世纪的手工业者对于本行专业和熟练技巧还有一定的兴趣，这种兴趣可以达到某种有限的艺术感。然而也是由于这个原因，中世纪的每一个手工业者对自己的工作都是兢兢业业，安于奴隶般的关系；因而他们对工作的屈从程度远远超过对本身工作漠不关心的现代工人。"[21]

以上说明：1. 人的思维、感觉的发展受社会关系的制约。感觉是人的感觉，不完全是生物的感觉。2. 资本主义所有制对人的思维、感觉的束缚，在私有制条件下人的片面性，对劳动过程、劳动产品以及自然环境的审美感受的排斥。3. 私有制的废除是对人的感觉和属性的解放。

在社会主义条件下就根本不同了，人有了全面发展的可能。这是因为：

1. 先进的社会主义制度为人的全面发展提供了物质基础。劳动者在

---

[21]《马列著作选读（哲学）》，人民出版社，1988年，第347—348页。

历史上重新成为自由创造的主体。

2. 劳动者物质生活的逐步改善，促进了审美需要的发展。人们不论在物质生活方面，还是精神生活方面，都提出了更高的审美要求。人们不仅要求各种生活用品既实用，又美观，而且迫切要求更多更好的精神食粮、艺术品，还要求欣赏自然美（如旅游事业的发展、对盆景花卉的喜爱等）。

3. 劳动者自觉在革命理想指导下创造新世界，不仅创造了美，而且在创造美的过程中发展自身，使自己成为社会主义的新人，成为具有高尚道德品质，具有丰富的科学知识和优美情操的人。因此，在社会主义条件下，通过美育等培养全面发展的新人，乃是时代对我们提出的要求。

二、美育的基本任务

在社会主义条件下人们为了更好地去创造美，就需要提高审美主体的修养。美育的任务在于提高审美主体，具体说，包括以下三个方面：

1. 培养正确的审美观

审美观是人们对美丑的基本观点，它是世界观的一个组成部分，属于意识形态。审美观的形成是根源于实践中的审美感受，反过来又对审美感受起指导作用，能提高审美的敏感，使人们可以更好地去辨别美丑和创造美。审美观作为一种意识形态，还受到哲学的深刻影响。马克思主义的审美观以辩证唯物主义和历史唯物主义为基础。

马克思主义审美观是最先进的审美观，是无产阶级和广大劳动群众改造客观世界和主观世界的有力的精神武器。劳动者用双手创造了财富，同时也创造了美，因而最懂得美，最能鉴赏美。马克思主义审美观是指导一切审美活动的灵魂，要求我们按照审美理想、审美标准去创造美。"劳动创造了美"，这是马克思主义审美观的基本观点。它把马克思主义哲学的实践观点引入美学领域，肯定美的根源在于实践，美是在实践中产生和发展的，美是人在实践中创造、智慧和力量的显现，美的事物由于体现了对生活本质、人的本质的肯定而使人感到愉悦。正是在这个意义上我们说："美是为人而存在的。"

马克思主义实践观点还指引我们去正确理解真、善、美的辩证关系。我们认为，真、善、美是统一体的不同方面，美和真、善是在实践创造中达到统一。美以真、善作为前提和基础。美离不开善，因为人的实践创造活动，其出发点和最终目的都是实现一定的社会功利要求（包括物质生活的和精神生活的要求）。美也离不开"真"，因为人的实践创造都是以对客观规律（社会的和自然的）的认识和掌握为前提的。美和真、善的这种内在联系，决定了美的事物和社会发展的进步要求、人民利益的一致性。但是，美并不等于真、善，美是一种在情感上具有感染力的形象，它是情感观照的对象，在美的形象中真和善是作为一种潜在的因素而存在。

审美观的培养不仅需要掌握必要的美学理论知识，更重要的是需要在生活实践中去培养，使审美观真正成为生活中的一种实际指导思想，成为生活中的一种高尚的追求和爱好。衡量一个人的审美素养，绝不仅仅限于考察他在某些领域内的欣赏能力，更重要的是要从人生观、从整个生活态度上去衡量。"只有当正确的审美观点和高尚的趣味成为人的心理气质的一部分，能够影响到他（或她）的行为准则、劳动态度、对同志亲友的关系，影响到生活目的和理想的时候，才谈得上真正有审美修养。"[22]

在实践中培养正确的审美观经常伴随着斗争。先进的审美观是和陈腐的审美观做斗争中发展起来的。例如在现实中对生活的不同追求，常

---

[22]［俄］尼·阿·德米特里耶娃：《审美教育问题》，冯湘一译，知识出版社，1983年，第4页。

常表现为两种审美观的斗争。有一种看法把追求个人的吃喝玩乐看作人生的目标和生活美；另一种看法则认为为社会主义建设孜孜不倦地工作的灵魂是最美的，人生的意义在于贡献，在于创造。这里面体现了两种人生观、两种审美观的斗争。

2. 培养审美的敏感

培养审美的敏感，也就是培养欣赏美的能力。审美的敏感是一种善于在生活、自然、艺术中发现美的能力，这种能力的获得是和审美经验的积累以及艺术素养、文化知识等因素有密切的联系。正像狄德罗所说，艺术的鉴赏力是"由于反复的经验而获得的敏捷性"。中国古代美学思想中早就说过，"操千曲而后晓声，观千剑而后识器"。所谓"操千曲""观千剑"，意思就是要多看、多听、多实践、多研究，为什么要多看、多听呢？因为看得多、听得多才能有比较，有比较才能鉴别精粗、美丑。

以上说明审美的敏感是要在审美实践中锻炼，就像在水里才能学会游泳一样。下面就怎样培养艺术美的鉴赏力，提高审美的敏感，人的经验，做一些说明：

（1）从分析最好的作品中提高鉴赏力。歌德曾说，鉴赏力不是靠中等作品，而是靠观赏最好的作品才能培育成。所以我们要看最好的作品，从最好的作品中打下牢固的基础。

（2）从杰出的艺术家的创造过程来提高鉴赏力。鲁迅曾讲过从分析作家的草稿中可以了解应如何做和不应如何做。通过一些杰出的艺术作品的创作过程可以了解艺术家的创造，以及对形式的探索。

（3）从同一作品中鉴别优劣精粗。不仅对不同艺术作品进行比较，就是对同一作品也要善于鉴别其优劣精粗，伏尔泰认为："一般地说，精确的审美趣味在于能在许多毛病中发现出一点美，和在许多美点中发见出一点毛病的那种敏捷的感觉。"[23]

---

[23] 北京大学哲学系美学教研室编：《西方美学家论美和美感》，第128页。

（4）从一门特定的艺术着手培养审美能力。休谟讲："虽然人和人之间的敏感的程度可以差异很大，要想提高或改善这方面的能力最好的办法无过于在一门特定的艺术领域里不断训练，不断观察和鉴赏一种特定类型的美。"[24]

（5）放到特定历史条件下去欣赏艺术作品。把握艺术作品的时代特点，可以使鉴赏更有深度。要了解一件艺术品，一个艺术家、一群艺术家，必须正确设想他们所属的时代的精神和风俗概况。这是艺术品的最后解释，也是决定一切的基本因素。如达·芬奇的《蒙娜丽莎》体现文艺复兴时期人文主义的思想，中世纪圣像体现神学统治一切的时代特点，王羲之书法体现魏晋风度，颜真卿书法体现盛唐的气象。

美育须在鉴赏中提高审美能力，把欣赏中的感性经验上升到理性，使感性与理性相结合。对于一件艺术品，不仅感到它是美的，而且能了解它为什么是美的。

马克思很重视审美主体的艺术素养，他曾说："如果你想得到艺术的享受，那你就必须是一个有艺术修养的人。"[25] 又说："即从主体方面来看：只有音乐才能激起人的音乐感；对于没有音乐感的耳朵说来，最美的音乐也毫无意义。"[26]

提高审美能力，还需要一定的文化水平。黑格尔说过："审美的感官需要文化修养……要借修养才能了解美、发现美。"[27]

以上所说的鉴赏力的提高、对审美敏感的培养都是指人们对具体的美的事物的感受、分析、评价，它们都受审美观的制约。

3. 培养创造美的能力

美育的根本任务就是要创造一个美好的世界，追求理想的生活。在

---

[24][英]休谟：《论趣味的标准》，《古典文艺理论译丛》（第5册），第9页。
[25][德]马克思：《1844年经济学—哲学手稿》，第112页。
[26]同上书，第82页。
[27][德]黑格尔：《美学》，第42页。

美育中对审美主体的提高，目的是更好地去创造美。如何提高人们创造美的能力？有以下几个问题值得研究。

(1) 审美理想的培养。美的创造都是在一定审美理想指导下进行的。生活的理想是为了创造理想的生活。什么是审美理想呢？审美理想是人们在生活中所追求、向往的一种完美的生活境界。审美理想虽然与社会政治理想有着紧密的联系，但又有它自身的特点。社会政治理想是人们对社会历史发展前景所做的抽象理论概括，审美理想则是在审美实践经验的基础上所形成的一种充满激情的意象，它是美的创造的蓝图。审美理想不仅可以提高审美的敏感，明确美的创造的目标，而且可以成为激发美的创造的动力，把人生提高到一个新的境界。

审美理想不仅表现在对未来美好生活的想象和追求上，而且表现在日常的实践活动中。雷锋在日记上曾写道：

> 对待同志要像春天般的温暖，
> 对待工作要像夏天一样的火热，
> 对待个人主义要像秋风扫落叶一样，
> 对待敌人要像严冬一样残酷无情。

这些话体现了雷锋所追求的一种人生境界，把生活提高到诗的境界，它是实践中所体现的审美理想的光辉。

(2) 提高创造美的心理素质。美的创造不仅受审美理想的指导，而且和主体的心理素质有密切联系。在美的创造中，感知、情感、想象、理性等心理因素相互渗透，综合起作用，其中情感因素是核心。从感知开始就伴随着情感，理性因素也是融化在情感中，想象更是以情感为动力。审美主体的情感素养决定着美的事物的感染力。在美的创造中，特别是艺术美的创造中，情感的作用表现很明显。

美的创造离不开想象。在美的创造中通过想象把情感、理性、感知联结起来，在创造性的想象中各种心理因素像交响乐一样组织在一起。感知的激发、情感的鼓动、理性的启导，都融化在想象中。想象具有一种创造性的品格，它使记忆中的表象重新组合，创造出新的意象。这种新的意象体现了情感与理性，就是我们常说的形象思维的能力。想象力的培养和锻炼，正像一位诗人所说："想象是思维织成的锦彩。"

(3) 锻炼驾驭形式的能力。要创造美，必须熟悉和掌握形式的规律，培养对形式的敏感。一个美的鉴赏者不一定能成为美的创造者，但是一个杰出的美的创造者却必定是美的鉴赏者。要驾驭形式就要研究形式美的法则，形式美的法则来源于美的创造的实践，它是人类在创造美中运用形式规律的经验总结。但是在美的创造中并不是死记几条形式法则，按照条文去创造，而是要灵活地运用这些形式法则，也就是根据内容的要求去处理形式，这里面包含着善于驾驭形式的技巧。法国雕塑家罗丹曾说，艺术就是情感，如果没有体积、比例、色彩的学问，没有灵敏的手，最强烈的感情也是瘫痪的。善于驾驭形式，使内容与形式完美结合，这是艺术家创造性劳动的标志。美的事物唤起人的美感都是直接由完美的形式引起的，而完美形式的产生离不开艺术家的技巧，技巧是一种创造美的实际本领。依靠这种本领艺术家的审美理想、心理素质才能成为物化形态，成为观照的对象。

培养这种驾驭形式的能力，需要艰苦的劳动和顽强的意志，正像冰心所写的一首诗：

> 成功的花，
> 人们只惊羡她现时的明艳！
> 然而当初她的芽儿，
> 浸透了奋斗的泪泉，

洒遍了牺牲的血雨。

（4）在美的创造中发挥个性的特点。在美的事物中所体现的审美理想、审美趣味以及各种心理素质都具有个性，美的创造活动有着鲜明的个性特征。在美的领域人们都厌弃雷同，而喜爱独创。唐代的吴道子和李思训都是画嘉陵江山水，但是风格各异，前者自由、奔放，后者严谨、富丽。李苦禅在论画鹰时说："林良鹰的古穆，八大鹰的孤郁，华岩鹰的机巧，齐翁（指齐白石）鹰的憨勇，此所谓'画如其人'是也。"[28]

这些都说明美的创造具有鲜明的个性。在美的创造中保持个性的特色是很重要的。

在美的创造中，个性的特点应和时代、民族的生活和审美理想相结合，在个性中体现出时代的精神和民族的特色。

在强调发挥个性时，还要重视吸取各家所长。一个真正具有独创精神的艺术家，往往是最善于吸取别人经验的艺术家。只有融会了别人经验于自己个性中，才能真正创造出既有个性，而又丰富多彩的美。

总之，审美理想、心理素质、个性特点以及驾驭形式的能力，都是在劳动实践中发展起来的。当劳动变为自觉自愿的，成为一种需要和快乐，才能在劳动中显示创造的智慧、力量、才能、灵巧等珍贵的品质，才能创造出新的美。

美育的实施离不开艺术美和现实美两大领域。艺术美是美的集中表现形态，它对提高欣赏美和创造美的能力，培养人的进步审美理想有重要意义。现实美不仅和我们的生活有着广泛密切的联系，也是人民群众在物质生产中进行美的创造的一个广大领域。在这方面，时代为我们提出了许多新的课题（如技术美学等），因此，现实美也是美育的不可缺

---

[28] 李苦禅、李燕：《李苦禅画鹰》，湖南美术出版社，1983年，第3页。

少的方面。

美育中，还需要学习一些美学的基本知识。这可以开阔理论的视野，为我们培养正确的审美观提供坚实的哲学基础，从世界观的高度加深对美育的理解。

第四节　美育的实施

关于实施美育的途径，中国近代教育家、美学家蔡元培指出包括三大方面，即家庭教育、学校教育和社会教育，这三者又是互相联系、互相促进的。家庭作为社会的细胞，是人们工作、学习和生活的重要场所。家庭的美育特别是对青少年的美育，主要有两方面：一是家庭环境，如节俭、朴素、整洁，室内陈设简朴实用，窗明几净，室外摆设得疏密相间，色彩调和，还有文娱生活的合理安排等。在这样的环境中生活，有利于培养青少年健康的审美趣味和对生活的热爱。二是家庭气氛，如家庭中互相关心，尊老爱幼，和睦相处，会使人养成高尚情操和审美情趣。

学校是实施美育的主要场所。在普及中小学教育中，不仅音乐、美术、语文直接与美育相关，而且地理、历史甚至自然科学等课程也都与美育直接相关，如地理课，讲到祖国山川江湖的秀丽、雄伟，既学习了地理知识，又陶冶人的情感。由于青少年正处在成长时期，具有可塑性，因此更应实施审美教育，把青少年培养成为有理想、有道德、有高尚情操和爱美、追求美的一代新人。

社会教育更广泛地影响人的审美观的形成和发展。影剧院、展览馆、博物馆、名胜古迹以及各种旅游点，都是进行美育的场所。再就是阅读各种文艺书刊、画册，诗歌朗诵会、音乐会等更是普及美育的好的形式。可以说，人不能离开社会，也就每时每刻都接受社会的审美教育。家庭教育可以说是美育的基础，学校教育与社会教育都是与家庭教育密切相连、相互影响的。因此，家庭教育的目标应和学校教育、社会教育的目标一致。家庭教育的着眼点也要从不同侧面去培养青少年成为有远大理想、热爱劳动、热爱美、追求美的普通劳动者，家庭教育在于家长的教育是否得当，在于家长是否有自身修养，为孩子们做出榜样，这对普及美育是至关重要的。总之家庭、学校和社会的教育是一个有机的整体，在普及美育的问题上应该互相配合，使我们的青少年以及成年人都能够成为有觉悟、爱美的社会主义新人。

上面是从社会生活的不同侧面说明美育的途径。下面是就美本身的各种形态说明美育活动的方式，主要是说明在美育中如何把握美的各种形态的特点。

艺术美是美育的一个重要领域。艺术美本质上是审美意识的物化形态，它体现着一定时代的艺术家的审美理想，艺术美是艺术家创造性劳动的产物。它包括两个方面：一方面再现生活的本质特征，另一方面表现艺术家的思想情感。艺术美是再现与表现的统一，是客观与主观的统一。由于艺术美是美的一种集中形态，它既可以培养人们进步的审美理想，又可以提高人们对美的鉴赏和创造能力。

社会生活的美是一个广阔的领域，有三种情况：

1. 人的美：特点侧重于内容，所谓"充内形外之谓美"，内在品质通过外部特征表现出来。侧重内容的原因有四点：第一，人的美和人的本质有密切联系；第二，内在美具有心灵和性格特征；第三，内在美的显现是丰富、生动的（表情、动作、语言等）；第四，内在美可以提高人的精神境界，是进行美育的重要内容。人不仅有内在美，而且还有外在美、形式美或仪表美，虽没有内在美重要，但在美育中也是不可忽视的。

2.劳动产品的美：这是一个广大的领域，渗透在衣食住行各个方面。劳动产品的美有两点值得注意：第一劳动产品的美是劳动者创造、智慧、力量的物化形态（并非一切劳动产品都是美）；第二是美和实用的结合。在实用的基础上讲求美，但实用并不等于美，形式美具有相对独立性。

3.环境的美：环境的美也是一种社会生活的美，环境是人创造的，反过来又影响人的生产与生活。

在技术美学中主要研究劳动产品的造型设计，也研究劳动环境。

自然事物的美，侧重于形式美。自然美是社会性与自然性的统一。对自然美的欣赏有的是侧重形式美，有的是通过自然美使人想到生活的美。祖国大自然的美，可以激起我们对祖国、对生活的热爱，是进行美育的好教材。有的自然美可以培养优美的生活情趣，寄托远大的理想。

自然美还可以调剂和美化生活，使人得到娱乐和休息。在旧时代的社会生活条件下，劳动人民饥寒交迫，无心去欣赏自然美。但在新的历史条件下，随着物质生活条件的改善，也提出了欣赏自然美的要求。特别在今天，自然美已成为人们娱乐、美化生活和心灵不可缺少的部分。

总之，美育的形式是多种多样的，不要搞得狭窄，考虑得要广阔一些为好。可以说哪里有社会生活，哪里就有美，有美就有美育。这是美育的一个普遍规律。我们在四化建设中，应该争取美化全中国，争取把我们的整个社会和生活统统变为美育场所。这也是四化建设的伟大目标之一。

思考题

1. 怎样理解美育的本质特征?
2. 美育的任务是什么?
3. 如何实施美育?

后 记

为了适应高校本科与大专院校专业人员、学生学习美学的需要，我们在原来教材《美学原理》和《美学原理纲要》的基础上，对内容做了较大的增删，改写而成现在的《美学原理新编》，体现了近年来我们在美学教学和科研中的新成果。《美学原理》和《美学原理纲要》自出版以来，受到读者的欢迎，他们给我们提出了不少宝贵意见。1988年，《美学原理》被教育部评为优秀教材。在这次修改中我们力求结合大量实例进行审美分析，深入浅出，使理论性与趣味性相结合。

本书为教育部高校教材规划项目之一，我们在编写美学教材中，不分主次，通力合作，教材中凝结着我们的友谊，也寄托了我们对青年的期望。

国家开放大学对本书的写作、出版做了许多工作，给予了很大的帮助。北大出版社的编辑为了本书早日出版，放弃了春节的休假，审阅书稿，工作认真负责，在此一并衷心感谢。我们在写作、修订过程中，虽尽心尽力，但书中仍有不少不尽如人意之处，恳请广大读者批评指正。

作者

2022 年 3 月